▬ … C#の特徴

15時間でわかる

ユニバーサルWindowsプラットフォーム
UWP
アプリ開発
集中講座

高橋広樹 著／MagTrust株式会社 監修

技術評論社

ご注意
ご購入・ご利用の前に必ずお読みください

●本書に記載された内容は、情報の提供のみを目的としています。したがって、本書を用いた運用は、必ずお客様自身の責任と判断によって行ってください。これらの情報の運用の結果について、技術評論社および著者はいかなる責任も負いません。

●本書記載の情報は、2016年12月現在のものを記載していますので、ご利用時には、変更されている場合もあります。ソフトウェアに関する記述は、特に断りのない限り、2016年12月現在での最新バージョンを基にしています。ソフトウェアはバージョンアップされる場合があり、本書での説明とは機能内容や画面図などが異なってしまうこともあり得ます。本書ご購入の前に、必ずバージョン番号をご確認ください。

●本書の内容は、次の環境にて動作確認を行っています。

OS	Windows 10 Pro／Enterprise
Visual Studio	Visual Studio Community 2015
C#	C# 6.0

上記以外の環境をお使いの場合、操作方法、画面図、プログラムの動作などが本書内の表記と異なる場合があります。あらかじめご了承ください。

以上の注意事項をご承諾いただいた上で、本書をご利用ください。

●本書のサポート情報およびサンプルファイルは下記のサイトで公開しています。

http://gihyo.jp/book/2016/978-4-7741-8695-5/support

※Microsoft、Windowsは、米国Microsoft Corporationの米国およびその他の国における商標または登録商標です。

※その他、本文中に記載されている製品の名称は、すべて関係各社の商標または登録商標です。

はじめに

みなさんは普段パソコンを何に使用しているでしょうか。筆者は、ブログを書いたり、プログラミングを楽しむために使用しています。

プログラミングの初学者にとっては、アプリの作成は難しそうに見えるかもしれません。

しかし、どんなに規模の大きなアプリケーションであっても、分解してみれば小さな部品の集まりに過ぎません。本書では、はじめは小さな部品（数行のコードから）から初めて、最終的にはいくつかのアプリケーションを作成するまでを解説しています。

プログラミングの楽しさは、数行のコードであっても「動いた」という達成感を、何度も味わえることにあると思っています。アプリ作成は「動いた」→「楽しい」→「次を作ろう」の繰り返しです。初めのうちは、「動かない」→「つまらない」となる場合もあるかもしれませんが、どうかあきらめず、はじめの「動いた」という実感を味わっていただきたいと思います。あとは良いスパイラルが自然と生まれてくるはずです。

本書は、多くのサンプルコードを載せ、プログラミング初学者でも理解いただけるよう丁寧な解説を心がけました。是非、手を動かしながらC#を身につけ、UWPアプリの開発を楽しんでください。

◆謝辞

本書の出版にあたり、編集を担当いただいた技術評論社の原田崇靖様には大変お世話になりました。この場をお借りしてお礼申し上げます。

また、校正にご協力いただいた佐々木浩司くん、箭内結穂さん、最後まで入念なチェックとアドバイスをありがとうございました。

サポートいただいたすべての方を列挙することはできませんが、多くの方に支えられ本書を執筆できましたことを心より感謝いたします。

2016年12月　高橋 広樹

目次

はじめに —————————————————————————— 3

0時間目 C#とUWPアプリケーション 14

0-1 C#ってどんな言語 ————————————— 14

0-2 C#でのプログラムの作成と実行 ——— 15

0-3 UWPアプリとは ————————————— 15

0-4 開発環境をインストールしよう———— 16

0-5 Visual Studioを起動してみよう ——— 21

0-6 Visual Studioを終了しよう ————— 24

Part 1 基礎編 UWPプログラミング

1時間目 Visual Studioの使い方 26

1-1 Visual Studioの使用方法———————— 26

1-1-1　スタートページ

1-1-2　UWPアプリの作成

1-1-3　Visual Studio各部の機能

1-1-4　メニューバー

1-1-5　ツールバー

1-1-6　ソリューションエクスプローラー

1-1-7　編集領域

1-1-8　プロパティウィンドウ

1-1-9　出力エリア

CONTENTS

1-2 ビルドと実行 — 42

1-2-1 ビルド
1-2-2 ビルド構成
1-2-3 実行とシミュレーター

2 時間目 C#の基礎 — 48

2-1 学習の準備 — 48

2-1-1 コンソールアプリケーションプロジェクトの作成
2-1-2 コードの入力

2-2 変数 — 53

2-2-1 変数とデータ型
2-2-2 変数の宣言
2-2-3 型推論

2-3 定数 — 57

2-4 データ型 — 59

2-4-1 文字と文字列
2-4-2 数値型
2-4-3 bool型
2-4-4 列挙型
2-4-5 型変換
2-4-6 サフィックス

2-5 配列 — 74

2-5-1 配列のイメージ
2-5-2 配列の宣言
2-5-3 配列の要素

目次

3時間目 演算子　80

3-1	演算子の種類	80
3-2	算術演算子	82
3-3	シフト演算子	85
3-4	関係演算子	86
3-5	型検査演算子	88
3-6	連結演算子	89
3-7	論理演算子	90
3-8	条件演算子	92
3-9	Null合体演算子	94
3-10	代入演算子	95
3-11	インクリメント／デクリメント演算子	97

4時間目 条件分岐処理と繰り返し処理　100

4-1	条件分岐処理	100

4-1-1　条件分岐処理とは
4-1-2　if文
4-1-3　条件を満たす場合の処理
4-1-4　条件を満たさない場合の処理
4-1-5　複数の条件分岐処理

CONTENTS

4-1-6 三項演算子
4-1-7 switch文

4-2 繰り返し処理 ——————————— 113

4-2-1 繰り返し処理とは
4-2-2 for文
4-2-3 foreach文
4-2-4 while文
4-2-5 do-while文
4-2-6 繰り返しの中断
4-2-7 繰り返しの終了
4-2-8 ネスト

5 時間目 クラスの基礎 126

5-1 クラスの基礎 ——————————— 126

5-1-1 オブジェクト指向
5-1-2 クラスと構成要素
5-1-3 インスタンスの生成

5-2 フィールド ——————————— 132

5-3 メソッド ——————————— 133

5-3-1 メソッドの定義
5-3-2 戻り値
5-3-3 引数リスト
5-3-4 デフォルト値
5-3-5 値渡しと参照渡し

5-4 プロパティ ——————————— 143

5-5 コンストラクタ ——————————— 147

5-6 デストラクタ ——————————— 149

007

目次

5-7	**アクセス修飾子**	**150**
5-8	**フィールドと変数のスコープ**	**153**
5-9	**構造体**	**153**

6時間目 クラスの応用 156

6-1	**継承**	**156**

6-1-1　基本クラスと派生クラス
6-1-2　基本クラスのアクセシビリティ
6-1-3　メソッドのオーバーライド

6-2	**オーバーロード**	**167**

6-3	**抽象クラス**	**170**

6-4	**インターフェース**	**173**

6-4-1　インターフェースの定義
6-4-2　インターフェースの実装

6-5	**名前空間**	**177**

6-5-1　usingディレクティブ
6-5-2　名前空間の効果
6-5-3　名前空間の利用方法

7時間目 ジェネリックとLINQ 184

7-1	**ジェネリック**	**184**

7-1-1　ジェネリッククラスとジェネリックメソッド
7-1-2　ジェネリッククラスの制約
7-1-3　List

CONTENTS

| | 7-1-4 | Dictionary |
| | 7-1-5 | SortedList |

7-2　LINQ ——————————————————— 197

	7-2-1	LINQとは
	7-2-2	from句とselect句
	7-2-3	where句
	7-2-4	ordeby句
	7-2-5	LINQの実行タイミング
	7-2-6	ラムダ式
	7-2-7	LINQのメソッド構文

8 時間目　例外処理　214

8-1　例外とは ——————————————————— 214

8-2　TryParseメソッドによる例外処理 —— 216

8-3　try 〜 catch 〜 finally ——————— 217

8-4　例外クラス ——————————————————— 221

	8-4-1	例外クラスとは
	8-4-2	複数のcatchブロックを使用する
	8-4-3	例外クラスの作成

Part2 実践編 | ソフトウェア開発

9 時間目　UWP開発の基礎　234

9-1　UWPアプリケーションプロジェクト —— 234

009

目次

9-1-1 UWPアプリプロジェクトの作成

9-1-2 メイン画面

9-1-3 画面のデザイン

9-1-4 プロパティの設定

9-1-5 イベント

9-2 UWPアプリのビルドと実行 ——————— 246

9-2-1 ビルド

9-2-2 実行

9-3 シミュレーター ——————————————— 249

9-4 デバッグ ———————————————————— 250

9-4-1 レイアウトのデバッグ

9-4-2 コードのデバッグ

10時間目 コントロール 258

10-1 TextBoxコントロール ———————————— 258

10-1-1 入力された値を取得する

10-1-2 複数行入力できるようにする

10-2 CheckBox ——————————————————— 263

10-2-1 チェック状態を取得する

10-2-2 3つの状態を使用する

10-3 RadioButton ————————————————— 267

10-3-1 選択項目を取得する

10-4 ComboBox ———————————————————— 269

10-4-1 選択項目を表示する

10-4-2 選択項目を取得する

10-5 StackPanelの操作方法を理解する —— 274

CONTENTS

10-5-1 コントロールを積み重ねて表示する
10-5-2 コントロールのグループ化

10-6 Gridの操作方法を理解する ——— 278

10-6-1 行と列を作成する
10-6-2 コントロールを配置する
10-6-3 行や列の連結

11 時間目 メモ帳アプリの作成 284

11-1 作成するアプリケーションの概要 ——— 284

11-2 画面のデザイン ——— 285

11-2-1 アプリバーの配置
11-2-2 TextBoxの配置

11-3 機能の実装 ——— 291

11-3-1 「保存」機能
11-3-2 「開く」機能
11-3-3 「コピー」機能
11-3-4 「切り取り」機能
11-3-5 「貼り付け」機能
11-3-6 「新規作成」機能

12 時間目 PDFビューワーの作成 310

12-1 作成するアプリケーションの概要 ——— 310

12-2 画面のデザイン ——— 311

12-2-1 ハンバーガーボタンの作成
12-2-2 ハンバーガーメニューの作成
12-2-3 PDF表示エリアの作成

011

目次

12-3 機能の実装 ————————————— 321

12-3-1 「PDFファイルを開く」機能
12-3-2 [<前へ]ボタン／[次へ>]ボタン機能
12-3-3 最近使ったファイルの表示

13 時間目 お絵かきソフトの作成 338

13-1 作成するアプリケーションの概要 —— 338

13-2 画面のデザイン ————————— 339

13-2-1 メニューの作成

13-3 機能の実装 ————————————— 343

13-3-1 ペンの初期化処理
13-3-2 ペン先の選択機能
13-3-3 ペンの色選択機能
13-3-4 ペンの太さ選択機能
13-3-5 消しゴム
13-3-6 削除機能
13-3-7 保存機能
13-3-8 読み込み機能

14 時間目 天気予報アプリの作成 362

14-1 作成するアプリケーションの概要 —— 362

14-2 Web APIの事前知識 ——————— 363

14-2-1 RSSとWeb API
14-2-2 JSONデータ
14-2-3 お天気Webサービス

14-3 画面のデザイン ————————— 366

012

CONTENTS

14-3-1　画面デザインの作成

14-4　機能の実装 ——————————————— 369

14-4-1　「都道府県」と「地域」のJSONファイル作成
14-4-2　JSONファイルのシリアライズとデシリアライズ
14-4-3　都道府県選択時の処理
14-4-4　地域選択時の処理

15時間目　プッシュ通知アプリの作成　388

15-1　作成するアプリケーションの概要とプッシュ通知 ——————————————— 388

15-2　Microsoft Azureアカウントと開発者アカウントの作成 ——————————————— 389

15-2-1　Microsoft Azureとは
15-2-2　Notification Hubs
15-2-3　Azureアカウントの作成
15-2-4　サービスの管理
15-2-5　開発者アカウントの作成

15-3　プッシュ通知サービスの作成 ——————————————— 395

15-3-1　Windowsストアへのアプリ予約
15-3-2　プロジェクトとストアの関連付け
15-3-3　プッシュ通知サービスの作成

15-4　プッシュ通知受信・送信アプリの実装 ——————————————— 403

15-4-1　プッシュ通知受信アプリの実装
15-4-2　プッシュ通知送信アプリの実装

索引 ——————————————— 412

013

0時間目 C#とUWPアプリケーション

本書では、プログラミング言語であるC#を使用してUWPアプリケーション（以降UWPアプリ）の作成方法を学んでいきます。0時間目ではC#とはどのような言語なのか、UWPアプリとはどういったものなのかを学び、開発環境のインストールを行います。

今回のゴール

- C#とはどのような言語なのかを理解する
- UWPアプリとはどのようなアプリケーションなのかを理解する
- 開発環境をインストールする

》 0-1 C#ってどんな言語

　パソコンやモバイルデバイスで動作するアプリケーションを作成するには、プログラミング言語が必要です。プログラミング言語は、日本語や英語といった日常使用する言語と同様に様々ものがあります。C#（シーシャープと発音）もその1つです。

　C#は米マイクロソフト社が開発した言語です。C言語やJavaといった言語に似ているため、これらの言語を使用したことがある方であれば習得することは容易でしょう。もちろん、C言語やJavaの経験がない方でもわかるように、本書を通して学んでいきますのでご安心ください。

　C#を使用して作成できるものには、Windowsデスクトップアプリケーション、Webアプリケーション、iOSアプリケーション、Androidアプリケーションなど実に様々なものがあります。

　本書では、前半でC#について学習し、後半でUWPアプリケーション（後述）の作成方法について学んでいます。

C#とUWPアプリケーション

  0-2 C#でのプログラムの作成と実行

　C#を使用してプログラムを作成し、そのプログラムを実行する方法について学びましょう。

　パソコン（コンピュータ）でプログラムを作成するには、プログラミング言語（本書ではC#）を用いてプログラムを作成します。パソコンがプログラミング言語を直接理解できれば問題ないのですが、パソコンが理解できるのは0と1で記述されたコード（命令）です。逆に0と1で書かれたコードは人には理解しがたいため、プログラミング言語を用いて命令を記述します。プログラミング言語で記述したコードをファイルとして作成したものを「ソースファイル」と呼びます。このソースファイルをコンピュータが実行できる形式にする作業をコンパイルと呼び、コンパイルを行うプログラムのことをコンパイラと呼びます。

　コンパイル作業だけで実行形式のファイルを作成することはできません。C#は様々なライブラリ（汎用性の高い再利用可能なプログラムをひとまとまりにしたもの）と組み合わせて実行形式のファイル（アプリケーション）やライブラリを作成します。最終的にはソースコードのコンパイルやライブラリとのリンクを行う必要があり、この一連の作業のことをビルドと呼びます。

　Visual Studioを使用してアプリケーションを作成する場合は、メニューやボタンから簡単にビルド作業を行い、作成したアプリケーションの実行を行うことができるようになっています。

  0-3 UWPアプリとは

　2015年7月29日、一般ユーザー向けにWindows 10の提供が開始されました。Windows 10は1つのOSでPhone, Tablet, Laptop, Desktop, Surface Hub, Xbox, IoTなど、様々なデバイスで使用できるように設計がされています（図0.1）。

図0.1 Windows 10がサポートするデバイス

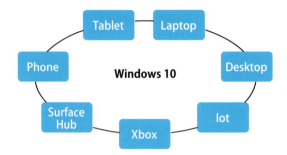

これまでのアプリケーション開発ではWindows Phone用のアプリ、デスクトップ用のアプリは分けて開発する必要がありました。

Windows 10は1つのOSで様々なデバイスに対応できるよう設計されているため、開発者はデバイスを気にすることなく（もちろん解像度を意識した設計は必要ですが）アプリケーションの開発をすることが可能です。このようなアプリケーションを**ユニバーサルWindows プラットフォーム アプリケーション**（Universal Windows Platform Application）、略して**UWPアプリ**と呼びます。

「ユニバーサル」には、「共通の」「万能の」「あらゆる用途に適した」という意味があり、まさしくデバイスを問わないWindows 10向けのアプリを意味する言葉と言えるでしょう。

開発したアプリケーションは、ストアを通して一般ユーザーへ配信することができます。企業内においてはサイドローディング[注1]という手法で配布することができます。

》 0-4 開発環境をインストールしよう

UWPアプリを開発するには、開発環境であるVisual Studioをインストールする必要があります。Visual Studioには**表0.1**に示すように、様々なエディションがあります。

注1） 通常UWPアプリはアプリストアを介して配布を行います。サイドローディングはアプリストアを介さずにアプリを配布する仕組みです。主に社内限定で配布する場合に使用します。

C#とUWPアプリケーション

表0.1 Visual Studioのエディション

エディション	費用	説明
Visual Studio Express 2015 for Desktop	無償	Windowsのデスクトップアプリケーションを作成する開発環境
Visual Studio Community 2015	無償	Webアプリ、クラウドサービス、Windows、Android、iOS向けのアプリケーションを作成することができる開発環境
Visual Studio Professional 2015	有償	Visual Studio Community 2015の機能に加えTeam Foundation Server機能が使用可能
Visual Studio Enterprise 2015	有償	Visual Studioの最上位版。Visual Studio Professional 2015の機能に加え、高機能なテストツールやモデリング機能等が使用可能

　本書ではVisual Studio 2015 Community[注2]を使用します。Visual Studio Community 2015は、Visual Studio Express 2015 for Desktop同様に無償ですが、ライセンス条件[注3]が厳格なのでインストールする際には注意が必要です。Visual Studio 2015 Community（以降Visual Studio）のインストールが難しい場合は、Visual Studio　Express 2015 for Windowsをインストールしてください。

　それではVisual Studioをインストールしましょう。

　はじめにWebブラウザを起動して「https://www.visualstudio.com/」にアクセスします。**図0.2**のようにページが表示されるので、「Community 2015のダウンロード」をクリックします。

注2)　システム要件については以下を参照してください。
https://www.visualstudio.com/ja-jp/downloads/visual-studio-2015-system-requirements-vs.aspx

注3)　ライセンス条件は以下を参照してください。
https://www.visualstudio.com/support/legal/mt171547

図0.2 Visual Studio Communityのダウンロード

　ファイルがダウンロードされたら、[実行]ボタンをクリックするか（**図0.3**）、エクスプローラー上でダブルクリックして実行します。セキュリティの警告画面（**図0.4**）が表示される場合は、ご自身の判断で許可をして実行してください。

図0.3 インストーラーの実行

図0.4 セキュリティ警告

起動すると図0.5の画面が表示されます。「カスタム」にチェックを付けて、[次へ]ボタンをクリックします。

図0.5 Visual Studio Communityのインストール

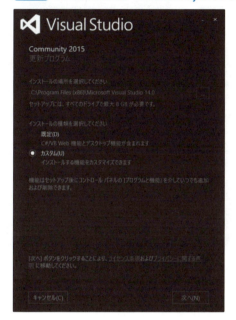

続いてインストールする項目を選択します。「ユニバーサルWindowsアプリ開発ツール」に必ずチェックを付けてください。この項目にチェックを付けないとUWPアプリの開発ができないので注意してください。そのほか「Visual Studio 拡張性ツールUpdate 3」にもチェックを付けましょう（本書執筆時点ではUpdate 3ですが変更される可能性があります）。チェックを付けたら[次へ]ボタンをクリックします（図0.6）。

続いて、選択したインストール項目の一覧が表示されます。内容を確認したら[インストール]ボタンをクリックします（図0.7）。

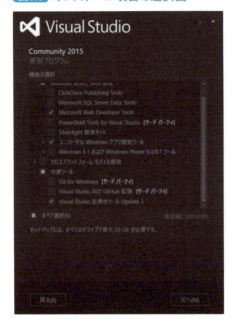

図0.6 インストール項目の選択図

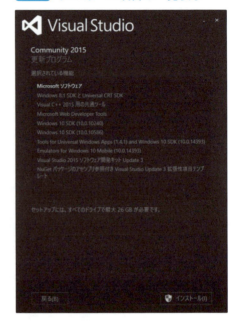

図0.7 インストール項目の一覧表示

「ユーザーアカウント制御」画面が表示されたら[はい]ボタンをクリックします（図0.8）。

図0.8 ユーザーアカウント制御

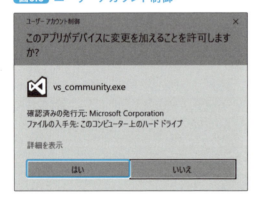

インストールが開始されるので、終了まで待ちます（図0.9）。

インストールが完了したら、[今すぐ再起動]ボタンをクリックしてWindowsの再起動をします（図0.10）。

C#とUWPアプリケーション

図0.9 インストール

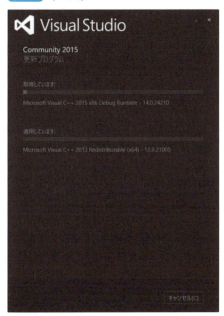

図0.10 インストールの完了

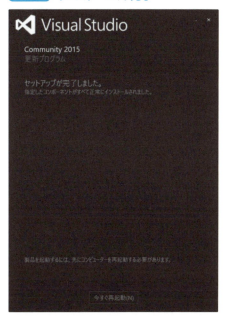

0-5 Visual Studioを起動してみよう

それではVisual Studioを起動してみましょう。

はじめにスタートボタンをクリックします。続いて「すべてのアプリ」をクリックし、一覧からVisual Studio 2015をクリックします（**図0.11**）。

図0.11 Visual Studioの起動

Visual Studioを起動すると、「ようこそ」の画面が表示されます（**図0.12**）。これは、サインインをしていない場合に表示される画面です。アカウントを持っていない場合は、はじめにサインアップを行う必要があります。サインアップが完了したら［サインイン］ボタンをクリックします。

図0.12 「ようこそ」画面

［サインイン］ボタンのクリック後、画面は**図0.13**のようになります。サインアップしたメールアドレスを入力して［続行］ボタンをクリックします。

図0.13 メールアドレスの入力

続いて「サインイン」の画面に切り替わります(**図0.14**)。サインアップしたメールアドレスとパスワードを入力して[サインイン]ボタンをクリックします。

サインインをすると、Visual Studioの起動を開始します。初回起動時は少し時間がかかります(**図0.15**)。

図0.14 サインイン画面

図0.15 Visual Studioの起動開始

しばらくするとVisual Studioが起動します(**図0.16**)。

図0.16 Visual Studio

0-6 Visual Studioを終了しよう

　Visual Studioを起動することができたので、終了方法について確認しておきましょう。Visual Studioを終了するには、右上の[X]ボタンをクリックするか、メニュー[ファイル]-[終了]をクリックします（図0.17）。

図0.17 Visual Studioの終了

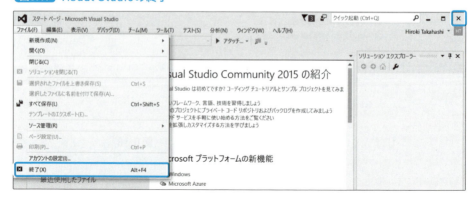

Part 1
基礎編

UWP プログラミング

- **1時間目** Visual Studio の使い方 —— 26
- **2時間目** C# の基礎 —— 48
- **3時間目** 演算子 —— 80
- **4時間目** 条件分岐処理と繰り返し処理 —— 100
- **5時間目** クラスの基礎 —— 126
- **6時間目** クラスの応用 —— 156
- **7時間目** ジェネリックと LINQ —— 184
- **8時間目** 例外処理 —— 214

Visual Studioの使い方

0時間目ではC#とUWPアプリケーションの基礎について学ぶとともに、開発環境であるVisual Studioをインストールしました。1時間目では、Visual Studioの基本的な使用方法について学んでいきましょう。

今回のゴール

- Visual Studioの使用方法を理解する
- ソリューションとプロジェクトを理解する
- UWPアプリのプロジェクト作成方法を理解する

≫ 1-1 Visual Studioの使用方法

1-1-1 ● スタートページ

　Visual Studioを起動すると最初にスタートページが表示されます（**図1.1**）。

　このスタートページには、新規プロジェクトの作成や、最近使用したプロジェクトの一覧、最新のニュースや新機能などが表示されます。

　スタートページはカスタマイズすることが可能です。Visual Studioのメニュー［ツール］－［オプション］を選択するとオプションダイアログ（**図1.2**）が表示されます。左側で「環境」を展開して「スタートアップ」を選択し、右側の「スタートアップ時」でスタートページに表示したい項目を選択して［OK］ボタンをクリックします。Visual Studioを再起動後、設定した内容で表示されるようになります。

図1.1 スタートページ

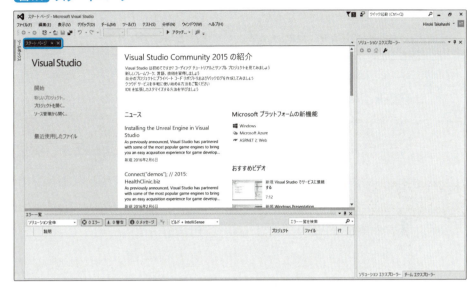

図1.2 オプションダイアログ

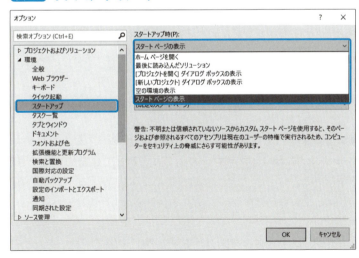

1-1-2 ● UWPアプリの作成

　Visual Studioの環境と操作方法を覚えるために、UWPアプリの作成手順を覚えましょう。

UWPアプリを作成するには、スタートページの左上にある、「新しいプロジェクトを作成」をクリックするか、メニューの［ファイル］－［新規作成］－［プロジェクト］をクリックします（**図1.3**）。プロジェクトとは、アプリケーション作成に必要なファイルのセットを指します（詳しくは後述します）。

図1.3 プロジェクトの新規作成

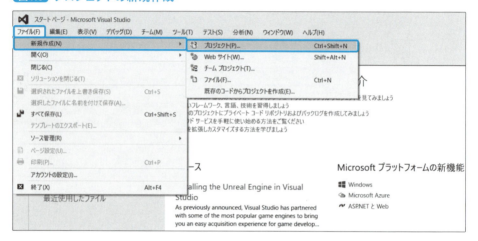

続いて「新しいプロジェクト」のダイアログが表示されるので、左側のテンプレートで［Visual C#］－［Windows］を選択します。右側では「空白のアプリ（ユニバーサルWindows）を選択します（**図1.4**）。

「名前」欄には、任意のプロジェクト名を入力します。一般的にはアプリ名を入力します。

「場所」欄には、プロジェクトの保存先となるフォルダパスを入力します。

「ソリューション名」欄は、プロジェクト名に合わせて自動的に変更されるようになっています（ソリューションについては後述します）。ソリューション名をプロジェクト名と別名にしたい場合は、プロジェクト名を入力した後にソリューション名を修正します。

今回は、プロジェクト名のみを入力します。名前、場所、ソリューション名は表示されたままのものを使用することとします。最後に［OK］ボタンをクリックします（**図1.4**）。

図1.4 「新しいプロジェクト」ダイアログ

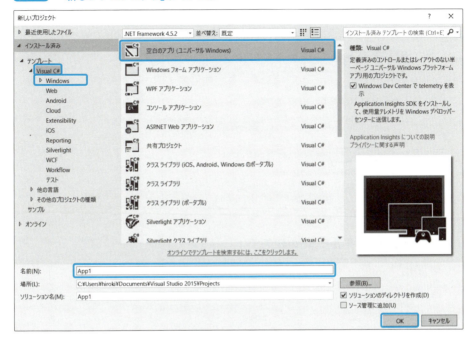

続いて**図1.5**が表示されます。この画面は、これから作成するアプリがWindowsのどのバージョンを対象とするかを指定するものです。Windows 10はバージョンアップを重ねて進化していきますので、どのバージョン範囲を対象にするのかを最小バージョン（Minimum Version）とターゲットバージョン（Target Version）で指定します。ここでは何も変更せずに[OK]ボタンをクリックしてください。

図1.5 最小バージョンとターゲットバージョンの選択

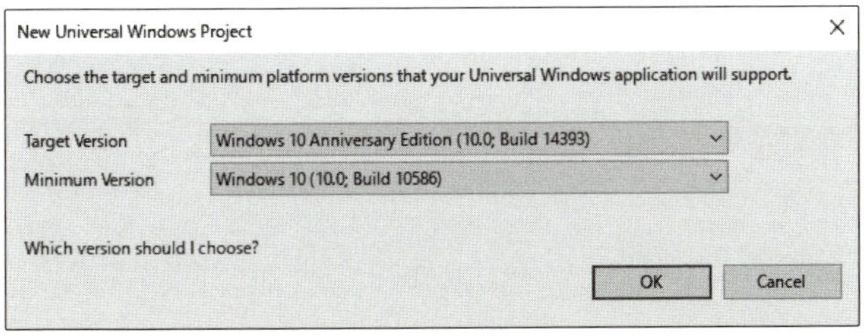

Windows 10での開発を行うには開発者モードを有効にする必要があります。開発者モードを有効にしていない場合は、初回のみ**図1.6**のダイアログが表示されます。「開

発者向け設定」のリンクをクリックすると、図1.7が表示されるので開発者モードを選択します。

図1.6 開発者モード有効ダイアログ

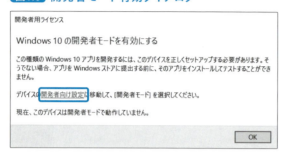

図1.7 開発者モードの設定

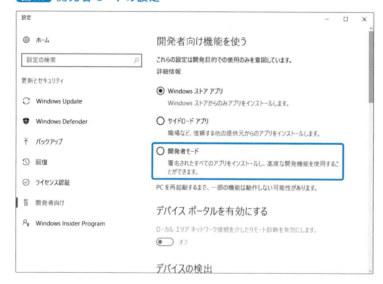

続いて、図1.8が表示されるので[はい]ボタンをクリックして、開発者モードを有効にします。

図1.8 開発者モード・オン

　以上により、開発者モードがオンになります（**図1.9**）。開発者モードがオンになったことを確認できたら右上の[X]ボタンをクリックしてダイアログを閉じます。

図1.9 開発者モードの確認

1-1-3 ● Visual Studio各部の機能

　続いてVisual Studioの各部の機能について見ていきましょう。
　UWPアプリのプロジェクト作成が完了すると、Visual Studioは**図1.10**のようになります。画面上部はメニューバーとツールバー、右側はソリューションエクスプローラーとプロパティウィンドウ、画面中央は編集領域、下部は出力エリアに分かれます。

1時間目 Visual Studioの使い方

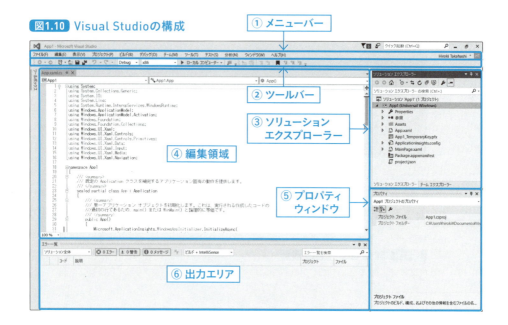

図1.10 Visual Studioの構成

1-1-4 ● メニューバー

　メニューバーでは、Visual Studioに対する様々な操作を行うことができます。プロジェクトの作成や各種ウィンドウの表示、ビルド、デバッグ、テスト、ヘルプの表示など、様々な機能を実行することができます。

　ビルドとは、プロジェクト内のファイルを組み合わせてアプリケーションを作成する作業のことです。

　デバッグとは、作成したプログラムの誤りを見つけて修正をすることです。

　テストとは、プログラムが目的通り作成されているかどうかを試験することです。

1-1-5 ● ツールバー

　はじめてVisual Studioを使用する場合、表示されているツールバーは2つです。既定で表示されているツールバーでは、作成しているプロジェクトやファイルの保存、デバッグ実行、シミュレーターの選択、ソースコードのコメント化などを行うことができます。メニューの［表示］－［ツールバー］から様々なツールバーを表示することができます（**図1.11**）。

図1.11 ツールバーの表示

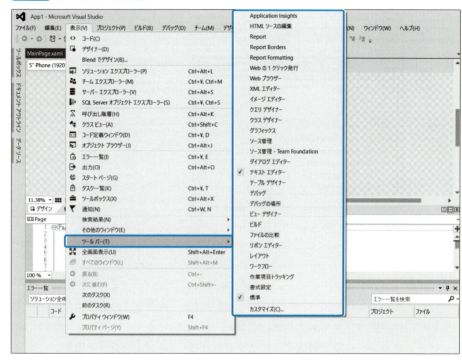

　デバッグ実行とは、作成したプログラムを実際に実行し、欠陥（バグ）を発見し修正するための機能です。

　シミュレーターとは、実機を模倣する仮想デバイスのことです。Windows Phoneやタブレットを実際に持ち合わせていなくても、パソコン上に仮想のデバイスを表示して作成したアプリケーションの動作を確認することができます。

　ソースコードのコメント化とは、作成したソースコード自身を無効化して動作しないようにすることです。

1-1-6 ● ソリューションエクスプローラー

　ソリューションエクスプローラーには、プロジェクトとプロジェクトに含まれるファイルが表示されます（**図1.12**）。各ファイルはWindowsエクスプローラーに似たツリー（階層）構造で表示されます。表示されているファイルをダブルクリックすることで編集領域に表示することができます。

図1.12 ソリューションエクスプローラー

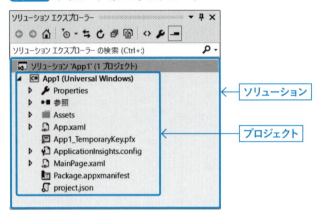

　ここで図1.12を見ながらソリューションとプロジェクトの関係について確認をしましょう。
　プロジェクトとは、1つのアプリまたはライブラリ（アプリから使用する機能をまとめたもの）を作成するための必要なファイルをまとめた単位です。ソリューションは複数のプロジェクトを1つにまとめる単位です。この例のように1ソリューション1プロジェクトで構成するアプリもあれば、1ソリューション複数プロジェクトで構成するアプリもあります。参考までに、UWPアプリのプロジェクトを構成するファイルを表1.1に示します。

表1.1 プロジェクト構成

項目	説明
Properties	アプリケーションのプロパティ情報 アプリケーション名やビルド設定、デバッグ設定等を行います
参照	作成するアプリケーションが参照するライブラリを管理します
Assets	アプリ起動時に表示される画像ファイルを配置するフォルダ
App.xaml	アプリケーション起動時に実行されるファイル
プロジェクト名_ TemporaryKey.pfx	作成するアプリケーションを一意に特定するためのキーファイル
ApplicationInsights.config	パフォーマンスや利用状況を監視するための設定ファイル
MainPage.xaml	アプリのメイン画面ファイル
Package.appxmanifest	設定情報（アプリのタイトルとして使用されるイメージやアプリでサポートするデバイスの回転方向などの情報）
project.json	プロジェクト管理情報用jsonファイル

1-1-7●編集領域

編集領域には、編集対象となっているファイルの中身（ソースコードや画面デザイン、アプリケーションの設定等）が表示されます。ソリューションエクスプローラーでファイルをダブルクリックすると編集領域に表示されます。

例としてソリューションエクスプローラーでMainPage.xamlをダブルクリックしてみましょう。編集領域にはMainPage.xamlが表示され、画面のデザインを行うことができるようになります（**図1.13**）。画面デザインの上部では、シミュレーターの選択やデバイスの向きを選択することができます。

図1.13 編集領域

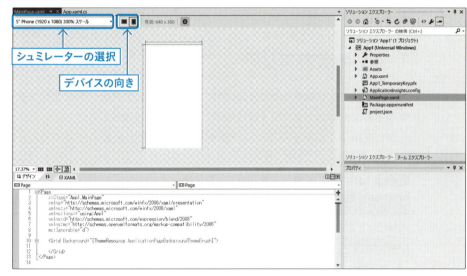

1-1-8●プロパティウィンドウ

プロパティウィンドウには、ソリューションエクスプローラーで選択したファイルのファイル名や、デザイン画面上で選択されたコントロールの属性が表示されます。また、イベント（ボタンがクリックされた、項目が選択されたといったアクション）の一覧の表示や作成を行うことができます。

プロパティの編集をするには🔧の形をしたアイコンを、イベントの編集をするには⚡の形をしたアイコンをクリックして表示を切り替えます（**図1.14**）。

図1.14 プロパティウィンドウ

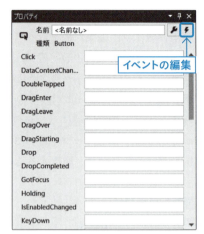

1-1-9 ◉ 出力エリア

　出力エリアには様々なウィンドウをドッキングして表示することができます。表示するウィンドウは、メニューの［表示］から選択します。
　主に使用することとなるウィンドウを**表1.2**に示します。

表1.2 出力エリアで使用する主なウィンドウ

名称	説明
出力ウィンドウ	Visual Studioの様々なステータスメッセージを表示します
エラー一覧	コード記述時の警告やエラーなどを表示します
タスク一覧	特定のトークン（TODOやUNDONEといった特定の文字列）を使用して記述したコメントの一覧を表示します。今後実装する予定のコードのメモ書きや今後改善すべき必要があるコードの目印として使用します
コマンドウィンドウ	Visual Studioに対して、あらかじめ決められている文字列を入力して命令を実行します
呼び出し階層	選択したメソッドやプロパティ、コンストラクタなどがどこから呼び出されるのかを階層形式で表示します

◆出力ウィンドウ

　出力ウィンドウはメニューの［表示］－［出力］で表示することができます。
　出力ウィンドウには様々なステータスが表示されますが、主にビルド時の情報を参照することが多いでしょう。

ビルド時に必ず出力ウィンドウが表示されるようにするには、メニューの［ツール］-［オプション］をクリックしてオプションダイアログを表示させ、「プロジェクトおよびソリューション」で「ビルド開始時に出力ウィンドウを表示」にチェックを付けます（図1.15）。

　出力の機能を確認するために、「1-1-2　UWPアプリの作成」で作成したUWPアプリのプロジェクトをビルドしてみましょう。メニューの［ビルド］－［ソリューションのビルド］をクリックします。

　Visual Studioの出力エリアに「出力ウィンドウ」が表示され、ビルド結果が表示されます（図1.16）。

　ビルド結果を見ると、「すべてリビルド: 1 正常終了、0 失敗、0 スキップ」のように結果が表示されます。

図1.15　出力ウィンドウの表示設定

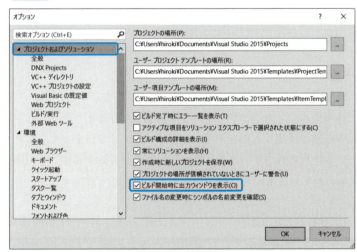

図1.16　出力ウィンドウ

1
時間目 | Visual Studioの使い方

◆ エラー一覧

　エラー一覧は、メニューの［表示］－［エラー一覧］から表示することができます。

　コード中にエラーや警告がある場合は、**図1.17**のように表示されます。赤丸に「×」のアイコンはエラー、黄色い三角に「！」のアイコンは警告、丸い水色に「i」のアイコンは情報を表します。エラー一覧には、発生しているエラーや警告メッセージの他、どのプロジェクトでのエラーなのか、何行目で発生したエラーなのかを確認することができます。赤丸に「×」のエラーが表示されている場合は、コード修正をしなければプログラムを実行することができません。修正をする場合は、エラー一覧に表示された項目をダブルクリックして該当行へ移動します。

図1.17 エラー一覧

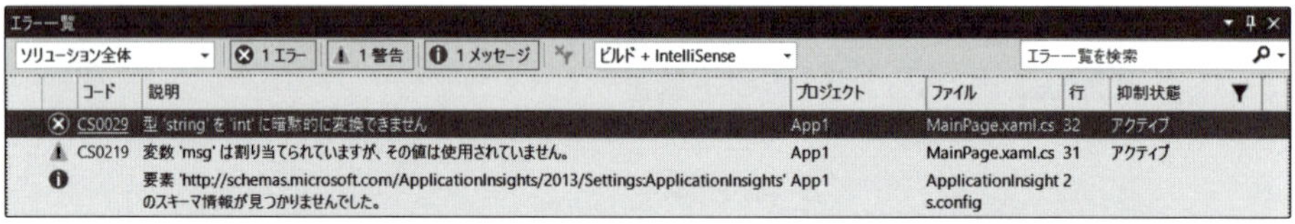

◆ タスク一覧

　タスク一覧はメニューの［表示］－［タスク一覧］から表示することができます。

　あらかじめ使用可能となっているトークンは**表1.3**の通りです。それぞれのトークンをどういう役割で使用するのかをMicrosoftは定義していません。参考までに筆者が使用しているそれぞれのトークンの意味合いを載せておきます。また優先順位はあらかじめ決められているもので、後から変更することが可能です。

表1.3 使用可能トークン一覧

トークン	優先順位	参考
TODO	標準	今後実装する必要がある位置
HACK	標準	改善する必要がある位置
UNDONE	標準	未完成の位置。あとで続きを実装する
!UnresolvedMergeConflict	高	コードの統合に失敗した場合に表示される

　コード中でトークンを使用するには「// トークン」のように記述します。

　リスト1.1はトークンを使用したコードの例です。この例で示したコードに特に意味はありません。また、現時点でコードを理解する必要はありません。トークンの使用方法に注目してください。

038

Part 1 UWPプログラミング　基礎編

リスト1.1 トークンの使用例

```
// TODO ここに消費税計算処理を記述する。

// HACK 以下のコードはリファクタリングする必要あり
double tax = 100 * 1.08;
if (tax > 100)
{
    Console.WriteLine(tax);
}

// UNDONE for文の中身を後で実装する
for ( int i = 0; i < 10; i++ )
{

}
```

◆ コマンドウィンドウ

コマンドウィンドウはメニューの［表示］－［その他のウィンドウ］-［コマンドウィンドウ］で表示することができます。

コマンドウィンドウでは**表1.4**に示すコマンド（命令）を入力して Visual Studio に対する操作を行うことができます（代表的なコマンドを載せています）。

また、各コマンドにはエイリアス（別名）が用意されており、短い記述での入力が可能です。

表1.4 コマンド一覧

コマンド	エイリアス	説明
Debug.Print	?	デバッグ中の変数や式/値を確認します
Debug.QuickWatch	??	クイックウォッチウィンドウを表示します。クイックウォッチウィンドウで、変数や式の値を確認することができます
File.AddNewProject	AddProj	新規プロジェクトを追加します
Debug.Breakpoints	bl	ブレークポイントウィンドウを表示します。ブレークポイントとは、デバッグ中にコードの一時停止をさせるポイントのことです
Debug.Start	g	デバッグを開始します
Debug.StopDebugging	q	デバッグを停止します
Debug.ToggleBreakpoint	bp	ブレークポイントの設定・解除を行います
File.OpenFile	of	ファイルを開きます
File.Close	close	現在表示しているファイルを閉じます
Edit.ClearAll	cls	コマンドウィンドウの履歴をクリアします

　コマンドウィンドウでの入力例を見てみましょう (図1.18)。

　コマンドウィンドウを開くと「>」の記号が表示されています。この行で表1.5に表示されているコマンドを入力してVisual Studioを操作することが可能です。例としてデバッグを開始してみましょう。デバッグを開始するには「Debug.Start」と入力するか「g」と入力して Enter キーを押します。ここではエイリアスである「g」を入力してみましょう。ドロップダウンが表示され、コマンドウィンドウに入力可能な「g」からはじまるコマンドの一覧が表示されます。このようなドロップダウンのことをインテリセンスと呼びます。↓↑キーでコマンドを選択し Enter キーを押して実行することができます。しばらくするとデバッグモードでアプリケーションが起動します。

図1.18 コマンドウィンドウ

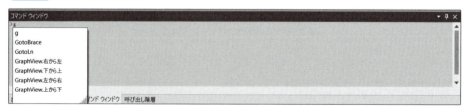

◆呼び出し階層

呼び出し階層ウィンドウはメニューの[表示]-[呼び出し階層]で表示することができます。

例としてメソッドの呼び出し階層を確認する方法を見てみましょう。

任意のメソッドの上で右クリックをするとコンテキストメニューが表示されるので「呼び出し階層の表示」をクリックします（**図1.19**）。

図1.19 メソッドの呼び出し階層の確認

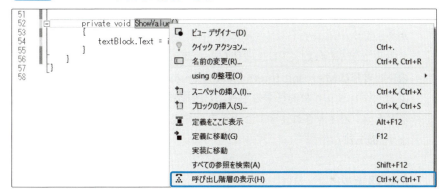

呼び出し階層ウィンドウを確認すると、選択したメソッドがどこから参照されているのかをツリー構造で確認することができます（**図1.20**）。

図1.20 呼び出し階層ウィンドウ

1
時間目 | Visual Studioの使い方

>> 1-2 ビルドと実行

1-2-1◉ビルド

　ビルドについて「1-1-4　メニューバー」でも触れましたが、ここではもう少し詳しくビルドについて見ていきましょう。

　Visual Studioでプログラムを作成するには、はじめにプログラミング言語（本書ではC#）を用いてプログラムを作成し、コンピュータが理解できる形に変換する必要があります。

　本書で学ぶC#は、CPUに非依存な中間言語へとコンパイル（変換）されます。この中間言語はMicrosoft Intermediate Language（MSIL）、略してILとも呼ばれます。ILは、プログラムを実行するときにCPUが理解できるネイティブコードと呼ばれる形へとコンパイルされます。このような方式をJIT（Just In Timeコンパイル）と呼びます（**図**1.21）。

図1.21 ビルド

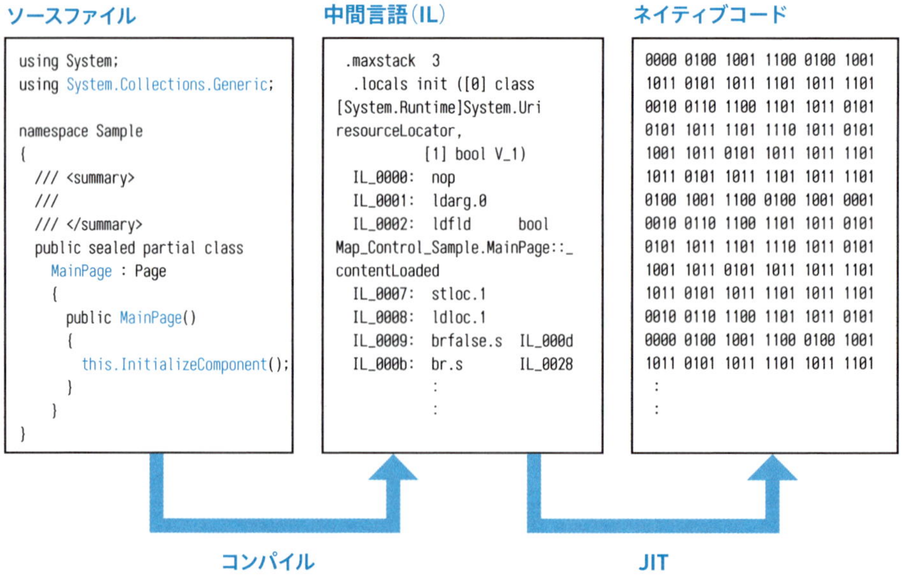

ソースファイル

```
using System;
using System.Collections.Generic;

namespace Sample
{
  /// <summary>
  ///
  /// </summary>
  public sealed partial class
    MainPage : Page
    {
      public MainPage()
      {
        this.InitializeComponent();
      }
    }
}
```

中間言語（IL）

```
.maxstack  3
  .locals init ([0] class
[System.Runtime]System.Uri
resourceLocator,
          [1] bool V_1)
  IL_0000:  nop
  IL_0001:  ldarg.0
  IL_0002:  ldfld     bool
Map_Control_Sample.MainPage::_
contentLoaded
  IL_0007:  stloc.1
  IL_0008:  ldloc.1
  IL_0009:  brfalse.s  IL_000d
  IL_000b:  br.s       IL_0028
           :
           :
```

ネイティブコード

```
0000 0100 1001 1100 0100 1001
1011 0101 1011 1101 1011 1101
0010 0110 1100 1101 1011 0101
0101 1011 1101 1110 1011 0101
1001 1011 0101 1011 1011 1101
1011 0101 1011 1101 1011 1101
0100 1001 1100 0100 1001 0001
0010 0110 1100 1101 1011 0101
0101 1011 1101 1110 1011 0101
1001 1011 0101 1011 1011 1101
1011 0101 1011 1101 1011 1101
0010 0110 1100 1101 1011 0101
0000 0100 1001 1100 0100 1001
1011 0101 1011 1101 1011 1101
           :
           :
```

コンパイル　　　　　　　　　JIT

042

ビルドとは、ソースファイルをILに変換し、実行可能ファイルを作成する作業のことです。実行ファイルはアセンブリとも呼ばれ、拡張子は*.exeや*.dll[注1]です。

ビルドをするには［ビルド］メニューの［ソリューションのビルド］をクリックするか Ctrl ＋ Shift ＋ B キーを押します。

ビルドメニューでよく使用するのは「ソリューションのビルド」「ソリューションのリビルド」「ソリューションのクリーン」の3つです（**図1.22**）。

図1.22 ビルドメニュー

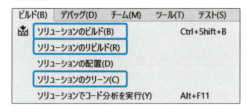

「ソリューションのビルド」は変更のあったファイルのみをコンパイルし直します。このため、初めてビルドする際はすべてのファイルがコンパイルされます。

「ソリューションのリビルド」は、すべてのファイルをコンパイルします。

「ソリューションのクリーン」はビルドやリビルドによって作成された成果物や中間ファイルを削除します。

これらのメニューは必要に応じて使い分けるようにします。

1-2-2 ●ビルド構成

ビルドにはデバッグビルドとリリースビルドの2種類があります。プログラムを作成中の間は、デバッグビルドをするのが一般的です。デバッガと呼ばれる機能を使用して、変数（**2時間目**で説明します）の値を確認したり、実行を一時中断したりしてその時点での状況を確認することができます。

一方リリースビルドでは、エンドユーザー配布用のビルドを行います。リリースビルドで作成されファイルはデバッグビルドのファイルよりもサイズが小さくパフォーマンスも上がります。デバッグビルドでの成果物がリリースビルドよりもサイズが大きくなるのはデバッグ情報を持っているためです。

注1)　*.exeはWindwosが実行できるプログラムが入ったファイルで、*.dllは様々なアプリケーションで使用できる汎用的な機能が納められたファイルです。

それではデバッグビルドとリリースビルドの方法について確認しましょう。

ツールバーを見ると「Debug」または「Release」と書かれたドロップダウンがあることがわかります。このドロップダウンで「Debug」を選択してビルドを行うとデバッグビルドとなり、「Release」を選択してビルドを行うとリリースビルドとなります（**図1.23**）。

図1.23 デバッグビルドとリリースビルドの選択

ビルドは、構成マネージャーを使用して、より細やかなビルド設定を行うことが可能です。

構成マネージャーを開くには、**図1.23**のドロップダウンから「構成マネージャー」を選択します。

「構成マネージャー」ダイアログ（**図1.24**）では、Debug時やRelease時のプラットフォーム（どのCPU向けにビルドをするか）やビルドをするかどうかといった設定を行うことができます。

図1.24 構成マネージャー

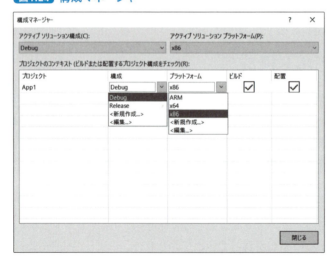

1-2-3 ● 実行とシミュレーター

ビルドをしたアプリケーションの実行は簡単です。
はじめにVisual Studioでの実行方法を確認しましょう。
ツールバーの実行ボタン▼はドロップダウンになっています。「ローカルコンピューター」が表示されている状態で実行ボタンを押した場合は、読者の皆さんが使用しているPC上でアプリケーションが起動します（**図1.25**）。

図1.25 実行ボタン

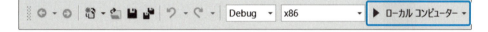

実行ボタンの右側にある下向きの矢印をクリックしてドロップダウンメニューを表示すると、「シミュレーター」や「Mobile Emulator～」という項目があることがわかります（表示内容は使用する環境によって異なる場合があります）（**図1.26**）。

図1.26 実行ボタンで選択可能な項目

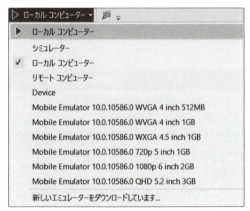

この機能により、ご自身がお持ちでないデバイスをシミュレートしアプリケーションの動作確認を行うことができます。
試しに、「シミュレーター」を選択した状態で実行ボタンを押してみましょう。
実行ボタンを押すと、**図1.27**のようにシミュレーターが起動し、その中でアプリケーションが起動します。

図1.27 シミュレーター

シミュレーターの横には様々なボタンがあります。それぞれのボタンについて**表1.5**に示します。

表1.5 シミュレーターのボタン

ボタン	説明
① 常に手前に表示	クリックしてピンが刺さった状態にすると、他の画面に隠れることなく常に手前に表示されます
② マウスモード	シミュレーター内でマウスと同じ操作を行うことができます
③ 基本タッチモード	指によるタップや長押し、フリック操作をシミュレートすることができます
④ 縮小／拡大タッチモード	タッチによるピンチ（縮小）やズーム（拡大）の操作をシミュレートすることができます。ピンチをする場合はマウスの左ボタンを押して、ホイールを手前に回転させます。ズームをする場合はマウスの左ボタンを押して、ホイールを前方に回転させます
⑤ 回転タッチモード	タッチによるオブジェクトの回転をシミュレートすることができます。オブジェクトを反時計回りに回転させる場合は、左ボタンを押して、ホイールを手前に回転させます。オブジェクトを時計回りに回転させる場合は、左ボタンを押してホイールを前方に回転させます
⑥ 時計回りに回転（90°）	このボタンを押すとシミュレーターを時計回りに90°回転します

Part 1 基礎編
UWPプログラミング

⑦ 反時計回りに回転（90°）	このボタンを押すとシミュレーターを反時計回りに90°回転します
⑧ 解像度の変更	シミュレーター画面の解像度を変更します
⑨ スクリーンショットをコピー	現在のシミュレーターのスクリーンショットをコピーします
⑩ スクリーンショットの設定	保存したスクリーンショットの表示や、保存先の設定を行います
⑪ ネットワークプロパティの設定	ネットワーク接続のプロパティをシミュレートします。ネットワーク接続のコストやデータプランの状態変化を認識することができます
⑫ ヘルプ	シミュレーターの操作方法について説明を参照することができます

続いて、実行を停止する方法について確認しましょう。
実行を停止するにはツールバーの停止ボタンを押します（**図1.28**）。

図1.28 停止ボタン

停止ボタン

確認テスト

Q1 新規でUWPアプリ用のプロジェクトを作成してみましょう。プロジェクト名は「MyFirstApp」としてください。

Q2 Q1で作成したプロジェクトを「ローカルコンピューター」で実行してみましょう。ローカルコンピューターで実行するには、実行ボタンのドロップダウンで「ローカルコンピューター」を選択します。

Q3 Q2で実行したプロジェクトを停止してみましょう。

Q4 Q1で作成したプロジェクトをシミュレーターで実行してみましょう。

2時間目 C#の基礎

いよいよ2時間目からは、C#について学んでいきます。実際に手を動かして動作を確認しながら学んでいきましょう。

今回のゴール

- コンソールアプリケーションプロジェクトの作成方法を理解する
- コードの入力方法について理解する
- 変数とデータ型について理解する
- 定数について理解する

2-1 学習の準備

2-1-1 ●コンソールアプリケーションプロジェクトの作成

　本書はUWPアプリケーションについて学びますが、C#の文法を学ぶにはコンソールアプリケーション用のプロジェクトを使用するのが最適です。UWPアプリのプロジェクトと比較すると、必要なファイル数が少なくC#の言語仕様を学ぶのに最適です。
　コンソールアプリケーションとは、黒い画面で文字の表示や入力を行うことができるアプリケーションのことです。8時間目まではコンソールアプリケーションプロジェクトを使用して、C#の文法について学んで行きます。
　はじめに、コンソールアプリケーションのプロジェクト作成方法について学びます。Visual Studioを起動したら、メニューの［ファイル］－［新規作成］－［プロジェクト］をクリックします。次に「新しいプロジェクト」ダイアログが表示されますので（**図2.1**）、左側で「Visual C#」－「Windows」を選択し、右側で「コンソールアプリケーショ

ン」を選択します。

「名前」欄には、本書中のリスト番号に合わせて入力をしてください。たとえば「**リスト 2.1**」の場合は「List2-1」としてください。

「名前」欄の入力が完了したら右下の[OK]ボタンをクリックします。

図2.1 コンソールアプリケーションプロジェクトの作成

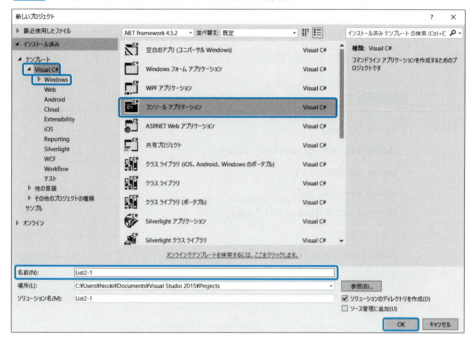

2-1-2●コードの入力

ソリューションエクスプローラーを見ると、Program.csというファイルがあります（**図2.2**）。このファイルは、コンソールアプリケーションの起動時に最初に実行されるものです。Program.csをダブルクリックして開いてみましょう。Program.csは**リスト2.1**の通りです。

図2.2 Program.cs

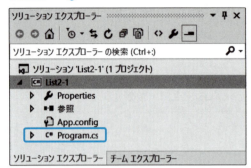

リスト2.1 Program.cs

```
using System;
using System.Collections.Generic;
using System.Linq;
using System.Text;
using System.Threading.Tasks;

namespace ConsoleApplication1
{
    class Program
    {
        static void Main(string[] args)        ← ①
        {
        }
    }
}
```

　表示されたコードを確認すると「static void Main(String[] args){〜}」（①）と記述された部分があります。これはMainメソッドと呼ばれ、アプリケーションの起動時に最初に呼び出される部分です（メソッドについては**5時間目**で学習します）。このようにアプリケーションの起動時に最初に呼び出される部分をエントリポイントと呼びます。

ここでは、このMainメソッドの中にコードを記述しながら、用語の意味や動作を確認していきます。

それでは、命令文（コード）を入力してみましょう。Program.csを開き**リスト2.2**のように入力をします。入力する命令文はmainメソッドの「{」～「}」の内側に記述します。ここでは「Console.WriteLine("はじめてのC#プログラム");」を入力します。

リスト2.2 コード入力の練習

```csharp
using System;
using System.Collections.Generic;
using System.Linq;
using System.Text;
using System.Threading.Tasks;

namespace List2_2
{
    class Program
    {
        static void Main(string[] args)
        {
            Console.WriteLine("はじめてのC#プログラム");   ← この行を入力
        }
    }
}
```

入力した行の「Console.WriteLine」というのは「()の中に記述されたものを画面に表示せよ」という命令です。()の中のダブルクォーテーション記号で括られた文字を画面に表示します。

命令文のことをステートメントと呼びます。C#は、ステートメントの終わりに半角のセミコロン(;)記号が必要です。忘れずに記載してください。

コードの入力が完了したらビルドをしてみましょう。メニューの［ビルド］－［ソリューションのビルド］を選択します（**図2.3**）。

図2.3 ソリューションのビルド

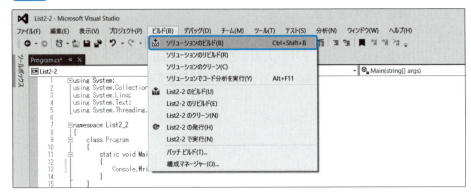

　Visual Studioの画面下の出力欄に「すべてリビルド：1 正常終了、0 失敗、0 スキップ」が表示されていればビルド成功です（**図2.4**）。「1失敗」のような表示がある場合には、入力したステートメント中の誤りを修正し、再度ビルドをしてください。

　続いて、実行をしてみましょう。メニューの［デバッグ］－［デバッグなしで実行］を選択します。すると**図2.5**のようにコンソール画面が表示されます。このようにコンソール画面に文字を表示するようなアプリケーションを「コンソールアプリケーション」と呼びます。

　本節以降で入力したリストの実行確認は、この手順で行いますのでよく覚えておきましょう。

図2.4 ビルドの成功例。

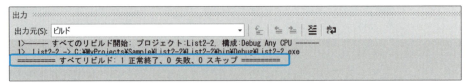

図2.5 リスト2.2実行画面

2-2 変数

皆さんがC#で作成するアプリケーションでは、何かしらのデータを取り扱うことになります。たとえばBMI（ボディマス指数。体重と身長から算出される肥満度指数）を求めるには、「体重」や「身長」のデータを保存しておき、計算をするときに取り出す必要があります。このような「データを記憶しておく場所」のことを変数と呼びます（図2.6）。

通常、1つのアプリケーションを作成するには多くの変数を使用するため、わかりやすい名前を付けて管理する必要があります。このような変数につける名前のことを「変数名」と呼びます。

図2.6 変数

2-2-1●変数とデータ型

通常、変数は「文字だけを入れるもの」「数値だけを入れるもの」のように入れることができるデータの種類を決めて使用します。このデータの種類のことを「データ型」と呼びます。

例として整数を入れる変数について見てみましょう（図2.7）。ここでは変数名をseisuとしています。seisuは整数を取り扱う変数なので、数値の「2」「3」「7」などを格納することはできますが、「C#」や「Visual Studio」といった文字列は格納することができません。よって、変数を使用する場合には、格納するデータの種類によってデータ型を決定する必要があります。C#で使用可能なデータ型については「2-4 データ型」で説明します。

図2.7 変数とデータ型

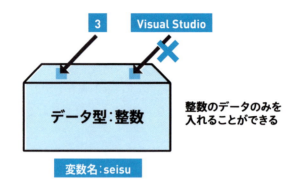

2-2-2 ● 変数の宣言

プログラム中で変数を使用するには、「これから変数を使用するよ」という命令を記述する必要があります。このことを「**変数の宣言**」と呼びます。また、変数に値を格納することを「代入」と呼び、宣言と同時に値を代入することを「**初期化**」とも呼びます。**書式**2.1に変数の宣言方法を示します。

書式2.1 変数の宣言

```
データ型 変数名 = 値;
```

それでは**書式**2.1を使用して、変数の宣言をするコードを記述してみましょう。

新規でコンソールアプリケーションプロジェクトを作成し、Program.csを**リスト2.3**のように編集します（Mainメソッドのコードのみ掲載します。その他は割愛します）。

Part 1
UWPプログラミング **基礎編**

リスト2.3 変数の宣言

```
static void Main(string[] args)
{
    /*  変数の宣言
        変数 seisu を 3 で初期化する */   ← ① コメント
    int seisu = 3;   ← ② 変数の宣言


    // コンソールに文字列を出力   ← ③ コメント
    Console.WriteLine(seisu);   ← ④ 文字の出力
}
```

　入力したコードについて詳しく見ていきましょう。

　①と③の部分はコメントと呼ばれる部分です。コメントとは、コードの説明のことです。コメントの書き方は1行コメントと複数行コメントの2種類があります（**書式2.2**、**書式2.3**）。コメントはプログラムの実行には影響しません。

　1行コメントは、スラッシュ記号2つ（//）で始めた位置から行末までがコメントとなります。もう1つの複数行コメントは「/*」記号から「*/」の間にコメントを記述します。「/*」を記述した後「*/」が現れるまでは、何行でもコメントを記述することができます。

書式2.2 1行コメント

```
// ここに1行でコメントを記述します。
```

書式2.3 複数行コメント

```
/*
ここにコメントを記述します。
改行をして複数行にわたるコメントの記述が可能です。
*/
```

　リスト2.3の②が変数の宣言部分です。「int」とは整数を格納できるデータ型を表します。「seisu」が変数名で、「=」の右側にある「3」が変数seisuに代入する値です。

　④はConsole.WriteLineの（）の中に変数seisuを記述することで、seisuに入っている値を画面に表示させています。

055

コードの内容を理解できたら、メニューの［デバッグ］－［デバッグなしで実行］を選択して実行してみましょう。［デバッグなしで実行］は Ctrl + F5 キーを押しても実行することができます。実行をすると図2.8のようになります。

図2.8 リスト2.3実行画面

リスト2.3のコードで「Console.WriteLine」を入力中に図2.9のようなドロップダウンが表示されたことに気付いたでしょうか。

コードを入力していくと、使用可能な命令の候補が一覧表示されます。これを**インテリセンス**と呼びます。候補の一覧は、入力した文字で絞り込まれます。

図2.9 インテリセンス

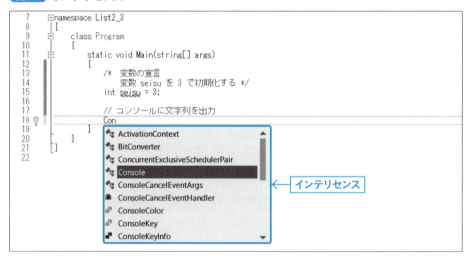

2-2-3 ● 型推論

変数の宣言ではデータ型が必要なことを説明しましたが、データ型を特定せずに宣言することも可能です。この場合はキーワード「var」を使用します。

varを使用すると、変数に代入する値のデータ型を自動で認識します。このことを

「**型推論**」と呼びます。型推論は**書式2.4**を使用します。

　型推論を使用したコード例を**リスト2.4**に示します。

　この例では変数seisuとmojiを型推論で宣言しています（**①**）。seisuには「3」を代入していますので、整数型になります。mojiには「C#アプリ」を代入していますので文字列型になります（文字列型については「**2-4-1　文字と文字列**」で説明します）。

書式2.4 型推論

```
var 変数名 = 値;
```

リスト2.4 型推論の例

```
static void Main(string[] args)
{
    var seisu = 3;          ← ①
    var moji = "C#アプリ";

    Console.WriteLine(seisu);
    Console.WriteLine(moji);
}
```

》 2-3 定数

　定数は、一度初期化すると、後から値を書き換えることができない特別な変数です。プログラム内で税率や円周率のような、固定の値を使用する場合は定数を使用します。

　はじめに定数を使用しない例を見てみましょう（**リスト2.5**）。消費税を計算した値を変数に代入する例で、リストの中で使用している「*」は掛け算をするための記号です。doubleというデータ型は小数点を取り扱うことができます。

2
時間目 | C#の基礎

リスト2.5 消費税の計算

```
static void Main(string[] args)
{
    double chair = 7000 * 1.08;  // イスの税込み金額を計算
    double table = 10000 * 1.08; // テーブルの税込み金額を計算

    Console.WriteLine("イスの税込み金額は{0}円です", chair);
    Console.WriteLine("テーブルの税込み金額は{0}円です。", table);
}
```

　リスト2.5ではchairとtableがありどちらも1.08という値を掛けて消費税の計算をしています。

　この時点ではchairとtableの消費税を求めていますが、もっと多くの消費税を計算しなければいけない場合はどうでしょうか。また法改正によって税率が変更になった場合はどうでしょうか。

　税率が1.1になると、「1.08」と記述していた部分をすべて「1.1」に書き直す必要が出てきます。このような場合は定数を準備して使用することで、後からの変更を容易にすることができます。

　Console.WriteLineの記述がこれまでと異なることに注意してください。()の中はカンマ記号(,)で区切られて2つのパラメータを記述しています(このパラメータのことを引数と呼びます。引数については**5時間目**で詳しく説明します)。1つ目のパラメータ(ダブルクォーテーションで括られた部分)は画面に表示する文字列です。この文字列の中に「{0}」と記述された部分があります。「{0}」は2つ目のパラメータの値で置き換えられます。

◆ 定数の宣言方法

　それでは定数の宣言方法を見てみましょう。定数も変数と同様に宣言が必要です(**書式**2.5)。

書式2.5 定数の宣言

```
const データ型 = 値;
```

定数の宣言方法を理解したら、**リスト2.5**を定数を使用したコードに書き直してみましょう（**リスト2.6**）。

リスト2.6 消費税の計算（定数を使用）

```csharp
static void Main(string[] args)
{
    const double TAX = 1.08;   ← 定数TAX

    double chair = 7000 * TAX;     ← 1.08と記述していた部分を
    double table = 10000 * TAX;       TAXに置き換えた

    Console.WriteLine("イスの税込み金額は{0}円です", chair);
    Console.WriteLine("テーブルの税込み金額は{0}円です。", table);
}
```

リスト2.5で「1.08」としていた部分を、宣言した定数TAXに置き換えています。TAXには1.08が入っていますので、実行結果（**図2.10**）は**リスト2.5**と同じになります。税率を変更したい場合は、最初の「const double TAX = 1.08;」の「1.08」を書き換えるだけで、chairやtableの計算で使用する税率が変更されます。

図2.10 リスト2.6実行結果

2-4 データ型

これまでに学んだ変数や定数を使用するにはデータ型が必要なことがわかりました。ここでは変数や定数で使用できる代表的なデータ型について**表2.1**で確認しておきましょう。

2 時間目 C#の基礎

表2.1 データ型

データ型	保存できるデータ
byte	0 ～ 255 の整数
sbyte	-128 ～ 127 の整数
int	-2,147,483,648 ～ 2,147,483,647 の整数
uint	0 ～ 4294967295 の整数
short	-32,768 ～ 32,767 の整数
ushort	0 ～ 65535 の整数
long	-9223372036854775808 ～ 9223372036854775807 の整数
ulong	0 ～ 18446744073709551615 の整数
float	-3.402823e38 ～ 3.402823e38 の小数（単精度浮動小数点型）
double	-1.79769313486232e308 ～ 1.79769313486232e308（倍精度浮動小数点型）
char	任意の1文字
bool	true または false のいずれか
object	他のすべての型の値
string	文字列
decimal	29 の有効桁数で 10 進数を表現できる正確な小数または整数型
enum（列挙型）	明治 / 大正 / 昭和 / 平成のように特別な値しかとらない型を表現する

「2-2-1　変数とデータ型」で説明した通り、宣言時は変数のデータ型を指定する必要があります（型推論を除く）。このことから、「この変数には整数のデータのみを格納し、文字列は格納できない」というようなルール付けがなされるため、データを正しく取り扱うことができるようになります。

リスト2.7に、さまざまなデータ型を使用した変数の宣言例を示します。

リスト2.7 様々なデータ型を使用した変数の宣言例

```
static void Main(string[] args)
{
    int no = 5;
    double sqrt2 = 1.4142;
    string msg = "C# は楽しい";
```

（次ページに続く）

（前ページの続き）

```
    bool ok = true;

    Console.WriteLine(no);
    Console.WriteLine(sqrt2);
    Console.WriteLine(msg);
    Console.WriteLine(ok);
}
```

2-4-1 ● 文字と文字列

　「文字」と「文字列」は異なります。「文字」は任意の1文字を表し、「文字列」とは文字が1文字以上連なったものを指します。

　C#で1文字のみのデータを扱いたい場合はchar型を使用し、文字列のデータを扱いたい場合はstring型を使用します。

　char型とstring型の使用例を**リスト2.8**に示します。

　char型の変数に文字を代入する場合は文字をシングルクォーテーション（'）で括り、string型の変数に文字列を代入する場合は、文字列をダブルクォーテーション（"）で括ります。

リスト2.8 charとstringの使用例

```
static void Main(string[] args)
{
    // 1文字のみ扱う場合は char型を使用
    char moji = '字';
    // 文字列を扱う場合は string型を使用
    string mojiretu = "文字列";

    Console.WriteLine(moji);
    Console.WriteLine(mojiretu);
}
```

061

char型とstring型の使用方法がわかりました。次に型推論を使用して文字と文字列を代入してみましょう。

リスト2.8を一部変更して型推論にしたコードをリスト2.9に示します。

リスト2.9 型推論の使用例

```
static void Main(string[] args)
{
    var moji = '字';
    var mojiretu = "文字列";

    // 変数 moji とmojiretuのデータ型を表示
    Console.WriteLine(moji.GetType());
    Console.WriteLine(mojiretu.GetType());
}
```

リスト2.9のConsole.WriteLineの()の中には、変数mojiやmojiretuの後ろに「.GetType()」という記述があります。このように、変数名の後ろに「.GetType()」を記述すると、その変数のデータ型を確認することができます。

実行例を図2.11に示します。変数mojiは「Sysem.Char」が、変数mojiretuは「System.String」が表示されています。「System.Char」はchar型を「System.String」はstring型を表します。このように、型推論を使用すると変数に代入するデータの型を自動で決定させることができます。

図2.11 リスト2.9実行画面

◆ エスケープシーケンス

文字はシングルクォーテーションで、文字列はダブルクォーテーションで括ることがわかりました。しかし、シングルクォーテーションやダブルクォーテーションなどの特別な文字は、文字や文字列として扱う場合そのままでは記述することができません。

たとえば「私は"C#"が好きです」のように文字列中にダブルクォーテーションを含む文字列は、**リスト2.10**のように記述するとエラーになってしまいます。

リスト2.10 文字列中にダブルクォーテーションを記述する例（誤）

```
static void Main(string[] args)
{
    string msg = "私は"C#"が好きです";
}
```

リスト2.10を正しく記述する場合は、特別な記号を使用して処理をする必要があります。このことを「エスケープ処理」と呼び、エスケープ処理をするための特別な文字を「エスケープシーケンス」と呼びます。

代表的なエスケープシーケンスを**表2.2**に示します。

表2.2 エスケープシーケンス

エスケープシーケンス	意味
¥n	改行（リターン）
¥r	復帰（キャリッジ）
¥t	タブ
¥'	シングルクォーテーション
¥"	ダブルクォーテーション
¥¥	円記号
¥0	ヌル文字
¥a	ビープ音
¥b	バックスペース
¥f	改ページ

エスケープシーケンスがわかったので、**リスト2.10**を書き直してみましょう（**リスト2.11**）。

ダブルクォーテーションを文字として出力するためにエスケープシーケンス「¥"」を使用しています。

2 時間目 | C#の基礎

リスト2.11 エスケープシーケンスの使用例

```
static void Main(string[] args)
{
    string msg = "私は¥"C#¥"が好きです";
}
```

◆ 文字列への変数の埋め込み

これまでのサンプルコードでは、画面へ文字を出力する際に「Console.WriteLine("パラメータの値は{0}", seisu);」のように{0}を使用して変数の値を埋め込んでいました。**書式2.6**を使用すると、文字列中に変数の値を埋め込むことができます。

書式2.6 文字列への変数の埋め込み

```
$"{変数}"
```

リスト2.12は文字列中に直接変数を埋め込む例です。

1つはConsole.WriteLine中の文字列に直接値を埋め込んでいます。もう1つの例では、変数nameの値を、変数msgの文字列へ埋め込み後、Console.WriteLineで表示しています。

リスト2.12 変数の埋め込み例

```
static void Main(string[] args)
{
    int seisu = 3;

    // 文字列中への変数の埋め込み例1
    Console.WriteLine($"変数seisuの値は{seisu}です。");

    // 文字列中への変数の埋め込み例2
    string name = "HIRO";
    string msg = $"{name}さん、こんにちは";

    Console.WriteLine(msg);
}
```

064

2-4-2◉数値型

　表2.1で示した通り、C#の数値型にはintやfloat、doubleなどがあり、これらのデータ型には整数や小数といったデータを代入することができます。

　数値型の変数を宣言する例を**リスト2.13**に示します。

リスト2.13 数値型の使用例

```
static void Main(string[] args)
{
    int no = 100;
    long longNo = 922337203685477507;
    double doubleNo = 3.14159;

    Console.WriteLine(no);
    Console.WriteLine(longNo);
    Console.WriteLine(doubleNo);
}
```

　数値型の使用方法がわかりました。ここで型推論を使用して数値を変数に代入してみましょう。

　リスト2.13を一部変更して型推論にしたコードを**リスト2.14**に示します。

リスト2.14 型推論を使用した数値型の宣言

```
static void Main(string[] args)
{
    var no = 100;
    var longNo = 922337203685477507;
    var doubleNo = 3.14159;

    // 各変数のデータ型を表示
    Console.WriteLine(no.GetType());         // System.Int32（int型）
    Console.WriteLine(longNo.GetType());     // System.Int64（long型）
    Console.WriteLine(doubleNo.GetType());   // System.Double（Double型）
}
```

2-4-3●bool型

bool型はtrueまたはfalseという2つの値を代入できるデータ型です。trueは日本語で「真」、falseは「偽」と呼ぶこともあります。

コードを記述する際に、ある条件が満たされた場合は「処理Aを実行する」、満たされなかった場合は「処理B」を実行する、といったように処理を分岐させる場合があります。このような「処理が満たされた場合」をtrue、「処理が満たされなかった場合」をfalseとして表現しますので覚えておきましょう（詳しくは「**4時間目　条件分岐処理と繰り返し処理**」で説明します）。また、値同士を比較する場合にもtrue/falseを使用します。値を比較して等しい場合はtrue、異なる場合はfalseとして表現をします（詳しくは「**3時間目 演算子**」で説明します）。

リスト2.15でbool型の使用例を確認しましょう。

この例では電源スイッチの状態を変数lightSwitchで管理し、電源のONをtrue、OFFをfalseとして表しています。この例のように2つの値を表現する場合にもbool型を使用します。

bool型の変数lightSwitch宣言時には電源ON（true）を設定し、後から電源をOFF（false）にしています。

リスト2.15 bool型の使用例

```csharp
static void Main(string[] args)
{
    // 電気の電源状態をbool型で管理
    bool lightSwitch = true;

    Console.WriteLine("電気の電源状態は{0}です。", lightSwitch);

    // 電源状態をOFFにする
    lightSwitch = false;
    Console.WriteLine("電気の電源状態は{0}です。", lightSwitch);
}
```

2-4-4◉列挙型

　列挙型は、複数の値（列挙子と呼びます）を1つのまとまりとして管理するデータ型です。例えば1週間の曜日は月曜日〜日曜日までの7つ、性別を表す場合は、男性と女性の2つの値しか取りません。このように、特定の値しか取らないデータは多くのものがあり、列挙型で表現をします。

　列挙型の定義は**書式2.7**を使用します。

書式2.7 列挙型

```
enum 列挙型名
{
    列挙子1, 列挙子2, …, 列挙子n
}
```

　列挙型を使用する場合は**書式2.8**を使用します。

書式2.8 列挙型の使用書式

```
列挙型名.列挙子n
```

　それでは列挙型の使用例を見てみましょう。

　リスト2.16は、データベース管理システムでよく使用される（CRUD: Create／Read／Update／Delete）を列挙型として定義し、変数 operate に Create の値を代入する例です。列挙型の定義は Main の上部へ記述してください。

2
時間目　C#の基礎

> **リスト2.16** 列挙型の使用例

```
// 列挙型 CRUDの定義
enum CRUD
{
    CREATE,
    READ,
    UPDATE,
    DELETE
}

static void Main(string[] args)
{
    // 列挙型 CRUD の変数を作成し、列挙子CREATEで初期化
    CRUD operate = CRUD.CREATE;

    Console.Write("現在の操作ステータスは{0}です。", operate);
}
```

2-4-5●型変換

　文字列の"123"を数値の123として使用したいような場合には、データ型を変換する必要があります。データ型を変換することを**型変換**や**キャスト**と呼びます。

　型変換にはいくつかの種類があるので、1つずつみていきましょう。

◆ 暗黙的な型変換

　暗黙的な型変換とは、あるデータ型の値を別のデータ型の変数に代入することで、自動的に型変換されることをいいます。

　リスト2.17は数値の暗黙的な型変換をする例です。

　はじめにsbyte型へ127の数値を代入しています（①）。②でsbyte型の変数sNoをint型のiNoへ代入し暗黙的な型変換を行っています。

068

リスト2.17 暗黙的な型変換の例

```
static void Main(string[] args)
{
    sbyte sNo = 127;    ←①
    int iNo = sNo;      // 暗黙的な型変換 ←②

    // iNoの値を表示
    Console.WriteLine($"iNo = {iNo}");
}
```

実行結果は図2.12の通りです。sNo（sbyte型）の値がiNo（int型）へ代入できていることがわかります。

図2.12 リスト2.17実行画面

暗黙的に型変換が行えるのは、小さな範囲の型を大きな範囲の型に入れる場合です。sbyte（-128～127の整数）よりもint（-2,147,483,648～2,147,483,647の整数）のほうが大きいので、暗黙的な型変換が行えたというわけです。

◆明示的な型変換

今度はint型の値をsbyte型の変数に代入してみましょう。先ほどのルールから、sbyteはintよりも小さいために、暗黙的な型変換を行うことはできません。そこで、「sbyteをint型に変換しますよ」と明示的に指示をする必要があります。このことを明示的な型変換と呼びます。

明示的な型変換を行う場合は、変換したい値の前に「（データ型）」を記述します。

リスト2.18に明示的な型変換の例を示します。

この例では、int型iNoに代入されている127という値（①）を、sbyte型のsNoに代入しています（②）。127はsbyteが扱える範囲の値のため、明示的な型変換によって、int型へ代入することができます。sbyte型の範囲は-128～127の整数のため、この範囲を超える値を代入しようとした場合は、予期せぬ値に変換されるので注意してください。

リスト2.18 明示的な型変換の例

```
static void Main(string[] args)
{
    int iNo = 127;   ←①
    sbyte sNo = (sbyte)iNo;     // 明示的な型変換  ←②


    // iNoの値を表示
    Console.WriteLine($"sNo = {sNo}");
}
```

◆ 小数を整数型の変数へ代入する

　続いて、float型の値をint型に代入する場合について確認しましょう（**リスト2.19**）。
　int型は整数の値しか入らないため、「1.23」という値が代入されることはありません。小数点以下が切り落とされて「1」が代入されます。**リスト2.19**の実行例を**図2.13**に示します。

リスト2.19 float型の値をint型に代入する例

```
static void Main(string[] args)
{
    double dNo = 1.23;
    int iNo = (int)dNo;       // 小数の値を整数型の変数に代入


    // iNoを表示
    Console.WriteLine($"iNo = {iNo}");
}
```

図2.13 リスト2.19実行画面

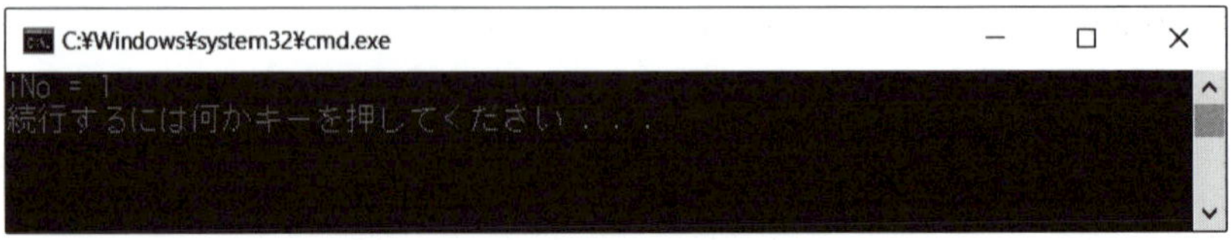

Part 1
UWPプログラミング 基礎編

◆文字列の数値化

string型の変数に代入されている値を、数値として取り扱いたい場合があります。string型の変数に代入されている数値は、あくまでも文字でありint型やdouble型の値のように演算を行うことはできません。

このため、string型に代入されている値は数値型に変換した上で演算を行う必要があります。

string型を数値に変換するには、int型やdouble型が持っているParseやTryParseというメソッドを使用します。

Parseメソッドを使用して変換する例を**リスト2.20**に、TryParseメソッドを使用する例を**リスト2.21**に示します。

Parseメソッドの()の中に文字列や文字列型の変数を渡すと、直接値型へと変換します。一方TryParseメソッドは、文字列を変換できたかどうかの結果と変換後の数値を受け取るという2つの機能を備えています。

TryParseメソッドは()の中の1つ目に変換対象の文字列を、2つ目には変換後の数値を受け取る変数を指定します。データ型の変換に成功するとtrueが得られます。この例では、TryParseでの変換結果としてfalseが返されたときに、Console.WriteLineでエラーメッセージを表示します。

if文については**5時間目**で説明しますので、後から読み返してください。

リスト2.20 文字列の数値化

```
static void Main(string[] args)
{
    string sNo1 = "2016";
    string sNo2 = "1.23";
                                   変換対象の文字列変数

    int iNo = int.Parse(sNo1);          // int型へ変換
    double dNo = double.Parse(sNo2);    // double型へ変換
}
```

2 時間目 | C#の基礎

リスト2.21 TryParseの使用例

```
static void Main(string[] args)
{
    string sNo1 = "2016";
    string sNo2 = "1.23";
    int iNo = 0;
    double dNo = 0.0;

    // int型への変換を試みる
    if ( int.TryParse(sNo1, out iNo)  == false )
    {
        Console.WriteLine("int型に変換できませんでした。");
    }


    if ( double.TryParse(sNo2, out dNo ) == false )
    {
        Console.WriteLine("double型に変換できませんでした。");
    }
}
```

iNoは変換後の値を受け取る変数
outは固定のキーワード

sNo1は変換対象の文字列変数

2-4-6◉サフィックス

小数の値は既定でdouble型として表されます。このため**リスト2.22**のように小数の値をfloat型の変数に代入しようとするとエラーが発生します（**図2.14**）。

リスト2.22 float型変数への小数の代入

```
float value = 1.23;
```

図2.14 代入エラー

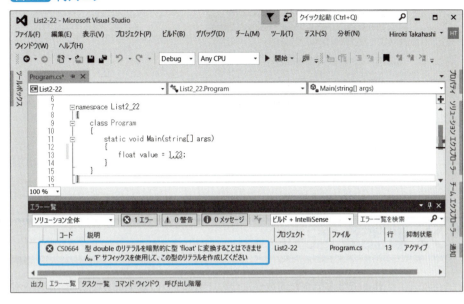

　エラーの内容を確認すると「型doubleのリテラルを暗黙的に型'float'に変換することはできません。'F'サフィックスを使用して、この型のリテラルを作成してください。」となっています。リテラルとは、コード中に記述した数値や文字列のことを指しています。この例では「1.23」という数値です。またサフィックスとは、リテラルの後ろに付ける文字を指します。ここではリテラル「1.23」の後ろに、サフィックス「F」を付けfloat型の値として代入することができます。修正したコードを**リスト2.23**に示します。

リスト2.23 サフィックスの使用例

```
float value = 1.23F;
```

　'F'以外にもサフィックスがありますので**表2.3**に示します。long型のサフィックスはLとlがありますが「l（エル）」は「1（いち）」と混同しやすいので、大文字のLを使用することをお勧めします。

表2.3 サフィックス

データ型	サフィックス
int 型	なし
uint 型	u（またはU）
long 型	L（またはl）
ulong 型	ul（またはUL, Ulなど）
decimal 型	m（またはM）
float 型	Fまたはf
double 型	d（またはD）

2-5 配列

これまで学んできた変数は、1つの変数に1つの値を持ちました。配列を使用すると、1つの変数で複数の値を持つことができるようになります。

2-5-1 ●配列のイメージ

例としてstring型のfruitという配列変数で考えてみましょう（図2.15）。
変数fruitにはデータを入れる箱が3つあり、それぞれ「リンゴ」「ミカン」「バナナ」という文字列が入っています。このとき、これらの文字列はまとめてfruitという配列変数で管理することができます。配列の個々の値は「要素」と呼びます。

図2.15 配列のイメージ

また配列では、2次元配列や3次元配列といったようにデータを多次元化して扱う

ことができます。さきほどのfruitは1次元配列とも呼び、箱が横1列に並んだイメージです。2次元配列は、学校の下駄箱のように縦と横に箱がある様子、3次元配列は2次元配列の下駄箱が複数並んでいる様子を想像してください（**図2.16**）。

図2.16 多次元配列

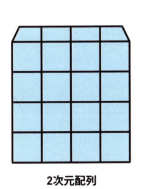
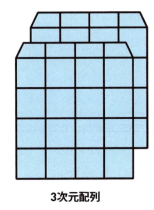

2次元配列　　　　3次元配列

2-5-2 ● 配列の宣言

　配列変数も通常の変数と同様に宣言をする必要があります。1次元配列は**書式2.9**を、多次元配列は**書式2.10**を使用します。

　配列は宣言しただけでは使用することができないため、newというキーワードを使用して実体を作成する必要があります。詳しくは「5時間目 クラス」で説明しますが、配列変数は宣言した時点では値が入れられる状態にありません。「実体化」をしてはじめて値を入れられるようになります。書式中の「要素数」は配列変数にいくつのデータを入れられるかを示す数です。

書式2.9 1次元配列

```
データ型[] 変数名= new データ型[要素数];
```

書式2.10 多次元配列

```
データ型[,] = new データ型[要素数, 要素数]    // 2次元配列
データ型[,,] = new データ型[要素数, 要素数, 要素数]    // 3次元配列
```

また、宣言と同時に初期化をする場合は、**書式2.11**、**書式2.12**を使用します。初期化をする場合は、要素数は指定しません。要素数は初期化時の値の数によって決まるためです。

配列の宣言と初期化の例を**リスト2.24**に示します。

書式2.11 1次元配列の宣言と初期化

```
データ型[] 変数名= new データ型[]{値1，値2，…};
```

書式2.12 多次元配列の宣言と初期化

```
// 2次元配列の宣言と初期化
データ型[,] = new データ型[, ]{
  {値1-1，値1-2，…},
  {値2-1，値2-2，…}
}

// 3次元配列の宣言と初期化
データ型[,,] = new データ型[,,]{
  {値1-1，値1-2，…},
  {値2-1，値2-2，…}
}
```

リスト2.24 配列の宣言と初期化

```
static void Main(string[] args)
{
    // 1次元配列の宣言と初期化
    string[] fruit = new string[]{ "リンゴ","ミカン","バナナ" };

    // 2次元配列の宣言と初期化
    int[,] array2D = new int[,]{
        { 1, 2, 3, 4, 5 },
```

（次ページに続く）

（前ページの続き）

```
        { 6, 7, 8, 9, 10 }
    };

    // 3次元配列の宣言と初期化
    int[,,] array3D = new int[,,]{
        {
            { 1, 2, 3 },
            { 4, 5, 6 }
        },
        {
            { 7, 8, 9 },
            { 10, 11, 12 }
        }
    };
}
```

リスト2.24のイメージを図2.17に示します。

図2.17 リスト2.24のイメージ

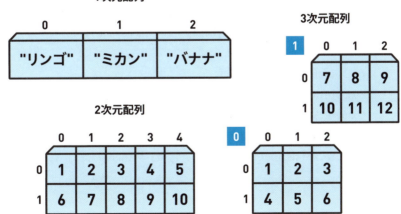

2-5-3●配列の要素

続いて、配列に入っている要素（データ）の取得と代入について学びましょう。

配列データを操作するためにはインデックス（要素ごとに付けられた番号）を指定します。インデックスは0から数えますので範囲は「0〜要素数−1」となります。任意の要素を表すには**書式2.13**を使用します。

書式2.13 任意の要素を指定する

```
配列変数[インデックス]                         // 1次元配列の場合
配列変数[インデックス，インデックス]             // 2次元配列の場合
配列変数[インデックス，インデックス，インデックス]  // 3次元配列の場合
```

リスト2.24で宣言した配列データの取得と代入について、**リスト2.25**に例を示します。**リスト2.25**のコードは**リスト2.24**の配列変数の宣言の下に記述してください。

リスト2.25 配列データの取得と代入の例

```
// 1次元配列のデータの表示（ミカンを表示）
Console.WriteLine($"fruit[1] = {fruit[1]}");

// 2次元配列のデータを表示
Console.WriteLine($"array2D[0, 1] = {array2D[0, 1]}");  // 2を表示
Console.WriteLine($"array2D[1, 4] = {array2D[1, 4]}");  // 10を表示

// 3次元配列のデータを表示
Console.WriteLine($"array3D[0, 0, 1] = {array3D[0, 0, 1]}"); // 2を表示
Console.WriteLine($"array3D[0, 1, 2] = {array3D[0, 1, 2]}"); // 6を表示
Console.WriteLine($"array3D[1, 0, 0] = {array3D[1, 0, 0]}"); // 7を表示
Console.WriteLine($"array3D[1, 1, 0] = {array3D[1, 1, 0]}"); // 10を表示
```

（次ページに続く）

Part 1　UWPプログラミング　基礎編

（前ページの続き）

```
// データの代入
fruit[1] = "イチゴ";
array2D[0, 1] = 20;
array2D[1, 4] = 100;
array3D[0, 0, 1] = 20;
array3D[0, 1, 2] = 60;
array3D[1, 0, 0] = 70;
array3D[1, 1, 0] = 100;
```

実行例を**図2.18**に示します。

図2.18　リスト2.25実行画面

確認テスト

Q1　型推論で変数longValに数値100Lを代入してください。LはサフィックスでLong型を意味します。

Q2　int型の1次元配列を宣言してください。変数名はarray1Dとし、値2,4,6,8,10の5つの数値で初期化してください。

3時間目 演算子

2時間目ではC#の基礎を学ぶために、コンソールアプリケーションプロジェクトを作成し、変数とデータ型について学びました。3時間目では演算子の種類とその使用方法について学びます。

今回のゴール

- 演算子の種類について理解する
- 演算子の使用方法を理解する

3-1 演算子の種類

　プログラムの中で行う計算のことを演算と呼びます。演算には、足し算や引き算といった一般的な計算をするものから、値の比較や論理演算を行うものなどがあります。C#では、専用の記号やキーワードを使用して演算を行います。一般的に、このような演算に使用する記号やキーワードのことを「**演算子**」（またはオペレータ（operator））と呼びます。また、演算の対象となる値のことを**オペランド**（operand）といいます（図3.1）。

　2時間目で値を代入するときに使用した「=」記号は**代入演算子**と呼びます。また四則計算をするときに使用する記号を**算術演算子**、変数は**変数オペランド**、直接記述する値を**定数オペランド**と呼びます。

図3.1 演算子とオペランド

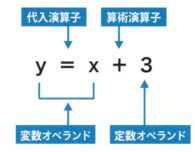

C#で使用可能な演算子の種類を表3.1に示します。

表3.1 C#で使用可能な演算子の種類

演算子	説明
算術演算子	算術計算を行う
シフト演算子	ビットの並びを右や左にずらす
関係演算子	値の等値性を判断する
型検査演算子	型の等値性の判断や、ある型への変換を行う
連結演算子	文字列と文字列を連結して新しい文字列を作成する
論理演算子	論理演算を行う
Null合体演算子	ある値がNullかどうかを判定し、デフォルト値を代入したい場合に使用する
インクリメント／デクリメント	変数に1を加算／減算する
代入演算子	変数や配列に値を代入する

　演算子は、計算を行いたい場合には算術演算子、代入を行いたい場合は代入演算子のように、使用したい場面によって使い分けます。次節以降で、各演算子の機能と使用例をみていきましょう。

3-2 算術演算子

足し算や引き算、かけ算や割り算のように、数値を使用した演算を行うには算術演算子を使用します。また、正や負を表す記号も算術演算子に含まれます。C#で使用可能な算術演算子を**表3.2**に示します。

表3.2 算術演算子

算術演算子	用途	例
+	正の値を表す	+A
-	負の値を表す	-A
+	加算	A + B
-	減算	A - B
*	乗算	A * B
/	除算による商	A / B
%	除算による剰余	A % B

続いて、算術演算子の使用例を**リスト3.1**に実行画面を**図3.2**に示します。

リスト3.1 算術演算子の使用例

```
static void Main(string[] args)
{
    int ans1 = +10;      // +は正の符号を表す
    int ans2 = -10;      // -は負の符号を表す
    int ans3 = 1 + 2;
    int ans4 = 3 - 2;
    int ans5 = 2 * 4;
    int ans6 = 6 / 2;
    int ans7 = 8 % 3;


    Console.WriteLine(ans1);
```

（次ページに続く）

Part 1 UWPプログラミング 基礎編

（前ページの続き）

```
        Console.WriteLine(ans2);
        Console.WriteLine(ans3);
        Console.WriteLine(ans4);
        Console.WriteLine(ans5);
        Console.WriteLine(ans6);
        Console.WriteLine(ans7);
    }
```

図3.2 リスト3.1の実行画面

```
C:¥Windows¥system32¥cmd.exe
10
-10
3
1
8
3
2
続行するには何かキーを押してください . . .
```

　1つの式の中で複数の算術演算子を使用する場合は注意が必要です。例として**リスト3.2**を見てみましょう。実行画面を**図3.3**に示します。

リスト3.2 複数の演算子を使用する例

```
static void Main(string[] args)
{
    int ans = 5 + 3 * 3;

    Console.WriteLine(ans);
}
```

083

3
時間目　演算子

図3.3 リスト3.2の実行画面

```
C:\Windows\system32\cmd.exe
14
続行するには何かキーを押してください . . .
```

　C#では常に左から右へと演算が行われるわけではなく、演算子の優先順位に従って演算が行われます。算術演算子の優先順位を**表3.3**に示します。

　この優先順位に従って演算が行われるので、**リスト3.2**の演算は最初に「3 * 3」を計算し、その後「5」に加算をするので演算結果は「14」となります。

表3.3 算術演算子の優先順位

優先度	演算子
高	* / %
低	+ -

　このような演算の優先順位を変えたい場合は、丸括弧( )記号を使用します。( )が複数使用された場合は、一番内側の( )から演算が行われます。

　( )によって演算の優先順位を変更する例を見てみましょう（**リスト3.3**）。

リスト3.3 ( )によって演算子の優先順位を変更する例

```csharp
static void Main(string[] args)
{
    int ans = (5 + 3) * 3;

    Console.WriteLine(ans);
}
```

　この例は**リスト3.2**の式に( )を付けて演算の順序を変更しています。

　はじめに「5 + 3」を計算し、その結果に3を掛けます。よって演算結果は「24」になります。

3-3 シフト演算子

ビットの並びを右や左にずらすにはシフト演算子を使用します（**表3.4**）。ビットとはデジタルコンピュータが取り扱うデータの最小単位で、0と1で表します。

表3.4 シフト演算子

演算子	用途	例
<<	ビットの並びを左へn桁ずらす	A << 2（左に2桁ずらす）
>>	ビットの並びを右へn桁ずらす	A >> 3（右に3桁ずらす）

はじめにシフト演算について学びましょう。ここでは10進数の「100」を右に2ビットシフト（ずらす）例を見てみましょう。

10進数の「100」という値は、2進数にすると「01100100」です。これを右に2桁シフトするということは、各桁を右に2ずらすことを表します（左へのシフトは、各ビットを左方向へずらすことを表します）。

「100」を右に2ビットシフトするイメージを**図3.4**に示します。

図3.4 ビットシフトとイメージ

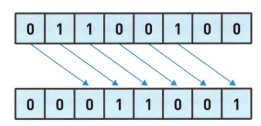

図3.4を見ればわかるとおり、「100」という値を右に2ビットシフトすると、10進数の「25」になります。

シフト演算子を使用して「100」を右に2ビットシフトする例を**リスト3.4**に示します。

3 時間目 | 演算子

リスト3.4 シフト演算の例

```
static void Main(string[] args)
{
    int number = 100;
    int ans = 0;


    // 100を右に2ビットシフト
    ans = number >> 2;

    Console.WriteLine($"100を右に2ビットシフトした値は{ans}です。");
}
```

100を右に2ビットシフトすると確かに「25」になることを確認できます（**図3.5**）。

図3.5 リスト3.4の実行画面

```
C:¥Windows¥system32¥cmd.exe
100を右に2ビットシフトした値は25です。
続行するには何かキーを押してください . . .
```

>> 3-4 関係演算子

　プログラム中では、よく値の比較を行います。値が等しいかどうか、大きいのか小さいのかを判定します。

　関係演算子には**表3.5**に示すものがあります。「用途」列に記述した条件が満たされた場合は true、満たされなかった場合は false になります。

　リスト3.5に関係演算子の例を示します（**図3.6**）。

表3.5 関係演算子

演算子	用途	例
==	値が等しいかどうかを判定する	A == B
!=	値が等しくないかを判定する	A != B
>	左項が右項より大きいかを判定する	A > B
<	左項が右項より小さいかを判定する	A < B
>=	左項が右項以上かを判定する	A >= B
<=	左項が右項以下かを判定する	A <= B

リスト3.5 関係演算子の例

```csharp
static void Main(string[] args)
{
    int x = 2;
    int y = 3;

    Console.WriteLine($"値 x = {x}, y = {y}");
    Console.WriteLine("x == y の演算結果は {0} です", x == y);
    Console.WriteLine("x != y の演算結果は {0} です", x != y);
    Console.WriteLine("x > y　の演算結果は {0} です", x > y);
    Console.WriteLine("x < y　の演算結果は {0} です", x < y);
    Console.WriteLine("x >= y の演算結果は {0} です", x >= y);
    Console.WriteLine("x <= y の演算結果は {0} です", x <= y);
}
```

図3.6 リスト3.5の実行画面

3 時間目 | 演算子

3-5 型検査演算子

2つの値のデータ型に互換性があるかどうかを調べたり、ある型を指定された型にキャストして返す演算子を**型検査演算子**と呼びます。

型検査演算子を**表3.6**に、使用例を**リスト3.6**に示します（**図3.7**）。

as演算子はキャストによく似ています。「(int)x」のようなキャストでは、型変換ができない場合は例外（エラーのこと）が発生するのに対し、as演算子では型変換ができない場合はnull[注1]を返すという違いがあります。

表3.6 型検査演算子

演算子	用途	例
is	型の互換性を判定する。左側のオペランドを右側のオペランドが示すデータ型に変換可能な場合はtrueを返す。	X is Y
as	左側のオペランドを右側のオペランドで指定された型に変換する。変換が不可能である場合はnullを返す。	X as Y

リスト3.6 is演算子とas演算子の使用例

```
static void Main(string[] args)
{
    int x = 3;
    string y = "文字";

    Console.WriteLine($"値 x = {x}, y = {y}");
    Console.WriteLine("x is double の演算結果は {0}です", x is double);
    Console.WriteLine("x is int の演算結果は {0}です", x is int);
    Console.WriteLine("y as string のキャスト結果は {0} です", y as
string);
}
```

注1）　nullとはどのデータ型にも属さない値で、何もない状態を示します。

Part 1 UWPプログラミング **基礎編**

図3.7 リスト3.6の実行画面

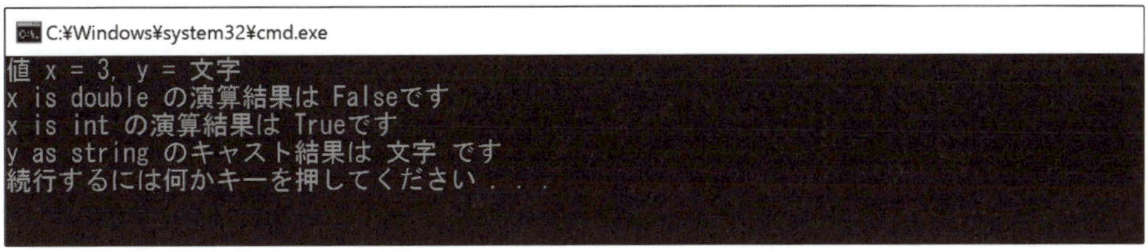

```
C:¥Windows¥system32¥cmd.exe
値 x = 3, y = 文字
x is double の演算結果は Falseです
x is int の演算結果は Trueです
y as string のキャスト結果は 文字 です
続行するには何かキーを押してください . . .
```

3-6 連結演算子

　文字列同士を連結して新しい文字列を作成するには、連結演算子「+」を使用します。数値同士の場合は足し算になりますが、文字列同士では連結されることに注意してください。

　リスト3.7に連結演算子の使用例を示します。この例では、変数firstname、空白、変数lastnameを連結して変数fullnameに代入をしています（**図3.8**）。

リスト3.7 連結演算子の使用例

```
static void Main(string[] args)
{
    string firstname = "Hiroki";
    string lastname = "Takahashi";
    string fullname = firstname + " " + lastname; // 文字列の連結

    Console.WriteLine(fullname);
}
```

図3.8 リスト3.7の実行画面

```
C:¥Windows¥system32¥cmd.exe
Hiroki Takahashi
続行するには何かキーを押してください . . .
```

3-7 論理演算子

2つ以上の1または0の入力値に対して、1つの演算結果を求める演算を論理演算と呼びます。論理演算子を**表3.7**に示します。

また各論理演算は真理値表と呼ばれる表にまとめることができます。そこで、それぞれの真理値表を**表3.8**〜**表3.11**にまとめます。

表3.7 論理演算子

演算子	用途	例
&	ビットごとのAND演算を行う	A & B
|	ビットごとのOR演算を行う	A | B
^	ビットごとのXOR演算を行う	A ^ B
!	NOT演算を行う。 この演算子はbool型(true または false)に対して定義されている	!A

表3.8 AND演算

X	Y	X & Y
0	0	0
0	1	0
1	0	0
1	1	1

表3.9 OR演算

X	Y	X | Y
0	0	0
0	1	1
1	0	1
1	1	1

表3.10 XOR演算

X	Y	X ^ Y
0	0	0
0	1	1
1	0	1
1	1	0

表3.11 NOT演算

X	!X
0	1
1	0

真理値表は1ビットずつの演算を示していますが、論理演算子では複数ビットの論理演算が可能です。複数ビットでのAND演算のイメージを**図3.9**に示します。この図では10進数の10と6のAND演算を示しています。

図3.9 AND演算のイメージ

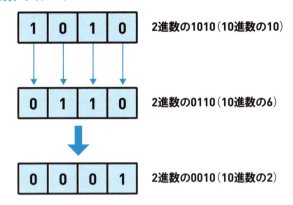

2進数の1010（10進数の10）

2進数の0110（10進数の6）

2進数の0010（10進数の2）

図3.9で示したAND演算と各論理演算のコード例を**リスト3.8**に示します（図3.10）。

リスト3.8 AND演算の例

```
static void Main(string[] args)
{
    int x = 10;
    int y = 6;
    int ans = 0;
    bool ans2 = true;

    Console.WriteLine($"値 x = {x}, y = {y}");

    // x と y の AND演算結果を ans に代入
    ans = x & y;
    Console.WriteLine($"x & y = {ans}");

    // x と y の OR演算結果を ans に代入
    ans = x | y;
    Console.WriteLine($"x | y = {ans}");
```

（次ページに続く）

3 時間目 | 演算子

（前ページの続き）

```
    // x と y の XOR演算結果を ans に代入
    ans = x ^ y;
    Console.WriteLine($"x ^ y = {ans}");


    // ans2 の NOT演算結果を ans2 に代入
    ans2 = !ans2;
    Console.WriteLine($"!x = {ans2}");
}
```

図3.10 リスト3.8の実行画面

```
C:¥Windows¥system32¥cmd.exe
値 x = 10、y = 6
x & y = 2
x | y = 14
x   y = 12
!x = False
続行するには何かキーを押してください . . .
```

》 3-8 条件演算子

　複数の条件が満たされているかどうかを判定するには条件演算子を使用します。例えば「20歳以上の男性かどうか」という条件は、「20歳以上か」という条件と「男性か」という条件の組み合わせです。このように「○○かつ△△」や「○○または△△」のような複合条件や、「○○ではない」といった否定条件を判定する場合は、**表3.12**に示す条件演算子を使用します。

　「&&」や「||」の演算結果は、「3-7　論理演算」で示した「&」や「|」のbool型に対する演算結果と同じになります。違いは短絡評価（ショートサーキット）を行うかどうかにあります。

　短絡評価とは、演算子の左側に置いた式の演算結果によって右側の演算をする必要がないと判断できることです。例えば「20歳以上の男性かどうか」は、はじめに「20歳以上か」を判定します。このとき、20歳未満であれば「男性かどうか」を判断する必要はなくなります。

092

Part 1

UWPプログラミング　基礎編

表3.12 条件演算子

演算子	用途	例
&&	演算子の左および右に置いた両方の条件が満たされているかを判定する。両方の条件が満たされた場合はtrue、満たされない場合はfalse	A && B
||	演算子の左および右に置いた条件のどちらかが満たされているかを判定する。どちらか片方の条件が満たされていればtrue、どちらの条件も満たされていない場合はfalse	A || B
!	条件の判定結果を反転させる。条件の結果がtrueの場合はfalse、falseの場合はtrue	!A

リスト3.9に条件演算子の使用例を示します（**図**3.11）。

リスト3.9 条件演算子の使用例

```
static void Main(string[] args)
{
    string gender = "男性";
    int age = 25;
    bool isMale = true;

    // genderが「男性」かつageが20以上
    bool ans = (gender == "男性" && age >= 20);          ←①
    Console.WriteLine($"男性かつ20歳以上  の演算結果 {ans}");

    // genderが「女性」またはageが20以上
    ans = (gender == "女性" || age >= 20);                ←②
    Console.WriteLine($"女性または20歳以上  の演算結果 {ans}");

    // isMaleの否定（反転する）
    Console.WriteLine($"!isMale の演算結果 {!isMale}");  ←③
}
```

093

図3.11 リスト3.9の実行画面

```
C:¥Windows¥system32¥cmd.exe
男性かつ20歳以上 の演算結果 True
女性または20歳以上 の演算結果 True
!isMale の演算結果 False
続行するには何かキーを押してください . . .
```

①では、「変数genderが"男性"と等しいか」と「変数ageが20以上か」の両方が満たされているかを&&演算子で演算を行い、結果を変数ansに代入しています。変数genderには「男性」が代入されていること、変数ageには25が代入されていることから両方の条件が満たされるため、この演算結果はtrueとなります。

②では「変数genderが"女性"と等しいか」または「変数ageが20以上か」を判定しています。変数genderには「男性」が代入されているため条件を満たしませんが、変数ageには25が代入されていることから、この演算結果はtrueとなります。短絡評価により「age >= 20」の演算は行われません。

③では変数isMaleを否定演算しています。isMaleにはtrueが代入されているので、演算結果はfalseになります。

3-9 Null合体演算子

ある値がnull以外の場合にはその値自身を取得し、nullの場合にはあらかじめ決められた値に置き換えるにはNull合体演算子「??」を使用します。

Null合体演算子の使用例を**リスト3.10**に示します（**図3.12**）。

リスト3.10 Null合体演算子の使用例

```csharp
static void Main(string[] args)
{
    string strVal = null;  ←①


    string result = strVal ?? "default value";  ←②


    Console.WriteLine($"result = {result}");    // result = defalt value
}
```

094

①では、変数strValにnullを入れています。②では、このstrValがnullかどうかを「??」演算子で判定し、nullである場合には"default value"という文字列が変数resultに代入されます。もし、strValがnull以外の場合（例えば"moji"のような文字列が入っているよう場合）は、変数resultにstrValの値"moji"が代入されます。

図3.12 リスト3.10の実行画面

```
C:¥Windows¥system32¥cmd.exe
result = default value
続行するには何かキーを押してください . . .
```

3-10 代入演算子

変数に値を代入したい場合は、代入演算子を使用します。これまでの例では変数に値を代入する際「=」演算子を使用してきました。このほかにも**表3.13**に示すような代入演算子があります。

表3.13 代入演算子

演算子	用途	例
=	右辺の値を左辺に代入	A = 3
+=	左辺と右辺の加算結果を左辺に代入	A += 3
-=	左辺と右辺の減算結果を左辺に代入	A -= 3
*=	左辺と右辺の乗算結果を左辺に代入	A *= 3
/=	左辺と右辺の除算結果を左辺に代入	A /= 3
%=	左辺と右辺の除算による剰余を左辺に代入	A %= 3
&=	左辺と右辺の論理積を左辺に代入	A &= 3
|=	左辺と右辺の論理和を左辺に代入	A |= 3
^=	左辺と右辺の排他論理和を左辺に代入	A ^= 3
<<=	左辺と右辺の左シフト結果を左辺に代入	A <<= 3
>>=	左辺と右辺の右シフト結果を左辺に代入	A >>= 3

「=」以外の演算子は、すべて演算と代入を組み合わせたものになっています。「+=」演算子を見てみましょう（**図3.13**）。例えば「x += 3」は、変数「x」に「x + 3」の演算結

3
時間目 | 演算子

果を代入します。「=」演算子を使用して記述した「x = x + 3」と同じ結果になります。
　そのほかの代入演算子も考え方は同じです。

図3.13 「+=」演算子の例

$$x\ +=\ 3;$$

同じ意味

$$x\ =\ \underline{x\ +\ 3}$$

この部分を演算して
左辺に代入

　代入演算子の例を**リスト3.11**に示します（**図3.14**）。

リスト3.11 代入演算子の使用例

```
static void Main(string[] args)
{
    int x = 3;

    Console.WriteLine($"値 x = {x}");
    Console.WriteLine("x += 3 の演算結果は {0} です。", x += 3);
    Console.WriteLine("x -= 2 の演算結果は {0} です。", x -= 2);
    Console.WriteLine("x *= 2 の演算結果は {0} です。", x *= 2);
    Console.WriteLine("x /= 2 の演算結果は {0} です。", x /= 2);
}
```

図3.14 リスト3.11の実行画面

```
C:¥Windows¥system32¥cmd.exe
値 x = 3, y = 5
x += 3 の演算結果は 6 です。
x -= 2 の演算結果は 4 です。
x *= 2 の演算結果は 8 です。
x /= 2 の演算結果は 4 です。
続行するには何かキーを押してください . . .
```

096

3-11 インクリメント／デクリメント演算子

インクリメント演算子「++」は値を1加算し、デクリメント演算子「--」は値を1減算する演算子です。どちらの演算子も値の前に置くか後ろに置くかで動作が異なります。
表3.14にインクリメント演算子とデクリメント演算子を示します。

表3.14 インクリメント演算子とデクリメント演算子

演算子	説明	例
++x	前置インクリメント	int y = ++x
x++	後置インクリメント	int y = x++
--x	前置デクリメント	int y = --x
x--	後置デクリメント	int y = x--

「前置」が付くインクリメントとデクリメントは先に1を加算/減算しますが、「後置」の方は、後から演算が行われます。この特性を**リスト3.12**で確認しましょう(**図3.15**)。

リスト3.12 インクリメント演算子とデクリメント演算子の例

```
static void Main(string[] args)
{
    int x = 0;
    int y = 0;

    x = 3;
    y = ++x;
    Console.WriteLine($"前置インクリメント x = {x}, y = {y}");
    // x = 4, y = 4


    x = 3;
    y = x++;
    Console.WriteLine($"後置インクリメント x = {x}, y = {y}");
    // x = 4, y = 3
```

（次ページに続く）

3 時間目 演算子

（前ページの続き）

```
    x = 3;
    y = --x;
    Console.WriteLine($"前置デクリメント x = {x}, y = {y}");
    // x = 2, y = 2


    x = 3;
    y = x--;
    Console.WriteLine($"後置デクリメント x = {x}, y = {y}");
    // x = 2, y = 3
}
```

図3.15 リスト3.12の実行画面

```
C:¥Windows¥system32¥cmd.exe
前置インクリメント x = 4, y = 4
後置インクリメント x = 4, y = 3
前置デクリメント x = 2, y = 2
後置デクリメント x = 2, y = 3
続行するには何かキーを押してください . . .
```

　前置インクリメントも後置インクリメントも1を加算することには変わりありません。同様に前置デクリメントと後置デクリメントは1を減算することに変わりはありません。異なるのは1を加算／減算するタイミングにあります。

　リスト3.13で前置インクリメントと後置インクリメントの加算タイミングを確認してみましょう。

リスト3.13 前置インクリメントと後置インクリメントの加算タイミング

```
int x1 = 3;
int x2 = 3;
int y = 0;


++x1;  ←①
```

（次ページに続く）

Part 1 UWPプログラミング 基礎編

（前ページの続き）

```
Console.WriteLine(x1);  // 4 ←②
y = x2++;                    ←③
Console.WriteLine(x2);  // 4 ←④
Console.WriteLine(y);   // 3 ←⑤
```

①は前置インクリメントによる加算です。前置インクリメントはその場で1を加算しますので②では4を表示します。

③は変数x2を後置インクリメントした結果を変数yに代入しています。x2はインクリメントされますので⑤では4が出力されます。変数yには③の時点で「4」という値が代入されたようにも思えますが、yにはx2をインクリメントする前の値である「3」が代入されます。このように後置インクリメントは、その場では（この例では③の時点）加算せずに、次の命令に移ったタイミングで加算が行われます。

前置デクリメント、後置デクリメントも同様のタイミングで減算が行われますので**リスト**3.13をデクリメントに変更して確認をしてみてください。

確認テスト

Q1 算術演算子を使用して2つの値の加算、減算、乗算、除算を行ってください。また3つの値と()を使用し、算術演算子の優先順位を変えた演算を行ってください。

Q2 シフト演算子を使用して、10進数の12を右に2ビット、10進数の1を左に3ビットシフトしてください。

Q3 関係演算子を使用して、xとyの値を比較してください。x = 11、y = 4とします。

Q4 連結演算子を使用して、自分の性と名を連結してください。性と名の間には全角のスペースを置いてください。

Q5 論理演算子を使用して演算をしてください。x = 10, y = 5とします。またNOT演算はz = trueの値を用いてください。

4時間目 条件分岐処理と繰り返し処理

プログラムの流れには「逐次実行」「条件分岐」「繰り返し」の3つがあります。逐次実行はプログラムを記述した順に実行するというものです。4時間目では「条件分岐」と「繰り返し」について学びます。いずれもプログラミングをする上では欠かせない要素ですので、実際にコードを入力しながら動作を確認し、理解を深めていきましょう。

今回のゴール

- 条件分岐処理を理解する
- 繰り返し処理を理解する

≫ 4-1 条件分岐処理

4-1-1 ● 条件分岐処理とは

　3時間目までのプログラムは、記述した順番通りに処理が実行されていました。これを逐次実行と呼びます。逐次実行のみでプログラムを作成しますと、常に同じ動作をするアプリケーションとなります。

　多くの場合は、何らかの条件によって処理の流れを変えたいことでしょう。

　銀行のATMで考えてみましょう。ATMでボタンを押したら毎回100万円が出てくる訳ではありません。入金をしたいのか出金をしたいのか、金額はいくらなのか、といったように利用する人が異なればATMでの動作も変わります。このように、場合によって処理の流れを変えることを条件分岐処理と呼びます。

100

4-1-2 ● if文

「もし○○だったらAの処理」「○○ではない場合はBの処理」のように「もし○○ならば」を実現するにはif文を使用します。

if文のフローチャート（流れ図のこと）を**図4.1**に示します。ひし形の中には処理の分岐条件を記述し、Yesの場合とNoの場合の矢印を伸ばします。長方形の中には、実行する処理を記述します。

図4.1 if文のフローチャート

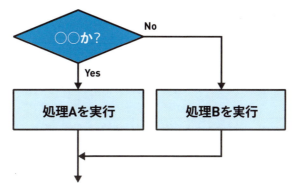

4-1-3 ● 条件を満たす場合の処理

if文の条件「○○か？」をコードで表すには**書式4.1**を示します。

書式4.1 if文

```
if（条件式）
{
    条件式が満たされた場合に実行するステートメント
}
```

書式4.1を使用すると、条件式が満たされた（演算結果がtrueとなる）ときに｛～｝の内側に記述されたステートメントを実行します。

リスト4.1でif文の動作を確認しましょう。このプログラムでは、体重と身長からBMI（肥満度指数）を計算し、BMIが標準未満となった場合に「肥満度指数は標準未

101

満です。」の文字列を表示します（**図4.2**）。

BMIを求める式は「体重（kg）÷（身長（m）×身長（m））」で、計算結果が25未満であれば肥満度指数が標準未満を表します。

この例では、始めに身長と体重を代入した変数を準備し（**①**）、肥満度指数の計算結果を変数bmiに代入しています（**②**）。続いてif文を使用し、変数bmiの値が25未満かを判断し（**③**）、「肥満度指数は標準未満です」を表示します（**④**）。

③のifの条件式に注目して下さい。（）の中では「bmi < 25」という式があります。この式では**3時間目**で学んだ関係演算子の「<」を使用して変数bmiが25未満かを演算しています。変数bmiの値が25未満のときにこの式は満たされてtrueになり、if文の（）の内側の処理が実行されます。

リスト4.1 if文の例

```
static void Main(string[] args)
{
    double weight = 56.2;    // 体重56.2kg          ← ①
    double height = 1.65;    // 身長1.65m

    double bmi = weight / (height * height);   ← ②

    Console.WriteLine($"入力した体重={weight}kg，身長={height}m");
    Console.WriteLine($"あなたのBMI = {bmi}");

    if (bmi < 25)   ← ③
    {
        Console.WriteLine("肥満度指数は標準未満です。");   ← ④
    }
}
```

図4.2 リスト4.1の実行画面

```
C:¥Windows¥system32¥cmd.exe
入力した体重=56.2kg，身長=1.65m
あなたのBMI = 20.6427915518825
肥満度指数は標準以下です。
続行するには何かキーを押してください . . .
```

4-1-4◉条件を満たさない場合の処理

　if文の条件が満たされなかったときの処理を記述したい場合には**書式4.2**を使用します。条件式が満たされなかった場合(条件式の演算結果がfalseの場合)はelse側の{〜}の内側に記述したステートメントを実行します。

書式4.2 if〜else文

```
if (条件式)
{
    条件式が満たされた場合に実行するステートメント
}
else
{
    条件式が満たされなかった場合に実行するステートメント
}
```

　それでは**リスト4.2**でif〜else文の動作を確認しましょう。
　リスト4.1ではBMIが25未満の場合に「肥満度指数は標準未満です。」の文字列を表示しました。この例ではelseを追加して、BMIが25以上の場合は「肥満度指数は標準以上です。」を表示するようにしています(**図4.3**)。

リスト4.2 if〜else文の例

```
static void Main(string[] args)
{
    double weight = 70.2;    // 体重70.2kg
    double height = 1.65;    // 身長1.65m

    double bmi = weight / (height * height);

    Console.WriteLine($"入力した体重={weight}kg, 身長={height}m");
    Console.WriteLine($"あなたのBMI = {bmi}");
```

（次ページに続く）

4 条件分岐処理と繰り返し処理
時間目

（前ページの続き）

```
    if (bmi < 25)
    {
        Console.WriteLine("肥満度指数は標準未満です。");
    }
    else
    {
        Console.WriteLine("肥満度指数は標準以上です。");
    }
}
```

図4.3 リスト4.2の実行画面

```
C:¥Windows¥system32¥cmd.exe
入力した体重=70.2kg, 身長=1.65m
あなたのBMI = 25.7851239669422
肥満度指数は標準以上です。
続行するには何かキーを押してください . . .
```

4-1-5●複数の条件分岐処理

　先ほどの例で、条件を満たす場合と満たさない場合の二通りの処理を記述しましたが、if文ではさらなる条件分岐を追加することが可能です。

　書式4.3に示すとおりelse if文を使用すると、必要な分だけif分の条件を追加することができます。なお、最後のelse文は省略することが可能です。

Part 1 UWPプログラミング 基礎編

書式4.3 if 〜 else if 〜 else文

```
if (条件式1)
{
    条件式1が満たされた場合に実行するステートメント
}
else if (条件式2)
{
    条件式2が満たされた場合に実行するステートメント
}
・・・・・・・
else
{
    すべての条件式が満たされなかった場合に実行するステートメント
}
```

　リスト4.3で複数の条件分岐をするif文の動作を確認しましょう。

　リスト4.2にelse if文を追加しています。この例ではBMIの値が18.5未満であれば「やせ型です。」、25未満であれば「標準体型です。」、25以上であれば「肥満体型です。」の文字列を表示します。

リスト4.3 複数の条件分岐をするif文の例

```
static void Main(string[] args)
{
    double weight = 56.2;    // 体重56.2kg
    double height = 1.65;    // 身長1.65m

    double bmi = weight / (height * height);

    Console.WriteLine($"入力した体重={weight}kg, 身長={height}m");
    Console.WriteLine($"あなたのBMI = {bmi}");
```

（次ページに続く）

105

4 時間目 条件分岐処理と繰り返し処理

（前ページの続き）

```csharp
    if (bmi < 18.5)
    {
        Console.WriteLine("やせ型です。");
    }
    else if (bmi < 25)
    {
        Console.WriteLine("標準体型です");
    }
    else
    {
        Console.WriteLine("肥満体型です。");
    }
}
```

図4.4 リスト4.3の実行画面

```
C:¥Windows¥system32¥cmd.exe
入力した体重=56.2kg，身長=1.65m
あなたのBMI = 20.6427915518825
標準体型です
続行するには何かキーを押してください . . .
```

4-1-6●三項演算子

　三項演算子はif〜else文によく似ていますが、if文よりも簡潔に記述ができる場合に使用します。

　三項演算子は**書式4.4**を使用します。条件式の後ろに「?」を記述した後、「:」の左側には条件が満たされた場合に評価する式を、右側には条件が満たされなかった場合に評価する式を記述します。

　書式が示すとおり3つの項を使用して演算することから三項演算子と呼ばれます。

106

書式4.4 三項演算子

> 条件式 ? 条件式の結果が真の場合に評価する式 ： 条件式の結果が偽の場合に評
> 価する式

　リスト4.4に三項演算子の使用例を示します。この例ではbool型の変数isChecked
の値を判断し、trueの場合は「男性」、falseの場合は「女性」という文字列を変数msg
に代入します。

リスト4.4 三項演算子の使用例

```
static void Main(string[] args)
{
    bool isChecked = false;

    string msg = isChecked ? "男性" : "女性";

    Console.WriteLine($"チェック状態は {isChecked} なので {msg}");
}
```

図4.5 リスト4.4の実行画面

```
C:¥Windows¥system32¥cmd.exe
チェック状態は False なので 女性
続行するには何かキーを押してください . . .
```

4-1-7●switch文

　switch文を使用すると、決まった値ごとに処理を分岐させることができます。
　switch文は**書式4.5**を使用します。switchの後ろにある式と各caseの定数値を比
較します。式と定数値が一致した場合は、「break;」が現れるまでの間に記述されたス
テートメントを実行します。breakはswitch文を抜けるために必要です。
　switchの式がいずれの定数値にも一致しない場合はdefaultセクションにあるステー
トメントを実行します。defaultセクションが不要な場合は省略しても構いません。

4時間目 条件分岐処理と繰り返し処理

書式4.5 switch文

```
switch (式)
{
  case 定数値1:
    式と値1が等しい場合に実行するステートメント
    break;
  case 定数値2:
    式と値2が等しい場合に実行するステートメント
    break;
  case 定数値n:
    式と値nが等しい場合に実行するステートメント
    break;
  default:
    式が値1～nに該当しない場合に実行するステートメント
}
```

← 省略可能（default節）

　それでは**リスト4.5**でswitch文の動作を確認しましょう。
　この例では変数weekdayに代入された曜日（英単語の短縮された文字）をswitch文の式で判定し、合致するcaseのところで「今日は〇曜日です」を変数strMsgに代入します。switch文を抜けた後は、変数strMsgに代入されている文字列を表示します。変数weekdayに代入されている文字列がどのcaseにも合致しない場合は、defaultにある「そのような曜日はありません。」をstrMsgに代入します。

リスト4.5 switch文の例

```
static void Main(string[] args)
{
    string weekday = "Tue";
    string strMsg = string.Empty;

    switch(weekday)
    {
```

（次ページに続く）

108

（前ページの続き）

```
        case "Sun":
            strMsg = "今日は日曜日です。";
            break;
        case "Mon":
            strMsg = "今日は月曜日です。";
            break;
        case "Tue":
            strMsg = "今日は火曜日です。";
            break;
        case "Wed":
            strMsg = "今日は水曜日です。";
            break;
        case "Thu":
            strMsg = "今日は木曜日です。";
            break;
        case "Fri":
            strMsg = "今日は金曜日です。";
            break;
        case "Sat":
            strMsg = "今日は土曜日です。";
            break;
        default:
            strMsg  = "そのような曜日はありません。";
            break;
    }

    Console.Write(strMsg);
}
```

4
時間目　条件分岐処理と繰り返し処理

図4.6 リスト4.5の実行画面

```
C:¥Windows¥system32¥cmd.exe
今日は火曜日です。
続行するには何かキーを押してください . . .
```

◆ **フォールスルー**

　switch文を抜けるためにbreakが必要であることは既に説明した通りです。break を省略したからといって、1つのcaseセクションから次のcaseセクションへと処理を 連続して実行することはできません。

　例えば**リスト4.6**に示すswitch文ではエラーが発生します。この例では「case "Tue"」を判断後に、「case "Wed"」を判断しようとしてbreakを省略しています。「case "Tue"」にはbreakがありませんので、次の「case "Wed"」へ処理が流れるように思え ますが、C#ではこの動作を禁止しているためにエラーになります（**図4.7**）。このよう な場合はswitch文ではなくif文を使用するようにします。

リスト4.6 caseセクションの連続実行の例

```
switch(weekday)
{
    case "Tue":
        strMsg = "今日は火曜日です。";
    case "Wed":
        strMsg = "今日は水曜日です。";
        break;
}
```

Part 1 UWPプログラミング **基礎編**

図4.7 リスト4.6入力時に発生するエラー

```
 9  ⊟    class Program
10       {
11  ⊟        static void Main(string[] args)
12           {
13               string weekday = "Tue";
14               string strMsg = string.Empty;
15
16               switch(weekday)
17               {
18                   case "Tue":
19                       strMsg = "今日は火曜日です。";
20                   case "Wed":
21                       strMsg = "今日は水曜日です。";
22                       break;
23               }
24
25               Console.WriteLine(strMsg);
26           }
27       }
28   }
29
```

100 %

エラー一覧

| ソリューション全体 ▾ | ⊗ 1 エラー | ⚠ 0 警告 | ❶ 0 メッセージ | ビルド + IntelliSense ▾ |

| | コード | 説明 ▲ |
| ⊗ | CS0163 | コントロールはひとつの case ラベル ('case "Tue":') から別のラベルへ流れ落ちることはできません。 |

　続いて、複数の定数値で同じ処理を実行したい場合を考えてみましょう。例えば変数weekdayの値が"Tue"または"火曜日"のときに「今日は火曜日です。」と表示する場合は**リスト4.7**のように記述することができます。

リスト4.7 複数の定数値で同じ処理を実行する例

```
switch (weekday)
{
    case "Tue":
        strMsg = "今日は火曜日です。";
        break;
    case "火曜日":
        strMsg = "今日は火曜日です。";
        break;
}
```

　リスト4.7は正しく動作しますが、どちらの場合も記述しているコード内容は同じであり冗長です。この方法で記述しますと、定数値が"Tue"、"Tuesday"、"火曜日"

111

時間目 4 — 条件分岐処理と繰り返し処理

の場合に「今日は火曜日です。」を表示したい場合にはさらに冗長なコードになってしまいます。

このような場合はcaseラベルを連続させて、複数の定数値を処理することが可能です。このような記述を**フォールスルー**と呼びます。

リスト4.8は、**リスト4.5**を改造して、英語と日本語の2つの曜日に対応できるようにしています。例えば、weekdayが"Tue"か"火曜日"のどちらかであれば「今日は火曜日です。」を表示します。

リスト4.8 フォールスルーの例

```
static void Main(string[] args)
{
    string weekday = "火曜日";
    string strMsg = string.Empty;

    switch (weekday)
    {
        case "Sun":
        case "日曜日":
            strMsg = "今日は日曜日です。";
            break;
        case "Mon":
        case "月曜日":
            strMsg = "今日は月曜日です。";
            break;
        case "Tue":
        case "火曜日":
            strMsg = "今日は火曜日です。";
            break;
        case "Wed":
        case "水曜日":
            strMsg = "今日は水曜日です。";
            break;
```

（次ページに続く）

（前ページの続き）

```
        case "Thu":
        case "木曜日":
            strMsg = "今日は木曜日です。";
            break;
        case "Fri":
        case "金曜日":
            strMsg = "今日は金曜日です。";
            break;
        case "Sat":
        case "土曜日":
            strMsg = "今日は土曜日です。";
            break;
        default:
            strMsg = "そのような曜日はありません。";
            break;
    }

    Console.WriteLine(strMsg);
}
```

4-2 繰り返し処理

4-2-1●繰り返し処理とは

　プログラム中で同じような処理を何度も繰り返し実行するには、for、foreach、while、do-while文を使用します。このような繰り返しは「ループ」とも呼ばれます。

　繰り返しのフローチャートは**図4.8**のように描きます。繰り返しの開始は、四角形の上部左右の角を取った図形、終了は開始の図形を反転させたものです。開始と終了の間には、繰り返し実行する処理を描きます。

図4.8 繰り返しのフローチャート

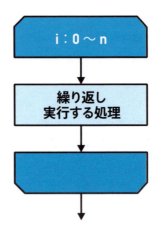

4-2-2 ● for文

for文は決められた回数分の繰り返し処理を行います。for文は**書式4.6**を使用します。

書式4.6 for文

```
for（カウンタ変数の初期化；繰り返しをする条件式；カウンタ変数の加算式または
減算式）
{
    繰り返し行うステートメント
}
```

　for文では、何回繰り返したかを記憶するカウンタと呼ばれる変数を使用します。カウンタ変数は、通常の変数と変わりありません。書式中の「カウンタ変数の初期化」の位置で、カウンタの初期値を設定します。例えばカウンタ変数「i」を開始値「0」で初期化する場合は「int i = 0」を記述します。
　「繰り返しをする条件式」は、カウンタ変数がどの範囲にある場合に繰り返し処理を行うかを表す式を記述します。例えばカウンタ変数が10より小さい場合に繰り返し処理を行う場合は「i < 10」と記述します。
　「カウンタ変数の加算式または減算式」は、1回の繰り返し処理が終わった後に、カウンタ変数をいくつ加算（または減算）するかの式を記述します。例えば、1回の繰り

返しが終わったときに1を加算したい場合は「i++」を記述します。

for文の書式を理解できたら**リスト4.9**で動作を確認しましょう。

この例では、カウンタ変数をiとし、10未満の間（初期値が0ですので0〜9まで間）繰り返し処理を行います。カウンタ変数の加算式は「i++」ですので、繰り返しが1回終了する毎に1を加算します。**リスト4.9**の実行例を**図4.9**に示します。

リスト4.9 for文の例

```
static void Main(string[] args)
{
    for ( int i = 0; i < 10; i++)
    {
        Console.WriteLine($"カウンタ変数の値は{i}です");
    }
}
```

図4.9 リスト4.9の実行画面

```
C:¥Windows¥system32¥cmd.exe
カウンタ変数の値は0です
カウンタ変数の値は1です
カウンタ変数の値は2です
カウンタ変数の値は3です
カウンタ変数の値は4です
カウンタ変数の値は5です
カウンタ変数の値は6です
カウンタ変数の値は7です
カウンタ変数の値は8です
カウンタ変数の値は9です
続行するには何かキーを押してください . . .
```

for文は配列と相性の良い繰り返し処理です。このことを確認するために**リスト4.10**で動作を確認しましょう。

この例では配列scoreに入った値をすべて加算して、最後に合計値を表示します。配列の要素はインデックスを指定して取り出します。この例のように、カウンタ変数の値をインデックスとして用いることですべての値を取り出すことができます。

for文の「繰り返しをする条件式」に「score.Length」という記述があります。「配列.Length」と記述すると、その配列の要素数（この例では10）を返します。

4 時間目 | 条件分岐処理と繰り返し処理

リスト4.10 for文で配列を使用する例

```
static void Main(string[] args)
{
    int[] score = new int[] {1, 3, 4, 6, 2, 9, 7, 8, 5, 10};
    int total = 0;

    for ( int i = 0; i < score.Length; i++)
    {
        total += score[i];
    }

    Console.WriteLine($"スコアの合計は{total}です。");
}
```

図4.10 リスト4.10の実行画面

```
C:¥Windows¥system32¥cmd.exe
スコアの合計は55です。
続行するには何かキーを押してください . . .
```

4-2-3◉foreach文

　for文は繰り返し回数が決まっている場合に有効でした。foreach文は、名前こそfor文に似ていますが、配列やリストといったコレクションからすべての要素を順番に取り出す場合に有効です。このため、foreach文は、コレクションに納められている要素数を気にすることなく繰り返し処理をすることができます。

　コレクションとは、すでに学んだ配列のように複数の値をまとめて扱うことができるものを指します。

　foreach文は**書式4.7**を使用します。

書式4.7 foreach文

```
foreach（取り出した値を格納する変数 in コレクション）
{
    繰り返し行うステートメント
}
```

foreach文で配列を使用する場合のイメージを図4.4に示します。

このイメージでは、配列変数scoreに入ったデータを1つずつ取り出します。

書式の「取り出した値を格納する変数」が変数dataで「コレクション」が配列変数scoreです。1回目の繰り返し処理では、scoreから「1」を取り出してdataに格納{〜}の中の処理を実行します。2回目の繰り返しでは「3」がdataに格納され、10回目では「10」がdataに格納されます。コレクションから取り出す値がなくなるとforeach文を抜けます。

図4.11 foreach文のイメージ

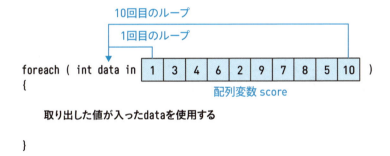

foreach文の書式を理解できたら、**リスト4.11**で動作を確認しましょう。この例は**リスト4.10**のコードをforeach文に置き換えたものです。

for文では「score.Length」として、繰り返しの範囲を求めていました。foreach文は、すべての要素を取り出して処理をするため、コレクションにいくつの要素が入っているかを気にする必要がなくなります。実行結果は**リスト4.10**と同じになります。

4 時間目 | 条件分岐処理と繰り返し処理

リスト4.11 foreach文の例

```
static void Main(string[] args)
{
    int[] score = new int[] { 1, 3, 4, 6, 2, 9, 7, 8, 5, 10 };
    int total = 0;

    foreach (int data in score)
    {
        total += data;
    }


    Console.WriteLine($"スコアの合計は{total}です。");
}
```

図4.12 リスト4.11の実行画面

```
C:¥Windows¥system32¥cmd.exe
スコアの合計は55です。
続行するには何かキーを押してください . . .
```

4-2-4●while文

while文は指定した条件が満たされている間繰り返しを行います。条件が満たされなくなるまで繰り返しを行うため、書き方によっては無限に繰り返しを行うこととなります。これを無限ループと呼びます。while文を使用する場合は、意図しない無限ループを発生させないよう注意する必要があります。

while文は**書式4.8**を使用します。

書式4.8 while文

```
while (繰り返しを行う条件式)
{
    繰り返し行うステートメント
}
```

while文の「繰り返し行うための条件式」は、if文と同様に演算結果がtrueである必要があります。逆に条件がfalseとなった場合に繰り返しを行う条件式が満たされなくなり、while文が終了します。

リスト4.12にwhile文を使用して繰り返し処理を行う例を示します。この例はfor文で示した**リスト4.10**をwhile文で置き換えたものです。

このwhile文での条件式は「i < score.Length」ですから、i が score.Length 未満の間繰り返し処理を行います。繰り返し行う処理の中では、total変数にscore要素を加算します。加算終了後、変数iをインクリメントし、while文の先頭へと戻ります。繰り返しが進むにつれ、条件「i < score.Length」は満たされなくなりwhile文を抜け、「Console.WriteLine($" スコアの合計は{total}です。");」を実行します。

リスト4.12 while文の例

```
static void Main(string[] args)
{
    int[] score = new int[] { 1, 3, 4, 6, 2, 9, 7, 8, 5, 10 };
    int total = 0;
    int i = 0;

    while (i < score.Length)
    {
        total += score[i];
        i++;
    }

    Console.WriteLine($"スコアの合計は{total}です。");
}
```

図4.13 リスト4.12の実行画面

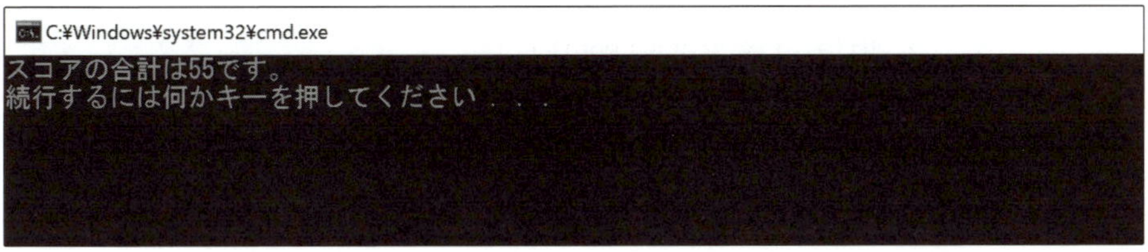

```
C:¥Windows¥system32¥cmd.exe
スコアの合計は55です。
続行するには何かキーを押してください . . .
```

4-2-5 ● do-while文

do-while文は、指定された処理を実行した後にさらに繰り返して実行するかを判断する文です。while文は先頭に条件式があるため、場合によっては一度も繰り返し処理が行われません。do-while文では、最低1回の繰り返し処理を行った後、さらに繰り返しをするかを条件式で判定します。

do-while文は**書式4.9**を使用します。

書式4.9 do-while文

```
do
{
    繰り返し行うステートメント
} while (繰り返しを行う条件式);
```

リスト4.13にdo-while文の例を示します。この例の実行結果は**リスト4.12**と同じですが、doの{～}の中に記述した処理が最低1回実行されることに注意してください。

リスト4.13 do-while文の例

```
static void Main(string[] args)
{
    int[] score = new int[] { 1, 3, 4, 6, 2, 9, 7, 8, 5, 10 };
    int total = 0;
    int i = 0;

    do
    {
        total += score[i];      ← 最低1回実行する
        i++;
    } while (i < score.Length);

    Console.WriteLine($"スコアの合計は{total}です。");
}
```

図4.14 リスト4.13の実行画面

```
C:¥Windows¥system32¥cmd.exe
スコアの合計は55です。
続行するには何かキーを押してください . . .
```

4-2-6●繰り返しの中断

繰り返し処理の中でcontinueキーワードを書くと、残りの処理をスキップして繰り返しの先頭へと戻ります。continueキーワードは、これまでに学んだfor文、foreach文、while文、do-while文で使用することができます。

リスト4.14は、**リスト4.11**を一部改造しcontinueを使用した例です。この例では、繰り返しの中で使用するdataの値が「9」のときにcontinueを使用しています。よってtotalに「9」は加算されません。

リスト4.14 continueの使用例

```csharp
static void Main(string[] args)
{
    int[] score = new int[] { 1, 3, 4, 6, 2, 9, 7, 8, 5, 10 };
    int total = 0;

    foreach (int data in score)
    {
        if (data == 9)
        {
            continue;
        }

        total += data;
    }

    Console.WriteLine($"スコアの合計は{total}です。");
}
```

dataが9のときに continueが実行され繰り返しの先頭に戻る

図4.15 リスト4.14の実行画面

```
C:¥Windows¥system32¥cmd.exe
スコアの合計は46です。
続行するには何かキーを押してください . . .
```

4-2-7●繰り返しの終了

繰り返し処理の中でbreakキーワードを書くと、残りの処理を実行せずに繰り返し処理を終了します。breakキーワードは、これまでに学んだfor文、foreach文、while文、do-while文で使用することができます。**リスト4.15**は、先ほどの**リスト4.14**のcontinueをbreakに変更した例です。この例を実行すると、dataの値が「9」のときに繰り返し処理が終了します。

リスト4.15 breakの使用例

```csharp
static void Main(string[] args)
{
    int[] score = new int[] { 1, 3, 4, 6, 2, 9, 7, 8, 5, 10 };
    int total = 0;

    foreach (int data in score)
    {
        if (data == 9)
        {
            break;
        }

        total += data;
    }

    Console.WriteLine($"スコアの合計は{total}です。");
}
```

dataが9のときにbreakが実行され繰り返しを終了する

Part 1
UWPプログラミング　基礎編

図4.16 リスト4.15の実行画面

```
C:\Windows\system32\cmd.exe
スコアの合計は16です。
続行するには何かキーを押してください . . .
```

4-2-8●ネスト

　if文の中にif文を入れたり、for文の中にfor文を入れたり、何段階にも組み合わせて使用することを入れ子やネストと呼びます。

リスト4.16にfor文を使用したネストの例を示します。この例では2次元配列の値をfor文のネストを使用してすべて表示しています。

　はじめに①で2次元配列を定義した後、②と③のfor文へと処理が流れます。for文は2重（ネストした）ループとなっており、②を実行後、③へと処理が移ります。これによりi＝0の状態で③のfor文の繰り返しが行われます。このとき③はjが0～2になるまで繰り返し処理を行いますので、はじめに画面に表示されるのはdata[0, 0]、data[0, 1]、data[0, 2]の値です。ここで使用しているConsole.Writeは改行をせずに文字を表示するという命令です。

　③のfor文完了後、④で改行をします。処理は②へと戻ってi＝1になり、③のfor文が実行されます。このようにネストされたfor文を使用して、すべての配列要素を表示しています。

　実行例を**図4.17**に示します。

リスト4.16 ネストの例

```
static void Main(string[] args)
{
    int[,] data = new int[,] {
        {1, 2, 3},
        {4, 5, 6},      ← ①
        {7, 8, 9}
    };
```

（次ページに続く）

123

（前ページの続き）

```
for (int i = 0; i < 3; i++ )        ← ②
{
    for ( int j = 0; j < 3; j++)    ← ③
    {
        Console.Write($"{data[i,j]}");
    }
    Console.WriteLine();            ← ④
}
```

図4.17 リスト4.16の実行画面

```
C:¥Windows¥system32¥cmd.exe
1 2 3
4 5 6
7 8 9
続行するには何かキーを押してください . . .
```

◆ ネストしたループからの脱出

既に説明したとおり、for文やwhile文を中断してループの外へ抜けるにはbreakキーワードを使用します。

2重3重となったネストしたループの最も内側から一番外へ一気に抜け出すにはどのようにしたら良いでしょうか。このことを解決するためにC#にはgotoキーワードを使用して、指定したラベルの位置へ移動する方法が準備されています。

gotoは**書式4.10**のように記述します。移動先のラベルは任意の文字列にコロン (:)を付けて記述します。

書式4.10 goto

```
goto ラベル;
```

gotoを使用して2重のfor文から抜け出す例を**リスト4.17**に示します。

Part 1
UWPプログラミング　基礎編

リスト4.17 gotoの例

```
static void Main(string[] args)
{
    for ( int i = 0; i < 10; i++)
    {
        for (int j = 0; j < 10; j++)
        {
            if ( j == 3 )
            {
                goto MyLabel; // この行が実行されると下の「MyLabel」へ移動する
            }
        }
    }

    MyLabel:
    Console.WriteLine("ループからの脱出位置");
}
```

確認テスト

Q1 int型の変数dataに任意の値を代入し、if文で正負の判定を行ってください。dataに代入した値が0の場合は「入力した値はゼロです」、正の場合は「入力した値は正です」、負の場合は「入力した値は負です」を表示してください。

Q2 for文を使用して九九の結果を表示してください。for文のネストを使用して計算してください。

Q3 while文を使用して、int型の変数dataが3以上9未満の場合にループするようにしてください。dataの初期値は3とし、ループの中ではdataの値を表示後、インクリメントしてください。

125

5時間目 クラスの基礎

これまでに、変数や演算子、条件分岐処理、繰り返し処理について学んできました。これまでの知識を用いることができれば、様々なプログラムを作成することができます。5時間目では、さらに「クラス」の基礎知識について学び、より効率よくプログラムを作成する方法を身につけて行きましょう。

今回のゴール

- クラスを理解する
- フィールドを理解する
- コンストラクタ／デストラクタを理解する
- メソッドを理解する
- アクセス修飾子を理解する

5-1 クラスの基礎

5-1-1 ● オブジェクト指向

オブジェクト指向とは、「データの集まり」と「データの処理」を、オブジェクトと呼ばれる1つのまとまりとして管理する考え方です。

「DVDレンタル店の会員」を例にオブジェクトについて考えてみましょう。会員を表すには「会員番号」「氏名」「会員登録日」などのデータが必要と考えられます。また、これらのデータに対する処理として、「会員番号を表示する」「会員氏名を表示する」「会員登録日を表示する」といった処理が考えられます（図5.1）。この会員オブジェクトは「会員」に対するデータと処理をひとまとまりとして持ちますので、会員番号は「0001」、氏名は「高橋広樹」、会員登録日は「2016/4/1」といったデータを持たせることができます。また、「会員登録日を表示する」処理を実行すると、高橋さんの会員登

録日である「2016/4/1」を表示させることができます。
　このように「オブジェクト」とは、「データ」と「処理」の集まりのことを指し、この考え方に基づいたプログラミング技法のことを「オブジェクト指向プログラミング」と呼びます。

図5.1 オブジェクトの例

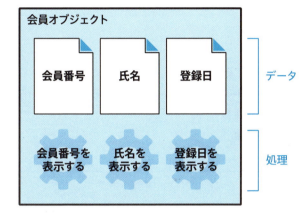

　4時間目までに何度も使用したConsole.WriteLineを思い出してください。Consoleはオブジェクトで、WriteLineが処理です。このようにC#ではデータや処理をオブジェクト単位でまとめてアプリケーションの開発を行います。

5-1-2●クラスと構成要素

　C#でオブジェクトを取り扱うには、はじめにクラスを定義します。クラスは**図5.2**に示すように、コンストラクタ、フィールド、プロパティ、メソッドなどを持つことができ、これらの要素のことを**メンバー**とも呼びます。

図5.2 クラスの構成要素

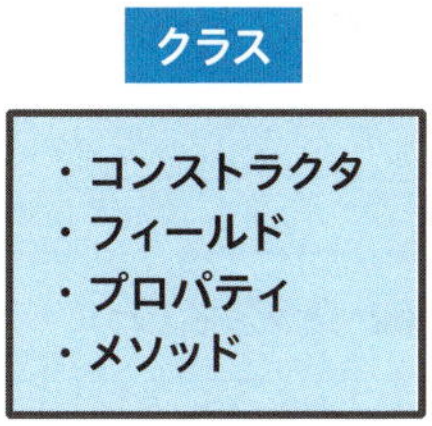

クラス
・コンストラクタ
・フィールド
・プロパティ
・メソッド

先ほどのDVD会員を取り扱うオブジェクトを例に考えますと、「DVD会員」がクラス、「会員番号」「氏名」「会員登録日」がフィールドやプロパティ、「会員番号を表示する」「会員氏名を表示する」「会員登録日を表示する」といった処理はメソッドとして定義します。コンストラクタはクラスの初期化を行うための機能です。

基本となるクラスの定義を**書式5.1**に示します。

書式5.1 クラスの定義

```
class クラス名
{
    フィールドの定義
    コンストラクタの定義
    プロパティの定義
    メソッドの定義
}
```

基本的にクラスは定義しただけでは使用できません。クラスから実体を作成して初めて使用可能になります。実体のことをインスタンス、実体化することをインスタンス生成と呼びます。

クラスからインスタンス生成する作業を、建築にたとえて考えてみます。家を建てるには設計図が必要です。この設計図がクラスです。設計図を準備しただけでは住むことはできません。設計図（クラス）をもとに家（インスタンス）を建てて初めて住むことができるようになります。

設計図が1枚あれば、「赤い家」や「青い家」のように、特徴の異なる家を建てることができます。クラスも同様で、1つのクラス定義から複数のインスタンスを作成することができます。

5-1-3◉インスタンスの生成

インスタンス生成は**書式5.2**を使用します。

書式5.2 インスタンス生成

```
クラス名 変数名 = new クラス名();
```

Part 1
UWPプログラミング 基礎編

インスタンス生成の書式を見ると、変数や配列を宣言したときと同様の書式であることがわかります。これはクラスもデータ型の1つであるからです。

リスト5.1にクラスの定義例を示します。このクラスでは、DVD会員をクラスとして定義するものです。簡単にするため、会員番号データと会員番号を取得する処理だけを持たせています。フィールド（①）やプロパティ（②）、メソッド（③）の定義が含まれますが、現時点では理解できなくても構いません。これらについては後述します。

クラス名はDVDMemberとして定義し、「{」～「}」の中にフィールド、プロパティ、メソッドを定義しています。

リスト5.1 クラス定義の例（DVDMember.cs）

```
/// <summary>
/// DVD会員管理クラス
/// </summary>
class DVDMember
{
    // 会員ID管理用変数
    private string _id = string.Empty;    ← ①

    // 会員番号用プロパティ
    public string ID
    {
        get
        {
            return this._id;
        }                                  ← ②
        set
        {
            this._id = value;
        }
    }
```

（次ページに続く）

129

5
時間目　クラスの基礎

（前ページの続き）

```
    public void GetID()
    {
        Console.WriteLine(this._id);     ←── ③
    }
}
```

　続いて、作成したDVDMemberクラスのインスタンス生成をするコード例を**リスト5.2**に示します。DVDMemberクラスがあるプロジェクト内にあるProgram.csを開いてコードを編集します。

　この例ではDVDMemberクラスから、memberという名前でインスタンスを生成しています。インスタンス生成後は、member +「.」+「プロパティ名 or メソッド名」の形で、クラス内に定義されたプロパティやメソッドを使用しています。

リスト5.2　**インスタンス生成の例**

```
static void Main(string[] args)
{
    // インスタンス生成
    DVDMember member = new DVDMember();

    member.ID = "000-00001";

    string strID = member.GetID();

    Console.WriteLine(strID);
}
```

　ここで、プロジェクトにクラスを追加する方法について確認しておきましょう。新規にクラスを作成するには、プロジェクトエクスプローラー上で右クリックしてコンテキストメニューを表示し、［追加］−［クラス］をクリックします（**図5.3**）。

130

図5.3 クラスの追加

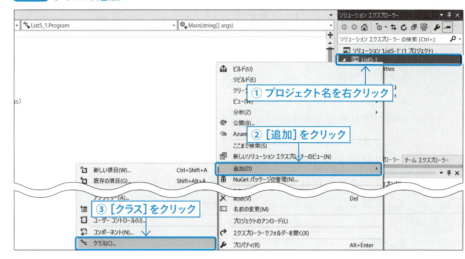

「新しい項目の追加」ダイアログが表示されるので、名前欄に「クラス名.cs」を入力し、[追加]ボタンをクリックします（**図5.4**）。**リスト5.1**に示したDVDMemberクラスを作成する場合は、名前欄に「DVDMember.cs」を入力します（クラスはC#のファイルとして作成するため、拡張子は*.csとなります）。

図5.4 クラスの追加

図5.4でクラスを作成すると、入力したファイル名でクラス定義が作成されます。あとはフィールドやプロパティ、メソッドといった必要な定義を記述します。

5-2 フィールド

これまでに学んできた変数は、mainメソッドの中で宣言してきました（メソッドについては後述します）。これに対しフィールドはクラス内部に宣言をする変数を指します。

呼び方は異なりますがフィールドも変数ですので、データの代入や参照を行うことができます。異なるのは修飾子があることです（修飾子について、詳しくは「5-7　アクセス修飾子」で説明します）。

フィールドを宣言するには**書式5.3**を使用します。修飾子は省略することが可能です。省略した場合はprivateという修飾子を付けた場合と同一になります。

書式5.3 フィールドの宣言

［修飾子］データ型　フィールド名

フィールドの宣言について**リスト5.3**（**リスト5.1**の一部を再掲載しています）で確認しましょう。

①の行がフィールドを宣言している部分です。string型で「_id」という名前のフィールドを宣言しています。修飾子に「private」を付けています。

リスト5.3 リスト5.1再掲

```
/// <summary>
/// DVD会員管理クラス
/// </summary>
class DVDMember
{
    // 会員ID管理用変数（フィールド）
    private string _id = string.Empty;  ← ①

    ：省略
}
```

5-3 メソッド

5-3-1 ● メソッドの定義

　メソッドは、クラスにおいて処理を担当します。「5-1　クラスの基礎」で取り上げた例のように「会員番号を表示する」「会員氏名を表示する」「会員登録日を表示する」などはメソッドとして作成します。「～する」のように動詞で表せるものはメソッドとして、名詞で表せるものはフィールドやプロパティとして作成すると覚えておきましょう。

　メソッドは**書式**5.4を使用します。書式中にあるアクセス修飾子については「5-7　アクセス修飾子」で説明します。戻り値のデータ型については、「5-3-2　戻り値」で説明します。

書式5.4 メソッドの定義

```
[アクセス修飾子] 戻り値のデータ型 メソッド名([引数リスト])
{
    処理
}
```

　ここで、なぜメソッドを定義する必要があるのかを考えてみましょう。例えば、**リスト**5.4に示すような三角形の面積を求めるコードがあるとします。

リスト5.4 三角形の面積を求めるコード

```
int teihen = 3;
int takasa = 4;

int menseki = teihen * takasa / 2;
```

　もし、**図**5.5のように三角形の面積を求めたい場合、**リスト**5.4を何度も記述する必要があり大変です。そこで何度も定型的に使用するコードはひとまとめにして名前を付け、名前で呼び出せた方が便利です。また、後から処理内容を変更したくなった

場合は、メソッド内部の処理を修正するだけで済みます。

　このようにメソッドは、何度も呼び出したい処理を一つにまとめて記述し実行できるようにするという役割を持ちます。

図5.5 三角形の面積を何度も求めるコード

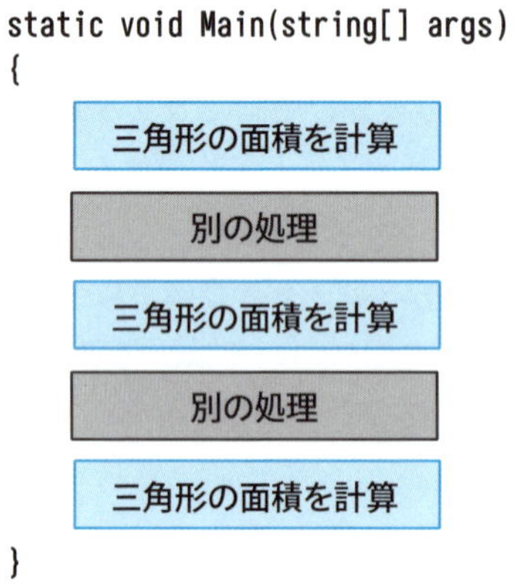

```
static void Main(string[] args)
{
```

```
          ┌─────────────────────────┐
          │     三角形の面積を計算      │
          └─────────────────────────┘
          ┌─────────────────────────┐
          │         別の処理          │
          └─────────────────────────┘
          ┌─────────────────────────┐
          │     三角形の面積を計算      │
          └─────────────────────────┘
          ┌─────────────────────────┐
          │         別の処理          │
          └─────────────────────────┘
          ┌─────────────────────────┐
          │     三角形の面積を計算      │
          └─────────────────────────┘
```

```
}
```

5-3-2●戻り値

　戻り値とは、プログラム中で呼び出されたメソッドが呼び出し元に返す値のことです。返す値のデータ型に合わせて**書式5.4**の「戻り値のデータ型」を記述します。戻り値がない（メソッドが呼び出し元に返す値がない）場合は、「戻り値のデータ型」に「void」というキーワードを記述します。よって、戻り値があるメソッドなのかどうかは、「戻り値のデータ型」がvoidかそうでないのかで判断することができます。

　リスト5.5は、DVD会員クラスに戻り値のないメソッド「ShowID」と、戻り値がstring型の「GetID」を定義する例です。

リスト5.5 戻り値のあるメソッドとないメソッドの定義例

```
class DVDMember
{
    // 会員ID管理用変数
    private string _id = "00001";
```

（次ページに続く）

（前ページの続き）

```
/// <summary>
/// 会員IDを表示する
/// </summary>
public void ShowID()                                          1
{
    Console.WriteLine($"会員IDは{this._id}です。");
}


/// <summary>
/// 会員IDを取得する
/// </summary>
/// <returns>会員ID</returns>
public string GetID()                                         2
{
    return "会員ID:" + this._id;
}
}
```

1が戻り値のないメソッドShowIDです。戻り値がないためvoidキーワードが付いています。メソッドの中に記述されたコードは、「会員IDはXXです」と表示するだけであり、処理結果を返すことなく完了しています。フィールド変数「_id」の前に付いている「this」というキーワードは、クラス全体を表しています。「this.」を「このクラスの中で定義された」と訳すと理解しやすいでしょう。thisは省略することが可能です。単に「_id」と記述しても問題ありません。では、なぜthisが必要なのでしょうか。ShowIDメソッドの中で、同じ名前の「_id」という変数が宣言されている場合は、フィールドの「_id」なのかメソッド内で宣言された「_id」なのかわからなくなります。このためフィールドであることを明確にしたい場合は「this.フィールド名」と記述します。

続いて**2**の戻り値のあるメソッドを見てみましょう。処理内容を見ると「return "会員ID:" + this._id;」となっています。「return」の後ろに書かれてある値が、呼び出し元へ返したい値です。この例では呼び出し元に「会員ID」とフィールド「_id」を連結した文字列を呼び出し元へ返します。

5 時間目 クラスの基礎

リスト5.5で作成したクラスを使用して、メソッドの動作を確認してみましょう。使用例をリスト5.6に示します。

①でDVDMemberクラスのインスタンス生成をした後、②と③でメソッドを使用しています。メソッドを使用する場合は「インスタンス名.メソッド名();」と記述します。メソッドの呼び出しを行うと、クラス内に定義されたメソッド定義へと飛び、記述されている処理内容を実行します。

②は戻り値がないメソッドです。呼び出しをするとメソッド内の処理を実行しますので「会員IDは00001です」を表示します。

③は戻り値のあるメソッドです。メソッドIDは戻り値としてstring型のデータを返してきます。ここではstring型変数idに戻り値を代入し、④でidの内容を画面に出力しています。

リスト5.6 メソッドの使用例

```
static void Main(string[] args)
{
    DVDMember member = new DVDMember();  ← ①

    // 戻り値のないメソッドの実行
    member.ShowID();  ← ②

    // 戻り値のあるメソッド
    string id = member.GetID();  ← ③

    Console.WriteLine(id);  ← ④
}
```

図5.6 リスト5.6の実行画面

```
C:¥Windows¥system32¥cmd.exe
会員IDは00001です。  ← ②
会員ID:00001  ← ④
続行するには何かキーを押してください . . .
```

Column コメント

「2-2-2 変数の宣言」で、C#のコメントには1行コメントである「//」と複数行コメントの「/* 〜 */」があることを説明しました。このほかにリスト5.5に示したように「///」ではじまるコメントがあります。クラスやフィールド、プロパティ、メソッドの定義の上の行で「///」を入力すると、自動でコメント入力欄が作成されます。作成されるコメント欄は、定義されている内容によって異なります。

メソッドのコメントを例に見てみましょう。以下のように<タグ名>〜</タグ名>の間にコメントを記述します。タグにはそれぞれ意味がありますので、以下を参考にコメントを付けてください。太字にした部分が自分で記述するコメントです。

```
/// <summary>
/// 定義したメソッドの概要
/// </summary>
/// <param name="引数名">引数の説明</param>
/// <returns>戻り値の説明</returns>
```

5-3-3 ● 引数リスト

　自作するメソッドにはパラメーターを渡すことができます。メソッドでパラメーターを受け取ることができると、その時々に合わせた処理を行うことができます。このパラメーターのことを**引数**と呼びます。

　引数は1つだけではなく、複数渡すこともできます。総称して引数リストと呼びます。また、メソッドに定義された引数は仮引数、メソッドを使用するときに実際に渡す値のことを実引数と呼びます。

　リスト5.7に引数を使用するメソッドの例を示します。このメソッドは、**リスト**5.5に示したShowIDのメソッドを修正したものです。引数は2つあり、第1引数は会員IDの前に付加する文字列でstring型としています。第2引数は会員IDを表示する前に今日の日付を表示するかどうかを判断するためのものです。今日の日付を表示する場合はtrueを、表示しない場合はfalseを渡します。

　コード中で使用しているDateTime.Now.ToShortDateString()は、今日の日付を

文字列として取得するメソッドです。DateTime が持つNow を参照すると現在日時を参照することができます。ToShortDateString() メソッドを実行するとYYYY/MM/DD という書式の文字列を取得することができます。

リスト5.8は、**リスト5.7**に定義したShowID メソッドを使用する例です。

ShowID メソッドを2回使用していますが、①では実引数に string.Empty と false を渡しています。よって、会員ID のみが表示されます。string.Empty というのは空文字を表します。②では実引数に「会員ID:」と true を渡しています。よって実行時の日付を表示した後に「会員ID:00001」が表示されます。

リスト5.7 引数リストを持つShowIDメソッドの定義

```
/// <summary>
/// 会員IDを表示する
/// </summary>
/// <param name="msg">会員IDの前に表示する文字列</param>
/// <param name="showDate">今日の日付を表示する場合はtrue</param>
public void ShowID(string msg, bool showDate)
{
    if (showDate)
    {
        Console.WriteLine(DateTime.Now.ToShortDateString());
    }
    Console.WriteLine($"{msg}{this._id}");
}
```

リスト5.8 ShowIDメソッドの使用例

```
static void Main(string[] args)
{
    DVDMember member = new DVDMember();

    member.ShowID(string.Empty, false);   ←①
    Console.WriteLine("-----------");
    member.ShowID("会員ID:", true);        ←②
}
```

Part 1
UWPプログラミング **基礎編**

図5.7 リスト5.8の実行画面

```
C:¥Windows¥system32¥cmd.exe
00001
----------
2016/10/02
会員ID:00001
続行するには何かキーを押してください
```

5-3-4◉デフォルト値

先ほどの例で、ShowIDメソッドの第2引数showDateは、今日の日付を表示するかどうかを受け取るものでした。たまにしか今日の日付を表示しないのであれば、毎回trueやfalseを渡すのは面倒です。C#のメソッドにはデフォルト値と呼ばれる仕組みがあり、引数にあらかじめ定められた値をセットしておくことができます。デフォルト値のあるメソッドは、呼び出し時に引数を省略することができ、省略した引数にはデフォルト値がセットされます。デフォルト値を持つ引数は、引数リストの最後である必要があります。

リスト5.9は**リスト5.7**の第2引数にデフォルト値を持たせるように修正した例です。メソッドの中身は**リスト5.7**と同じため省略します。

リスト5.10にデフォルト値を持つ引数の呼び出し例を示します。①も②も実行結果は同じです。①は第2引数を省略しているので、showDateにはデフォルト値のfalseがセットされます。

③はtrueを渡していますので、デフォルト値は使用されず、日付と会員IDを表示します。

リスト5.9 デフォルト値を持つメソッドの定義例

```
/// <summary>
/// 会員IDを表示する
/// </summary>
/// <param name="msg">会員IDの前に表示する文字列</param>
/// <param name="showDate"今日の日付を表示する場合はtrue</param>
public void ShowID(string msg, bool showDate = false)
{
    :省略
}
```

139

5 時間目 | クラスの基礎

リスト5.10 デフォルト値を持つメソッドの呼び出し例

```
static void Main(string[] args)
{
    DVDMember member = new DVDMember();

    member.ShowID("会員ID");           ← ①
    member.ShowID("会員ID", false);    ← ②
    member.ShowID("会員ID", true);     ← ③
}
```

5-3-5●値渡しと参照渡し

　メソッドを呼び出す際、引数に値を渡す方法には「値渡し」と「参照渡し」という2つの方法があります。C#では基本的に値渡しになります。refキーワードを使用することで参照渡しにすることが可能です。

　値渡しのイメージを図5.8に、参照渡しのイメージを図5.9に示します。

　値渡しの場合は、メソッドの引数には呼び出し元の値のコピーが渡されます。よってメソッド内部で値を変更したとしても、コピーした値が変更されるだけですので呼び出し元の値が変更されることはありません。一方参照渡しの場合は、メソッドの引数には呼び出し元の参照情報が渡されます。参照情報というのは、メモリ上で値が格納されている場所(アドレス)のことを指します。よって場所情報がコピーされるため、メソッド内部で値の書き換えを行うとその場所の値が書き換えられることとなるため、呼び出し元の値も変更されます。

図5.8 値渡しのイメージ

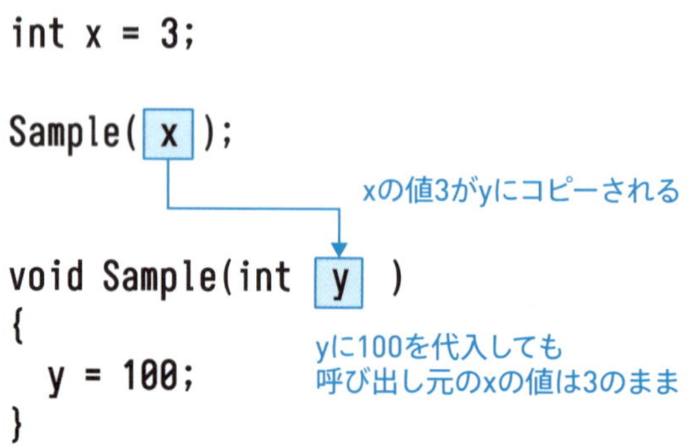

```
int x = 3;

Sample( x );
                    xの値3がyにコピーされる

void Sample(int y )
{
  y = 100;      yに100を代入しても
}               呼び出し元のxの値は3のまま
```

140

Part 1

UWPプログラミング　基礎編

図5.9 参照渡しのイメージ

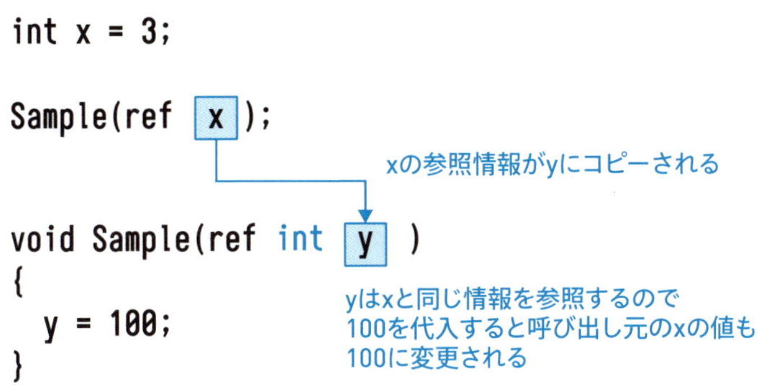

```
int x = 3;

Sample(ref  x );
```
xの参照情報がyにコピーされる
```
void Sample(ref int  y )
{
   y = 100;
}
```
yはxと同じ情報を参照するので
100を代入すると呼び出し元のxの値も
100に変更される

　ここで値渡しと参照渡しの動作を確認してみましょう。新規でプロジェクトを作成し、新しいクラスSampleを追加してください（**リスト5.11**）。Sampleクラスには値渡しを確認するためのメソッドShowID1と参照渡しを確認するためのメソッドShowID2を定義します。どちらもメソッドの内部では引数で受け取った値を書き換えるだけです。ShowID2は引数にrefキーワードが付いていることに注意してください。

　リスト5.12は、Sampleクラスを利用するコードです。①では値渡しのメソッドShowID1を呼び出しています。ShowID1に渡す引数の値は7です。メソッド内で3に書き換えていますが、値渡しなので②ではidの値はメソッド実行前と変わりません。

　④では参照渡しのメソッドShowID2を呼び出しています。メソッドを呼び出す前のidは③で代入した値の7です。メソッド内で5に書き換えているため、⑤ではidの値は5になります。

リスト5.11 Sample.cs

```csharp
class Sample
{
    // 値渡しの例
    public void ShowID1(int id)
    {
        id = 3;
    }
```

（次ページに続く）

141

5 時間目 | クラスの基礎

（前ページの続き）

```
    // 参照渡しの例
    public void ShowID2(ref int id)
    {
        id = 5;
    }
}
```

リスト5.12 Sampleクラスを利用するコード

```
static void Main(string[] args)
{
    Sample smp = new Sample();
    int id = 7;

    Console.WriteLine("=== 値渡しの例 ===");
    Console.WriteLine($"ShowID1 実行前の id = {id}");
    smp.ShowID1(id);          ←①
    Console.WriteLine($"ShowID1 実行後の id = {id}"); ←②

    id = 7;                   ←③

    Console.WriteLine("=== 参照渡しの例 ===");
    Console.WriteLine($"ShowID2 実行前の id = {id}");
    smp.ShowID2(ref id); ←④
    Console.WriteLine($"ShowID2 実行後の id = {id}"); ←⑤
}
```

リスト5.11と**リスト**5.12の実行結果例を**図**5.10に示します。

図5.10 リスト5.11、リスト5.12の実行画面

C:¥Windows¥system32¥cmd.exe
=== 値渡しの例 ===
ShowID1 実行前の id = 7
ShowID1 実行後の id = 7
=== 参照渡しの例 ===
ShowID2 実行前の id = 7
ShowID2 実行後の id = 5
続行するには何かキーを押してください . . .

5-4 プロパティ

クラス内にはフィールドを定義することができます。このフィールドに対して、クラスの外部（そのクラスを利用するために生成したインスタンス）から値を代入したり取得したりするにはプロパティを介して行います（**図5.11**）。

図5.11 プロパティのイメージ

保存
保存
データ
プロパティ
フィールド
取り出し
取り出し

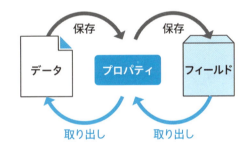

では、なぜプロパティを介してデータの保存や取り出しをする必要があるのでしょうか。クラスの外部から直接クラス内に定義されたフィールドに値を保存してはいけないのでしょうか。

プロパティを使用しなければいけない理由について**図5.12**を例に考えてみましょう。この例は、あるクラスに年齢データを表すフィールドage（int型）があると仮定したものです。このageはint型なのでマイナスの値も代入することが可能です。年齢を表す変数ですのでマイナスの値を代入されては困ります。そこでプロパティを使用します。プロパティはクラスの外（クラスを利用する側）とクラスの内部にあるフィールドをつなぐ橋です。この橋には門番を設けることができ、クラスの外から中

に入るデータを監視します。正常なデータである場合に中へ通す（クラス内のフィールドへ値を代入する）ことを許します。

年齢用のプロパティの場合は、マイナスの値が侵入して来ないように監視をし、年齢として正しい値であることを確認できた場合にフィールドageに保存をします。このようにプロパティを使用することで、クラス内に定義したフィールドには正しい値を代入することができるようになります。

プロパティは**書式5.5**を使用します。

図5.12 プロパティを使用する理由のイメージ

書式5.5 プロパティ

```
アクセス修飾子 データ型 プロパティ名 {
    get
    {
        return データが保存されているフィールド;
    }
    set
    {
        フィールドにデータを保存する処理;
    }
}
```

　書式5.5を詳しく見るとプロパティ名の後ろにある「{」～「}」の間にgetブロックとsetブロックの2つがあります。Java言語ではgetterとsetterに相当するものです。

　getブロックにはフィールドの値を返すための処理を記述します。もう1つのsetブロックは、プロパティを通してクラス内に定義されたフィールドにデータを代入する処理を記述します。プロパティに渡された値はvalueという特別な変数に入っていますので、「フィールド = value;」というステートメントを記述します。value値が正常

かどうかをチェックした上でフィールドに代入をしたい場合は、if文等でvalue値の正当性を確認します。年齢を例にした場合は、if文を使用してvalueの値がマイナスでないことを確認し、フィールドへ代入するコードを記述します。

プロパティは読み取り専用／書き込み専用にすることも可能です。読み取り専用にしたい場合はsetブロックを省略し、書き込み専用にしたい場合はgetブロックを省略します。

またgetブロックやsetブロックで特にvalue値のチェックが必要ない場合には、get／setの中身を省略して**書式5.6**のように記述することができます。これを自動プロパティと呼びます。自動プロパティを使用する場合は、プロパティを介しアクセスするためのフィールドを定義する必要はありません。コンパイラが自動でフィールドを作成してくれるためです（ただしコンパイラが作成するフィールドはプログラマが参照することはできません）。

書式5.6 自動プロパティ

```
アクセス修飾子 データ型 プロパティ名 { get; set; }
```

プロパティの定義方法を理解できたら、実際に作成して動作を確認してみましょう。

これまでに作成したDVDMemberクラス内に、**リスト5.13**に示すフィールドとプロパティを追加してください。また、**リスト5.13**で定義したプロパティを使用するためにProgram.cs内のmainメソッドを**リスト5.14**のように編集します。

DVDMemberクラスにはAgeプロパティ**1**とNameプロパティ**2**があります。

Ageプロパティのgetブロック（①）では、フィールドとして定義された_ageを返します。setブロック（②）では、三項演算子を用いてvalue値をチェックしています。プロパティAgeに渡された値（value）がマイナスである場合には0を、0以上の場合にはvalueの値をフィールド_ageに代入しています。

Nameプロパティはstring型の自動プロパティを定義しています。自動プロパティですので、プロパティを介してデータをやりとりするためのフィールドを定義する必要はありません。データはコンパイラが自動生成するフィールドで管理されます。

続いてmainメソッドを見てみましょう。③の部分ではAgeプロパティに-100を代入しています。Ageプロパティに-100を代入すると、setブロックのコードが実行されます。よって三項演算子で判断され、フィールドDVDMemberクラスの_ageには0が保存されます。

5 時間目 | クラスの基礎

④の部分ではAgeプロパティに50を代入しています。三項演算子で判断され_ageには50が代入されます。

⑤の部分ではNameプロパティに"Bill"を代入しています。Nameプロパティは自動プロパティなので、代入された値はコンパイラが作成したフィールドに保存されます。

リスト5.13と**リスト**5.14の実行結果を**図**5.13に示します。

リスト5.13 DVDMemberクラス

```
private int _age = 0;    // プロパティを介して操作するフィールド


/// </summary>
public int Age {                                        1

    get
    {
        return _age;                            ①
    }

    set
    {
        this._age = (value < 0 ? 0 : value);    ②
    }
}


/// <summary>
/// 氏名
/// </summary>
public string Name { get; set; }                        2
```

リスト5.14 mainメソッド（プロパティの使用例）

```
static void Main(string[] args)
{
    DVDMember member = new DVDMember();
```

（次ページに続く）

146

Part 1 UWPプログラミング 基礎編

（前ページの続き）

③

```
member.Age = -100;
Console.WriteLine($"-100を代入したときのAgeの値は{member.Age}です。");
```

```
member.Age = 50;
Console.WriteLine($"50を代入したときのAgeの値は{member.Age}です。");
```

④

```
member.Name = "Bill"; ← ⑤
Console.WriteLine(member.Name);
}
```

図5.13 リスト5.13、リスト5.14の実行画面

```
C:¥Windows¥system32¥cmd.exe
-100を代入したときのAgeの値は0です。
50を代入したときのAgeの値は50です。
Bill
続行するには何かキーを押してください
```

5-5 コンストラクタ

　コンストラクタとは、クラスの初期化を行う機能でインスタンス生成時に自動で実行されます。コンストラクタは省略することが可能です。省略した場合はコンパイラが自動生成したコンストラクタが実行されます。

　コンストラクタは**書式5.7**を使用して定義します。コンストラクタ名はクラス名と同じにします。

書式5.7 コンストラクタ

```
アクセス修飾子　コンストラクタ名（[引数リスト]）{
    クラスの初期化処理
}
```

147

リスト5.15にDVDMemberクラスにコンストラクタを定義する例を示します。コンストラクタには引数idとageがあり、クラス内に定義されたフィールドの初期化を行えるようにしています。

インスタンス生成例を**リスト**5.16に示します。インスタンス生成時にコンストラクタの引数にidに「00001」をageに「25」を渡して初期化をしています。

リスト5.15 コンストラクタの定義例

```
class DVDMember
{

    // 会員ID管理用変数
    private string _id = string.Empty;


    private int _age = 0;


    /// <summary>
    /// コンストラクタ
    /// </summary>
    public DVDMember(string id, int age)
    {
        this._id = id;
        this._age = age;

        Console.WriteLine("インスタンスが生成されました。");
    }


    :省略
}
```

Part 1 UWPプログラミング 基礎編

リスト5.16 インスタンスの生成例

```
static void Main(string[] args)
{
    DVDMember member = new DVDMember("00001", 25);
}
```

5-6 デストラクタ

デストラクタはコンストラクタとは逆で、インスタンスが破棄されるときに呼び出されます。コンストラクタのように引数リストを持つことはできません。

デストラクタは**書式5.8**のようにクラス名の前にチルダ記号（~）を付けます。

インスタンスの寿命は、自分（コードによる記述）で管理することはできないため、いつ破棄されるのかわかりません。インスタンスの破棄は、システムの物理メモリが少ない場合などに必要に応じて行われます。これをガベージコレクションと呼びます。

書式5.8 デストラクタの定義

```
~クラス名()
{
    // インスタンスの破棄時に実行するコード
}
```

リスト5.17にDVDMemberクラスでのデストラクタの定義例を示します。

リスト5.17 DVDMemberクラスでのデストラクタ定義例

```
class DVDMember
{
    :省略

    /// <summary>
```

（次ページに続く）

149

5 時間目　クラスの基礎

（前ページの続き）

```
    /// DVDMember
    /// </summary>
    ~DVDMember()
    {
        Console.WriteLine("デストラクタが呼び出されました");
    }
}
```

5-7　アクセス修飾子

　アクセス修飾子は、クラスやメンバーの宣言時にアクセシビリティを指定するものです。アクセシビリティとは、アクセス修飾子を付けたメンバーがどこからアクセスできるかという制限の範囲のことで**表5.1**に示すものがあります。

表5.1 アクセス修飾子

アクセス修飾子	説明
private	同一クラス内でのみ使用可能
public	どこからでもアクセス可能
protected	クラス内および派生クラス（**6時間目**で説明します）の内部からのみアクセス可能
internal	同一プロジェクト内にあるクラスからのみアクセス可能
proteced internal	同一プロジェクト内にあるクラスおよび派生クラスの内部からのみアクセス可能

　リスト5.18にアクセス修飾子の例を示します。本書ではpublic、private、protectedのみ取り扱います。protectedについては**6時間目**で説明します。Sampleクラス内部ではフィールドが2つ、コンストラクタ、メソッドが2つあります。

　はじめにフィールドのアクセシビリティを見てみましょう。フィールドはpublicのhensu1とprivateのhensu2がありメソッドDoSomething1とDoSomething2で使用しています。**表5.1**にあるとおりprivateおよびpublicのアクセス修飾子がついて

150

いる場合はクラス内部で使用可能です。

続いて、メソッドのアクセシビリティを見てみましょう。メソッドはpublicの DoSomething1とprivateのDoSomething2があり、コンストラクタの内部で呼び出しを行っています。メソッドの場合もprivate、publicともにクラス内部で使用可能です。

リスト5.18 アクセス修飾子の例

```csharp
class Sample
{
    public int hensu1;
    private int hensu2;

    // コンストラクタ
    Sample()
    {
        DoSomething1(); // OK
        DoSomething2(); // OK
    }

    // publicメソッド
    public void DoSomething1()
    {
        hensu1 = 100;   // OK
        hensu2 = 200;   // OK
    }

    // privateメソッド
    private void DoSomething2()
    {
        hensu1 = 300;   // OK
        hensu2 = 400;   // OK
    }
}
```

続いて**リスト5.19**で定義したSampleクラスをインスタンス化して使用した場合のアクセシビリティを見てみましょう。

Sampleクラスのインスタンスsmpを作成後、Sampleクラスのメンバーを使用しています。hensu1はpublicなので使用することができますが、hensu2はprivateのため使用することができません。メソッドも同様でpublicのDoSomething1は使用可能ですが、privateなDoSomething2は使用することができません。

コードを入力するとわかりますが、「smp.」と入力して表示されるインテリセンスの一覧には、hensu2とDoSmething2が表示されないことがわかります。このようにインテリセンスでは現在使用可能なメンバーしか表示されません（**図5.14**）。

リスト5.19 アクセシビリティの確認

```
static void Main(string[] args)
{
    Sample smp = new Sample();

    smp.hensu1 = 100;    // OK
    smp.hensu2 = 200;    // NG

    smp.DoSomething1();  // OK
    smp.DoSomething2();  // NG
}
```

図5.14 インテリセンスに表示される候補

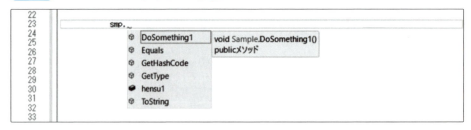

5-8 フィールドと変数のスコープ

フィールドやメソッド内で使用する変数には生存期間（使用可能な期間）があります。これを**スコープ**と呼びます。

「5-7 アクセス修飾子」で示した**リスト5.18**を再度見てみましょう（**図5.15**）。Sampleクラス内で宣言したフィールドは、クラス内であればどこでも使用可能であることがわかるでしょう。

一方メソッド内で宣言した変数は、そのメソッド内でしか使用できません。またif文やfor文のブロックの中で宣言した変数はそのブロック内でしか使用できません。

図5.15 フィールドと変数のスコープ

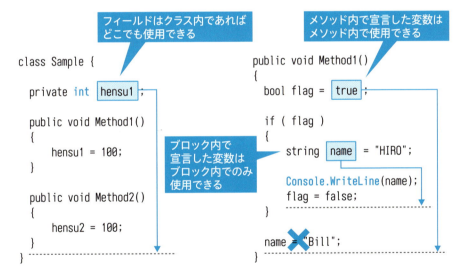

5-9 構造体

C#にはクラスに似た**構造体**と呼ばれるものがあります。クラスの定義と構造体の定義について比較してみましょう（**書式5.9**、**書式5.10**）。

153

5
時間目 **クラスの基礎**

書式5.9 **クラス定義**

```
class クラス名
{
    クラスのメンバー
}
```

書式5.10 **構造体定義**

```
struct 構造体
{
    構造体のメンバー
}
```

　見てわかるとおり、構造体の定義はclassキーワードがstructキーワードに変わっただけです。大きな違いは、クラスは参照型であるのに対して、構造型は値型であるということです。値型は、その型の値を直接持ちますが、参照型の場合は、値の参照を持ちます。構造体の例を**リスト5.20**に示します。

リスト5.20 **構造体**

```
struct MyData
{
    public int x;
}

static void Main(string[] args)
{
    MyData dt1 = new MyData();
    MyData dt2 = new MyData();

    dt1.x = 5;
    dt2 = dt1; // コピー
    dt1.x = 1;
```

（次ページに続く）

Part 1
UWPプログラミング 基礎編

（前ページの続き）

```
    Console.WriteLine($"dt1.x={dt1.x},dt2.x={dt2.x}"); // dt1.x=1,dt2.x
= 5
}
```

　はじめに、MyData型のdt1とdt2を準備し、dt1.xに5を代入します。続いてdt1を丸ごとdt2にコピー後、dt1.xの値を1に書き換えています。構造体の場合は結果がdt1.x = 1, dt2.x = 5となりますが、クラスの場合はdt1.x =1, dt2.x=1となります。

　構造体は値型ですので、値そのものがコピーされていることがわかります。一方、参照が型であるクラスは、参照情報（データが存在する場所）のコピーとなります。よってクラスの場合は、「dt2にはdt1のデータが存在する場所」がコピーされますのでdt1.xもdt2.xも同じ値になるというわけです。

　構造体はクラスのように間接的にデータを参照しないため、メンバーへのアクセスは高速であるという特徴があります。一方でデータを直接持つためにコピーする場合はクラスよりもコストがかかるという欠点を持ちます。クラスや構造体を使用する場合はその動作の違いを理解した上で使い分けるようにしましょう。

　多くの場合はクラスで解決できますので、構造体に関する学習はここまでとします。興味がある方は調べてみることをおすすめします。

確認テスト

Q1 長方形を表すRectangleという名前のクラスを作成してください。

Q2 長方形の縦を表すheightというフィールドと、横を表すwidthというフィールドを定義してください。どちらもint型とします。

Q3 コンストラクタを作成してください。引数リストでは長方形の縦と横の値を受け取れるようにし、コンストラクタの内部でフィールドheightとwidthに代入してください。

Q4 HeightとWidthというプロパティを作成してください。HeightプロパティとWidthプロパティを介してフィールドheightとwidthへの値の代入と取り出しを行えるようにしてください。代入される値が10未満の場合は強制で10を代入できるようにしてください。

155

6時間目 クラスの応用

5時間目ではC#におけるクラスの基礎について学びました。6時間目では、継承や抽象クラス、インターフェースといったクラスを使いこなすための技術要素について学びます。

今回のゴール

- 継承について理解する
- 抽象クラスを理解する
- インターフェースを理解する
- メソッドのオーバーロードを理解する

6-1 継承

6-1-1 ● 基本クラスと派生クラス

既存クラスの機能を引き継いで、新しいクラスを作成することを継承（inheritance）と呼びます。このとき継承元のクラスのことを「基本クラス」または「スーパークラス」と呼び、継承により新たに作成したクラスを「派生クラス」や「サブクラス」と呼びます（本書では基本クラスと派生クラスと呼ぶことにします）。

継承の関係は図6.1のように表すことができます。一般的に継承の関係を表す図は派生クラスから基本クラスへ向かって矢印を引きます。

図6.1 継承の関係

クラス継承を定義する書式は次のとおりです（**書式6.1**）。

書式6.1 クラスの継承

```
class 派生クラス名 : 既定クラス名
{
    派生クラスのメンバー
}
```

　継承のメリットは、「派生クラスが基本クラスのメンバーを引き継ぐ」という点にあります。
　例として、何かしらの会員を表す「会員クラス」について考えてみましょう。「会員」と一口に言っても、世の中には様々な会員を表すデータがあります。一般的な会員を表すためには、会員番号、氏名、生年月日、住所、電話番号などを持っていればよいでしょう。一般的な会員を表す要素をメンバーとして持たせた基本クラスを作成すれば（**図6.2**基本クラス）、DVD最終レンタル日を持つDVD会員クラス、体重や身長などを持つフィットネス会員クラスなど、固有の要素を持たせるだけで様々な派生クラスを作成することができます（**図6.2**派生クラス）。

図6.2 継承を利用した会員クラス

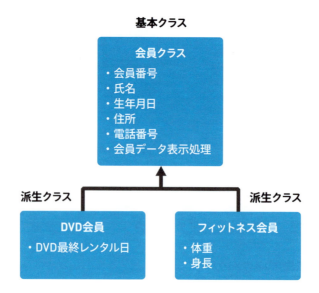

　図6.2を実際にクラスとして作成してみましょう。新規で「コンソールアプリケーション」プロジェクトを作成し、**リスト6.1～リスト6.3**の3つのクラスを追加してください。**リスト6.1**が基本クラスで**リスト6.2**と**リスト6.3**が派生クラスです。

リスト6.1 会員クラス（Member.cs）

```
/// <summary>
/// 会員クラス（基本クラス）
/// </summary>
class Member
{
    /// <summary>
    /// 会員番号
    /// </summary>
    public string ID { get; set; }

    /// <summary>
```

（次ページに続く）

（前ページの続き）

```
        /// 氏名
        /// </summary>
        public string Name { get; set; }


        /// <summary>
        /// 生年月日
        /// </summary>
        public DateTime Birthday { get; set; }


        /// <summary>
        /// 住所
        /// </summary>
        public string Address { get; set; }


        /// <summary>
        /// 電話番号
        /// </summary>
        public string Tel { get; set; }


        /// <summary>
        /// 会員データ表示
        /// </summary>
        public void ShowMemberData()
        {
            Console.WriteLine($"会員番号:{this.ID}");
            Console.WriteLine($"氏    名:{this.Name}");
            Console.WriteLine($"生年月日:{this.Birthday.ToShortDateString()}");
            Console.WriteLine($"住    所:{this.Address}");
            Console.WriteLine($"電話番号:{this.Tel}");
        }
}
```

6
時間目 | クラスの応用

> **リスト6.2** DVD会員クラス（DVDMember.cs）

```
class DVDMember : Member
{
    /// <summary>
    /// 最終レンタル日
    /// </summary>
    public DateTime LastDate { get; set; }
}
```

> **リスト6.3** フィットネス会員クラス（FitnessMember.cs）

```
class FitnessMember : Member
{
    /// <summary>
    /// 体重
    /// </summary>
    public double Weight { get; set; }

    /// <summary>
    /// 身長
    /// </summary>
    public double Height { get; set; }
}
```

　リスト6.2と**リスト6.3**は基本クラスMemberを継承した派生クラスです。**書式6.1**で示した通り、クラス名の後ろに継承元のクラス名があることを確認してください。
　それでは派生クラスの動作を確認するために、mainメソッドを**リスト6.4**のように編集してください。

160

リスト6.4 mainメソッド

```
static void Main(string[] args)
{
    DVDMember dvdMember = new DVDMember();          ←①
    FitnessMember fitnessMember = new FitnessMember();

    dvdMember.ID = "D00001";
    dvdMember.Name = "HIRO";
    dvdMember.Birthday = new DateTime(1972, 6, 19);
    dvdMember.Address = "宮城県仙台市";                ←②
    dvdMember.Tel = "090-XXXX-XXXX";
    dvdMember.LastDate = new DateTime(2016, 4, 1);
    dvdMember.ShowMemberData();

    Console.WriteLine("-----------------------------");

    fitnessMember.ID = "F00001";
    fitnessMember.Name = "Micro";
    fitnessMember.Birthday = new DateTime(1970, 4, 1);
    fitnessMember.Address = "東京都中央区";            ←③
    fitnessMember.Tel = "080-XXXX-XXXX";
    fitnessMember.Weight = 65.3;
    fitnessMember.Height = 175.2;
    fitnessMember.ShowMemberData();
}
```

①では、継承クラスDVDMemberとFitnessMemberのインスタンスを生成しています。②ではDVDMemberクラスのメンバーを、③はFitnessMemberクラスのメンバーを使用しています。

リスト6.2や**リスト6.3**では定義していない「ID」「Name」「Birthday」などのメンバーも使用していることがわかります。これらは継承元に定義されているメンバーです。このように派生クラスは、継承元が持つメンバーを受け継ぐため使用することができます。

6-1-2 ◉ 基本クラスのアクセシビリティ

派生クラスは基本クラスのメンバーを受け継いで使用できることがわかりました。しかし、基本クラスにあるすべてのメンバーを受け継ぐことができるわけはありません。

それでは基本クラスのメンバーのアクセシビリティが派生クラスにどのように作用するのかを**図6.3**で確認しましょう。

図6.3 基本クラスのアクセシビリティ

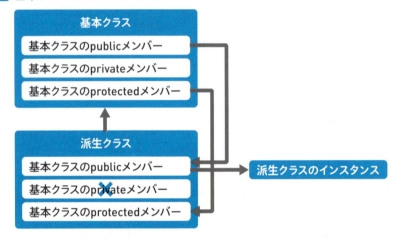

基本クラスの中でpublicキーワードを付けて定義されたメンバーは外部に公開されるメンバーとなります。よって基本クラスの中、派生クラスの中、派生クラスのインスタンスから使用することが可能です。

基本クラスの中でprivateキーワードを付けて定義されたメンバーは、外部には公開されないメンバーです。このため基本クラスの中だけで使用できるメンバーになります。よって派生クラスからは使用することはできません。

基本クラスで定義されたprotectedメンバーは、派生クラス内でも使用することができますが、派生クラスのインスタンスからは使用することはできないという特徴を持ちます。

以上をまとめるとアクセシビリティは**表6.1**のようになります。

Part 1 UWPプログラミング 基礎編

表6.1 アクセス修飾子におけるアクセシビリティ

アクセス修飾子	アクセス可能な範囲
public	制限なし
private	定義されたクラス内のみ
protected	定義されたクラス内および派生クラス内部

　基本クラスのアクセシビリティを理解できたので、クラスを作成して動作を確認してみましょう。ここではprivateとprotectedのみを扱います。publicについては**リスト6.1**〜**リスト6.3**で説明したとおりです。

　リスト6.1で定義した基本クラスMemberに**リスト6.5**を、**リスト6.2**で定義したDVDMemberクラスに**リスト6.6**のコードを追加してください。

　Memberクラスにはprivate修飾子の付いた定数CLASS_NAMEとprotected修飾子が付いたJoinDateプロパティを定義しています。

　DVDMemberクラスでは、基本クラスで定義したCLASS_NAMEを含めた文字列を表示するShowBaseClassメソッド（**①**）と、JoinDateプロパティを使用して会員登録日を表示するShowJoinDateメソッド（**②**）を定義しています。定数CLASS_NAMEは、基本クラスの中でprivateメンバーとして定義されているため、DVDMemberクラスでは使用することができません。よってこのまま実行しようとするとビルドエラーが発生します。実行する際はコメントアウトしてください。JoinDataプロパティは基本クラスでprotectedメンバーとして定義されているので、派生クラスDVDMemberで使用することが可能です。

リスト6.5 Memberクラスに追加するコード

```
// クラス名称
private const string CLASS_NAME = "Member";

// 入会日
protected DateTime JoinDate { get; set; }
```

163

リスト6.6 DVDMemberに追加するコード

```
// 基本クラス名を表示する
public void ShowBaseClass()
{
    // 基本クラスで定義された CLASS_NAME は privateなので使用できない
    Console.WriteLine($"基本クラスは{CLASS_NAME}です。");
}                                                                    ← ①


// 会員登録日を表示する
public void ShowJoinDate()
{
    string strJoinDate = JoinDate.ToShortDateString();
    Console.WriteLine($"会員登録日は{strJoinDate}です。");            ← ②
}
```

　リスト6.5とリスト6.6を準備できたら、Mainメソッドの中で派生クラスDVDMemberのインスタンスを作成してみましょう(**リスト6.7**)。実際にコードを入力するとわかりますが、基本クラスで定義されたpublicメンバー以外はインテリセンスの候補に表示されないことがわかります(**図6.4**)。よって「dvdMember.CLASS_NAME」や「dvdMember.JoinDate」のようなコードを記述することができません。もちろん、派生クラスDVDMemberの中では、基本クラスで定義されたprotectedメンバーは表示されます(**図6.5**)。

　このように、アクセス修飾子を使用することで、クラス内に定義したメンバーがどの範囲まで使用しても良いかを決定することができます。

　C#を学び始めた段階では、どのようにアクセス修飾子を使い分けるべきかの判断は難しいかもしれません。多くのコードを書いているうちに自然とわかるようになりますので、その意味合いだけは把握しておくようにしましょう。

リスト6.7 DVDMemberを使用する例

```
DVDMember dvdMember = new DVDMember();


//dvdMember.CLASS_NAME;
//dvdMember.ShowJoinDate();
```

図6.4 private, protectedメンバーは表示されない

図6.5 派生クラスではprotectedメンバーも表示される

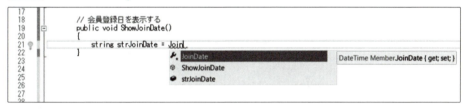

6-1-3●メソッドのオーバーライド

　基本クラスで定義されたpublicやprotectedが付いたメソッドは、派生クラスでも使用することができます。しかし、場合によっては派生クラスで使用する際にメソッドの動作を変更したいことがあります。このような場合は、基本クラスに定義されたメソッドと同じ名前のメソッドを派生クラスに定義して新しい機能を実装します。これをメソッドの**オーバーライド**と呼びます。

　オーバーライドをする場合は、オーバーライドされる側（基本クラス）のメソッドに**virtual**キーワードを、オーバーライドする側（派生クラス）のメソッドには**override**キーワードを付けます。virtualキーワードが付いたメソッドは**仮想メソッド**と呼びます。

　例として、Memberクラスに定義した会員データ表示メソッドをDVDMemberクラスでオーバーライドする例を見てみましょう。

　リスト6.8はMemberクラスに定義されたShowMemberDataメソッドにvirtualキーワードを付け、オーバーライドが可能なメソッドにしています。**リスト6.9**はDVDMemberクラス内に、同じ名前のShowMemberDataメソッドを定義した例です。

override キーワードが付いていることに注目してください。

DVDMemberクラス内で「base. ShowMemberData();」と記述している部分では、基本クラスのShowMemberDataメソッドを実行しています。「base.」は「基本クラスの」という意味になります。このキーワードを付けずに単にShowMemberDataを実行することは、自分自身（派生クラスに定義したShowMemberDataメソッド）を呼び出すことになりますので注意してください。このように基本クラスで定義されているメンバーの呼び出しには「base.」を付けます。

リスト6.8 MemberクラスのShowMemberDataメソッド

```
/// <summary>
/// 会員データ表示
/// </summary>
public virtual void ShowMemberData()
{
    Console.WriteLine($"会員番号:{this.ID}");
    Console.WriteLine($"氏　　　名:{this.Name}");
    Console.WriteLine($"生年月日:{this.Birthday.ToShortDateString()}");
    Console.WriteLine($"住　　　所:{this.Address}");
    Console.WriteLine($"電話番号:{this.Tel}");
}
```

リスト6.9 DVDMemberクラスのShowMemberDataメソッド

```
/// <summary>
/// 会員データ表示 DVDmemberクラス版
/// </summary>
public override void ShowMemberData()
{
    // 基本クラスの ShowMemberData を呼び出し
    base.ShowMemberData();

    Console.WriteLine($"最終レンタル日:{this.LastDate.
ToShortDateString()}");
}
```

Part 1 UWPプログラミング 基礎編

リスト6.8とリスト6.9を記述したら、Mainメソッドをリスト6.10のように編集して動作を確認してみましょう。

基本クラスのShowMemberDataでは「最終レンタル日」は表示されませんでしたが、派生クラスのShowMemberDataを実行することで表示されるようになります。

リスト6.10 オーバーライドメソッドの動作確認

```csharp
static void Main(string[] args)
{
    DVDMember dvdMember = new DVDMember();

    dvdMember.ID = "D00001";
    dvdMember.Name = "HIRO";
    dvdMember.Birthday = new DateTime(1972, 6, 19);
    dvdMember.Address = "宮城県仙台市";
    dvdMember.Tel = "090-XXXX-XXXX";
    dvdMember.LastDate = new DateTime(2016, 4, 1);

    //派生クラスのShowMemberData()が呼び出される
    dvdMember.ShowMemberData();
}
```

» 6-2 オーバーロード

同一クラス内で同じ名前のコンストラクタやメソッドを複数定義することができ、このことをオーバーロードと呼びます。

オーバーロードのコンストラクタやメソッドを定義するには、引数リストの数やデータ型が異なることを条件とします。

例えば、足し算をするメソッドを例に考えてみましょう。

xとyの2つの値を足すAddメソッドがあるとします。このほかにxとyとzの足し算をするメソッドが必要となった場合に「Add2」という名前でメソッドを作成するのは好ましくありません。Add2というメソッド名からは3つの値を足し算するメソッドかどうかを判断できませんし、「足し算をする」という本来の意味合いが失われて

167

しまいます。オーバーロードを使用することでこの問題を解決することができます。

リスト6.11と**リスト6.12**でメソッドのオーバーロードの動作を確認してみましょう。

リスト6.11ではMyMathというクラスに3つのAddメソッドを定義しています。int型の値を2つ取るメソッド、int型の値を3つ取るメソッド、double型の値を2つ取るメソッドです。どのメソッドも引数の数やデータ型が異なるのでオーバーロードして定義することができています。

リスト6.12は、オーバーロードされたAddメソッドを使用する例です。

リスト6.12を入力するとわかりますが、Addメソッドの入力時に表示されるインテリセンスには、オーバーロードがあることが示されます。↓↑キーかマウスで▲▼を押すことで切り替えることができます（**図6.6**）。

リスト6.11 メソッドのオーバーロード例

```
class MyMath
{
    /// <summary>
    /// 2つの値を足し算するメソッド
    /// </summary>
    public int Add(int x, int y)
    {
        return x + y;
    }


    /// <summary>
    /// 3つの値を足し算するメソッド
    /// </summary>
    public int Add(int x, int y, int z)
    {
        return x + y + z;
    }


    /// <summary>
    /// 2つの値を足し算するメソッド(double型)
```

（次ページに続く）

（前ページの続き）

```csharp
        /// </summary>
        public double Add(double x, double y)
        {
            return x + y;
        }
    }
```

リスト6.12 オーバーロードメソッドの使用例

```csharp
static void Main(string[] args)
{
    MyMath math = new MyMath();

    int ans1 = math.Add(2, 3);
    int ans2 = math.Add(2, 3, 4);
    double ans3 = math.Add(3.1, 5.7);
}
```

図6.6 オーバーロードの表示

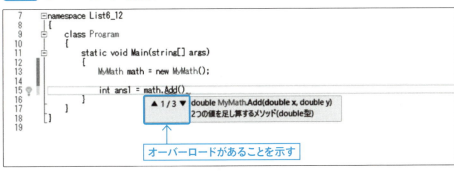

オーバーロードがあることを示す

169

6-3 抽象クラス

　抽象クラスについて理解をするために、これまでに学んだクラスと抽象クラスの違いについて見ていきましょう。
　これまでに学んだクラスでは、クラスを定義し、その中でメンバーの定義を行いました。
　例えば図形の面積計算をするクラスについて考えてみましょう。すべての図形の基礎となる図形クラスを基本クラスとして定義し、面積を計算するCalcAreaというメソッドを持たせておきます。続いて三角形や長方形といった図形を表すために、(基本クラスの)図形クラスを継承した三角形クラスや長方形クラスを定義して、オーバーライドでCalcAreaメソッドを持たせます(**図6.7**)。このようにすることで、三角形クラスのCalcAreaメソッドでは三角形の面積を、長方形クラスのCalcAreaメソッドでは長方形の面積を求めるメソッドにすることができます。

図6.7 図形クラスとその派生クラス

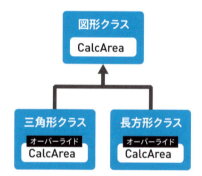

　では基本クラスのCalcAreaメソッドを使用するかというと、ほぼ使用されることはないでしょう。図形クラスは、すべての図形の基礎となるクラスのためCalcAreaメソッドの中にどのようなコードを書けば良いかわからないためです。
　使用しない処理(メソッド)は、わざわざコードを書く必要はありません。このような場合は、メソッドの定義はあるが処理がないという状態にすることができます(**図6.8**)。

図6.8 処理のない定義のみのメソッド

この図形クラスのCalcAreaメソッドのように、メソッド定義のみで中身を記述しないメソッドのことを**抽象メソッド**と呼びます。

中身のない抽象メソッドの定義は**書式6.2**を使用します。抽象メソッドは中身がないのでメソッドを記述するブロック{～}の代わりにセミコロン(;)を置きます。

書式6.2 抽象クラスの定義

```
アクセス修飾子 abstract 戻り値の型 メソッド名(引数リスト);
```

図形クラスのようにインスタンス生成が必要のないクラスの定義は**書式6.3**に示すようにabstractキーワードを付けてクラスを定義します。このabstractキーワードが付いたクラスを**抽象クラス**と呼びます。抽象クラスは継承されることを前提としています。

書式6.3 抽象クラス

```
abstract class クラス名
{
}
```

それでは抽象クラスを定義し、利用する例を見てみましょう。

リスト6.13に抽象クラス（図形クラス）を、**リスト6.14**に抽象クラスを継承したクラス（三角形クラス）の例を示します。

図形クラスは抽象クラスなのでabstractキーワードを付けています。内部に定義さ

れたメソッドCalc1Areaは抽象メソッドなのでabstractキーワードを付け、メソッドの処理は記述していません。

　三角形クラスでは、overrideキーワードを付けてCalcAreaメソッドをオーバーライドし、面積を求めて結果を返すコードを記述しています。

リスト6.13 抽象クラス（図形クラス）

```
/// <summary>
/// 抽象クラスの例（図形クラス）
/// </summary>
abstract class Zukei
{
    // 抽象メソッドの例
    public abstract int CalcArea(int x, int y);
}
```

リスト6.14 抽象クラスを継承したクラス（三角形クラス）

```
/// <summary>
/// 三角形クラス
/// </summary>
class Triangle : Zukei
{
    // 抽象メソッドをオーバーライド
    public override int CalcArea(int x, int y)
    {
        return x * y / 2;
    }
}
```

6-4 インターフェース

6-4-1 ●インターフェースの定義

インターフェースは抽象クラスに似ていますが、クラスは1つしか継承できないのに対して、インターフェースはカンマ(,)で区切って複数継承することが可能です。クラスメンバーであるメソッドやプロパティの「名前」や「引数」、「戻り値」といった情報を定義するのみで、処理の記述は行いません。

インターフェースは**書式6.4**を使用して定義します。

書式6.4 インターフェースの定義

```
アクセス修飾子 interface インターフェース名 {
    プロパティの定義
    メソッドの定義
}
```

インターフェース名は任意ですが、C#では先頭に「I」を付けるのが慣例となっています。なおインターフェース内部に定義するメンバーにはアクセス修飾子を付けることはできないので注意が必要です。

インターフェースをプロジェクトに追加するには、ソリューションエクスプローラーを右クリックしてメニューを表示させ、[追加]-[新しい項目]を選択します。

図6.9に示す「新しい項目の追加」ダイアログが表示されるので、「インターフェース」を選択してインターフェース名を入力後、最後に[追加]ボタンをクリックします。

図6.9 インターフェースの追加

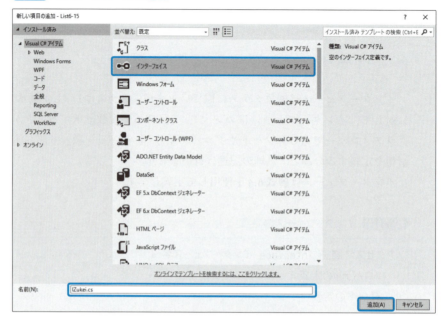

6-4-2 ●インターフェースの実装

インターフェースが作成できたら、クラスにインターフェースを実装します。インターフェースの実装は、クラスの継承と同様に行います（**書式6.5**）。複数のインターフェースを実装したい場合はカンマで区切って記述します。

書式6.5 インターフェースの実装

```
class クラス名 ： インターフェース名 [， インターフェース名]
{
}
```

ここで、Visual Studioを使用してクラスにインターフェースを実装する方法を確認しておきましょう。
「クラス名：インターフェース名」のようにクラス名の後ろにインターフェース名を記述すると、電球の形をしたアイコンが表示され「○○○はインターフェースメンバー○○○を実装しません」という説明が表示されます。

これはインターフェースに定義したメンバーが、実装先のクラスにないことを表しています。**図6.10**の例ではTriangleクラスにインターフェースIZukeiのメンバーが実装されていないことを示しています。

図6.10 インターフェース未実装をヒントとして表示

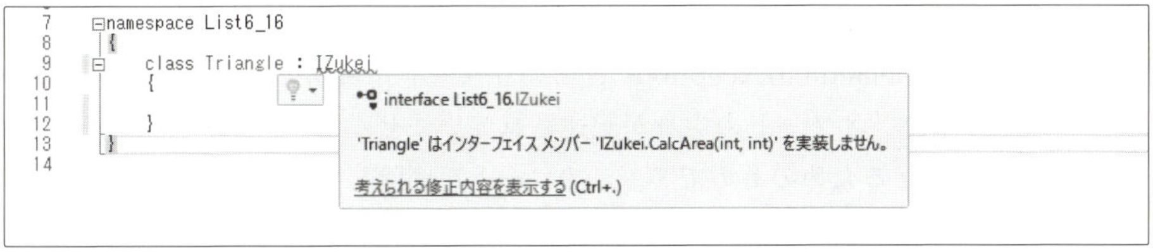

```
 7  □namespace List6_16
 8   {
 9   □    class Triangle : IZukei
10          {
11
12          }
13      }
14
```

```
•○ interface List6_16.IZukei

'Triangle' はインターフェイス メンバー 'IZukei.CalcArea(int, int)' を実装しません。

考えられる修正内容を表示する (Ctrl+.)
```

電球アイコンの右側の▼をクリックするとメニューが表示されるので「インターフェースを実装します。」をクリックすると（**図6.11**）、クラスにインターフェースのメンバーが実装されます（**図6.12**）。

図6.11 インターフェースを実装する

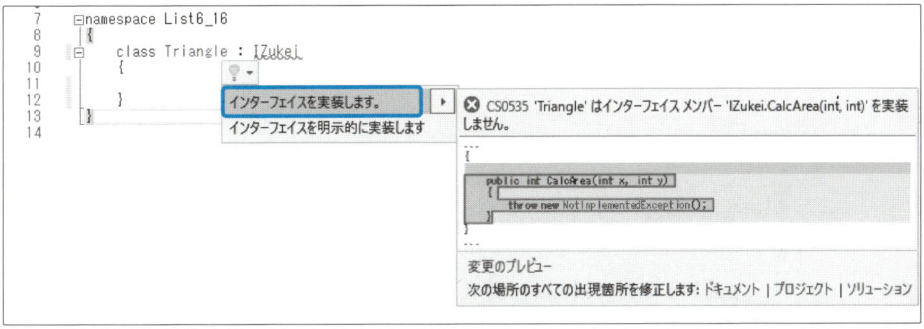

```
 7  □namespace List6_16
 8   {
 9   □    class Triangle : IZukei
10          {
11
12          }
13      }
14
```

```
インターフェイスを実装します。        ►   ⊗ CS0535 'Triangle' はインターフェイス メンバー 'IZukei.CalcArea(int, int)' を実装
インターフェイスを明示的に実装します          しません。
                                        ...
                                        {
                                            public int CalcArea(int x, int y)
                                            {
                                                throw new NotImplementedException();
                                            }
                                        }
                                        ...
                                        変更のプレビュー
                                        次の場所のすべての出現箇所を修正します: ドキュメント | プロジェクト | ソリューション
```

図6.12 自動で実装されたコード

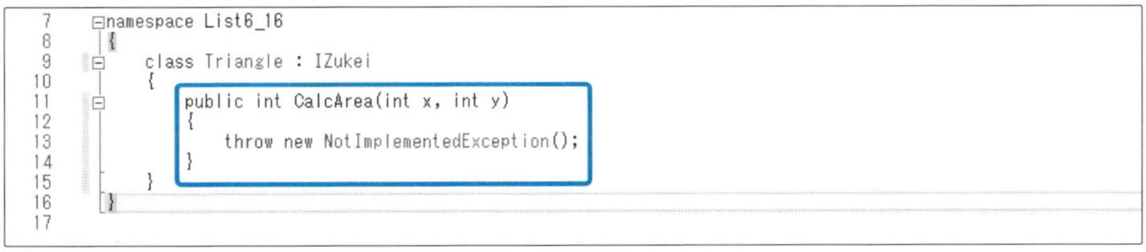

```
 7  □namespace List6_16
 8   {
 9   □    class Triangle : IZukei
10          {
11   □          public int CalcArea(int x, int y)
12              {
13                  throw new NotImplementedException();
14              }
15          }
16      }
17
```

以上の操作方法を理解できたら、「**6-2　抽象クラス**」で作成したCalcAreaをインターフェースで定義してみましょう。インターフェースのコードを**リスト6.15**に、

インターフェースを継承する三角形クラスを**リスト6.16**に示します。

インターフェースIZukeiの定義では、CalcAreaというメソッドの定義があります。メソッドの定義は、戻り値、メソッド名、引数リストのみを記述します。

クラスTriangleではIZukeiインターフェースを実装しています。インターフェースで定義されているメソッドCalcAreaの処理内容はこちらに記述を行います。**図6.11**で示した方法でインターフェースを実装すると、メソッドには「throw new NotImplementedException();」というコードが自動で挿入されます。このコードは、実行時に「メソッドの中身が記述されていませんよ」という意味合いを持つエラーを発生させるためのものです。このコードを削除して、実際の処理内容を記述する必要があります。

リスト6.15 インターフェースの定義 (IZukei.cs)

```
interface IZukei
{
    // メソッドの定義
    int CalcArea(int x, int y);
}
```

リスト6.16 インターフェースを実装するクラス (Triangle.cs)

```
class Triangle : IZukei
{
    public int CalcArea(int x, int y)
    {
        throw new NotImplementedException();
    }
}
```

作成したインターフェースとクラスの動作を確認するためにMainメソッドを**リスト6.17**のように編集してください。

リスト6.17　インターフェースの動作確認コード

```
static void Main(string[] args)
{
    Triangle triangle = new Triangle();

    int area = triangle.CalcArea(2, 3);
}
```

リスト6.17を入力したら実行してみましょう。図6.13に示すようにTriangleクラスの「throw new NotImplementedException();」でコードの実行が中断され、「NotImplementedExceptionはハンドルされませんでした」と表示されます。本来であれば、この1行は三角形の面積を計算するコードに変更する必要がありますが、エラー（正確には例外と呼びます）が発生することで自分が処理の実装をしていなかったことに気付くことができます。このようにVisual Studioが自動で挿入した「throw new ～」のコードは実装漏れを防ぐためのものであることがわかります。

図6.13　実装漏れがあることを示すエラーの表示

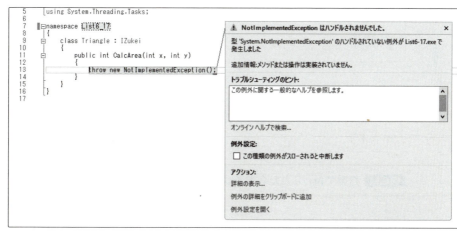

6-5　名前空間

名前空間はクラスをグループでまとめたり、同じクラス名が衝突しないようにする

ために使われます。Java言語の使用経験がある場合は「パッケージ」に相当するものと考えていただいて構いません。

　名前空間を理解するために1つ例を見てみましょう。様々な数学計算を行うMathというクラスを作成したいとします。しかしC#ではあらかじめMathという数学関数を持つクラスが用意されているため、同一クラス内で使用する場合はどちらのMathクラスを指すのか判断が付きにくくなります。このような場合に備えて、クラスを作成する場合は独自の名前空間を付けてその中にクラスを含めるようにします。例えばHIROという名前空間に独自のMathクラスを含めた場合は、「HIRO.Math」というクラス名で表すことができます。また名前空間はドット（.）で区切って階層構造にすることができます。別の名前空間にあるクラスを参照する場合は名前空間とクラス名をドットでつなげて完全修飾名で指定します。

　名前空間を付けたクラスの定義は**書式6.6**を使用します。

書式6.6 名前空間を使用したクラスの定義例

```
namespace 名前空間名
{
    class クラス名
    {
    }
}
```

　名前空間の書式をどこかで見かけたことはないでしょうか。これまでに作成したプロジェクトのファイルを確認すると**図6.14**のように名前空間が付いていることを確認できます。

図6.14 自動で付けられた名前空間

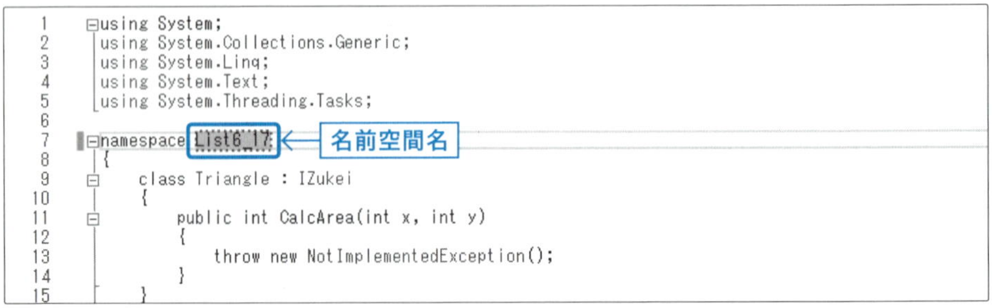

```
 1  using System;
 2  using System.Collections.Generic;
 3  using System.Linq;
 4  using System.Text;
 5  using System.Threading.Tasks;
 6
 7  namespace List6_17        ← 名前空間名
 8  {
 9      class Triangle : IZukei
10      {
11          public int CalcArea(int x, int y)
12          {
13              throw new NotImplementedException();
14          }
15      }
```

名前空間は、自動でプロジェクト名称が付けられるようになっています。この設定は変更することが可能です。プロジェクトエクスプローラーで［Properties］をダブルクリックして、［アプリケーション］タブを選択後、既定の名前空間欄に新しい名前空間名を入力します（**図6.15**）。最後に保存をします。

図6.15 既定の名前空間名の変更

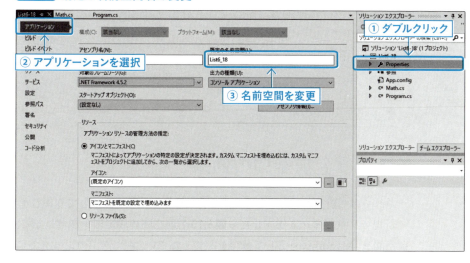

名前空間について理解ができたら、実際にどのように使用するのかを確認していきましょう。

6-5-1●usingディレクティブ

これまでに何度も使用してきたConsoleクラスはSystemという名前空間に属するのですが、「Console.WriteLine("")」という形で使用してきました。完全修飾名を使用して「System.Console.WriteLie("")」という書式で記述していないのに、なぜ使用できるのでしょうか。これを解決するのがusingディレクティブです。これまでに作成したプロジェクトを1つ開き、Mainメソッドが定義されているProgram.csを見てみましょう。一番上に「using System;」という記述があることがわかります（**図6.16**）。これがusingディレクティブです。usingディレクティブで指定した名前空間に存在するクラスは、そのファイル内ではクラス名で（完全修飾名を使用しない記述で）使用することができるようになります。

usingディレクティブとして記述できるのは名前空間名までです。クラス名を含めることができないので注意してください。

図6.16 usingディレクティブ

```
1   using System;                    ← usingディレクティブ
2   using System.Collections.Generic;
3   using System.Linq;
4   using System.Text;
5   using System.Threading.Tasks;
6
7   namespace List6_17
8   {
9       class Triangle : IZukei
10      {
11          public int CalcArea(int x, int y)
12          {
13              throw new NotImplementedException();
14          }
15      }
16  }
17
```

6-5-2 ● 名前空間の効果

それでは名前空間の動作を確認するためにサンプルを作成してみましょう。

新規でプロジェクト作成したら**図6.15**名前空間の設定例を参考にして、既定の名前空間を「MySample」として保存をしてください。続いてプロジェクトに「Draw」と「Physics」というフォルダーを作成してください。フォルダーを作成するにはソリューションエクスプローラーでプロジェクト名を右クリックし、メニューから［追加］－［新しいフォルダー］をクリックして追加します。フォルダーを追加しますと、ソリューションエクスプローラーの表示は**図6.17**のようになります。

図6.17 フォルダー追加後のソリューションエクスプローラー

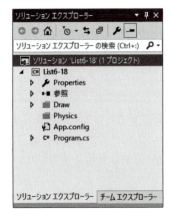

Part 1 UWPプログラミング 基礎編

2つのフォルダーが作成できたら、はじめに「Draw」のフォルダーを右クリックして、メニューから[追加]−[クラス]をクリックして「Calculate」という名前のクラスを追加してください。続いて「Physics」フォルダーにも同様に「Calculate」という名前のクラスを追加します。

追加するクラスのコードを**リスト6.18**と**リスト6.19**に示します。

2つのクラスの違いは名前空間のみです。すでにお気づきかもしれませんが、クラスの名前空間は「既定の名前空間」+「.」+「フォルダー名」という形になっていることがわかります。このようにフォルダーの中にクラスを作成すると、名前空間にフォルダー名が含まれるようになります。これにより、プロジェクト内に同じ名前のクラスがあったとしても、完全修飾名を使用して衝突を避けることができるようになります。

リスト6.18 DrawフォルダーのCalculateクラス

```
namespace MySample.Draw  // 既定の名前空間「MySample」.フォルダー名「Draw」
{
    class Calculate
    {
        public int Add(int x, int y)
        {
            return x + y;
        }
    }
}
```

リスト6.19 PhysicsフォルダーのCalculateクラス

```
namespace MySample.Physics  // 既定の名前空間「MySample」.フォルダー名
「Physics」
{
    class Calculate
    {
        public int Add(int x, int y)
```

（次ページに続く）

181

6
時間目　クラスの応用

（前ページの続き）

```
        {
            return x + y;
        }
    }
}
```

6-5-3●名前空間の利用方法

　最後に**リスト6.20**で名前空間を利用したクラスの利用方法を確認しましょう。

　①でusingディレクティブを使用してMySample.Drawを追加しています。これにより DrawフォルダーにあるCalculateクラスは完全修飾名を使用せずに「Calculate」と記述して使用することが可能になります（**②**）。一方PhysicsクラスにあるCaluculateクラスは、DrawクラスのCalculateと名前の衝突を避けるために完全修飾名を使用しています（**③**）。

リスト6.20 名前空間の利用例

```
// 以下を追加
using MySample.Draw;  ← ①

namespace MySample
{
    class Program
    {
        static void Main(string[] args)
        {
            Calculate calc1 = new Calculate();  ← ②
            MySample.Physics.Calculate calc2 =
                new MySample.Physics.Calculate();  ← ③

            int ans1 = calc1.Add(1, 2);
            int ans2 = calc2.Add(3, 4);
```

（次ページに続く）

Part 1
UWPプログラミング　基礎編

（前ページの続き）

```
        }
    }
}
```

確認テスト

Q1 リスト6.1で示した会員クラスを継承したTripMembers（旅行会員）というクラスを作成し、旅行回数を意味するTripCountというint型のプロパティを追加してください。

Q2 Q1で作成したTripMembersクラスにShowMemberDataというメソッドを追加してください。ShowMemberDataメソッドは基本クラスにすでに定義されているのでオーバーライドする必要があります。オーバーライドメソッドにはoverrideキーワードを使用します。また基本クラスメソッドにはvirtualキーワードを付ける必要があります。

Q3 Animalという名前の抽象クラスを作成し、戻り値がvoid型で引数リストないBark（鳴く）という抽象メソッドを作成してください。抽象クラスや抽象メソッドを作成するにはabstractキーワードを使用します。

Q4 Q3で作成したAnimalクラスを継承したDogクラスを作成して下さい。DogクラスのBarkメソッドでは、処理として「ワンワン」を表示するように記述してください。

Q5 IAnimalという名前のインターフェースを作成してください。またQ3と同様のBarkメソッドを定義してください。インターフェースを作成するにはInterfaceキーワードを使用します。

Q6 Q5で作成したインターフェースIAnimalを実装するCatクラスを作成してください。CatクラスのBarkメソッドでは「ニャーニャー」を表示する処理を記述してください。

183

7時間目 ジェネリックとLINQ

5時間目と6時間目を通してクラスについて学んできました。7時間目では、様々な型に対応することができるジェネリックと、まとまったデータから任意のデータの検索や操作をするLINQについて学びます。

今回のゴール

- ジェネリッククラスを理解する
- ジェネリックメソッドを理解する
- LINQを理解する

7-1 ジェネリック

7-1-1 ● ジェネリッククラスとジェネリックメソッド

ジェネリックを使用すると、型にとらわれないクラスやメソッドを作成することができます。

はじめにメソッドのオーバーロードについて復習をしましょう。

リスト7.1には2つのPushDataメソッドがあります。1つはint型の引数を取り、もう1つはdouble型の引数を取ります。どちらのメソッドも、引数で受け取ったデータを配列変数に代入します。異なるのはデータ型のみです。

Part 1 UWPプログラミング 基礎編

リスト7.1 足し算をする2つのメソッド

```csharp
class MyData
{
    int iCnt = 0;
    int dCnt = 0;

    int[] iData = new int[100];
    double[] dData = new double[100];

    // int型のデータを保存する
    public void PushData(int val)
    {
        iData[iCnt] = val;
        iCnt++;
    }

    // double型のデータを保存する
    public void PushData(double val)
    {
        dData[dCnt] = val;
        dCnt++;
    }
}
```

　この後さらに、short型のデータを保存するPushDataメソッドがほしい場合はどうでしょうか。オーバーロードを使用すれば様々なデータ型に対応することが可能ですが、冗長なコードとなり保守性が悪くなります。

　この問題はジェネリッククラスとジェネリックメソッドを使用することで解決することができます。

　ジェネリッククラスとジェネリックメソッドを使用することで型にとらわれないクラスとメソッドを定義することができます。書式は次の通りです（**書式7.1**、**書式7.2**）。

185

7時間目 ジェネリックとLINQ

書式7.1 ジェネリッククラス

```
class クラス名<型引数> [Where 型引数が満たすべき制約条件]
{
    クラス定義
}
```

書式7.2 ジェネリックメソッド

```
アクセス修飾子 戻り値のデータ型 メソッド名<型引数>(引数リスト)
 [where 型引数が満たすべき制約条件]
{
    メソッド定義
}
```

「[Where型引数が満たすべき制約条件]」は省略することも可能です。詳しくは「7-1-2　ジェネリッククラスの制約」で説明します。

それではジェネリッククラスとジェネリックメソッドの例を見てみましょう。**リスト7.2**は、**リスト7.1**のMyDataクラスとPushDataメソッドをジェネリックにした例です。

リスト7.2 ジェネリッククラスとジェネリックメソッドの定義例

```
class MyData<T>                    ←①
{
    int iCnt = 0;
    T[] tData = new T[100];        ←②

    // T型のデータを保存する
    public void PushData(T val) ←③
    {
        tData[iCnt] = val;
        iCnt++;
    }
}
```

186

クラス名の隣に「<T>」があります（①）。Tは仮のデータ型であり、インスタンス生成時に実際のデータ型に置き換えられます。Tは型パラメータと呼びます。
例えばint型で生成を行った場合、Tはすべてintに置き換えられます。「T」ではなく任意の文字を使用しても構いませんが、慣例でTを付けるようになっています。
クラスの内部を見てみると②でT型の配列を準備していることがわかります。またメソッドPushDataの引数もT型となっていることがわかります（③）。
リスト7.2で定義したMyDataクラスの使用例をリスト7.3に示します。

リスト7.3 ジェネリッククラスとジェネリックメソッドの使用例

```
static void Main(string[] args)
{
    // int型として使用する例
    MyData<int> intData = new MyData<int>();        ← ①
    intData.PushData(5);

    // string型として使用する例
    MyData<string> strData = new MyData<string>();  ← ②
    strData.PushData("Hello");
}
```

①の部分はMyDataクラスの型パラメータとしてintを指定した例です。これにより、クラス内部のTはすべてintに置き換えられます。②も同様で、こちらは型パラメータにstringを指定して文字列を取り扱えるようにしています。
このようにジェネリックを使用すると、型にとらわれないメソッドを作成することができます。

7-1-2●ジェネリッククラスの制約

型パラメータはコンパイル時に型が決定されます。このため、ジェネリッククラスのコーディング時点ではT型がどのようなメソッドを持っているかは不明です。コーディング時点でのT型はobject型として扱われるため、呼び出すことができるメソッドは「Equals」「GetHashCode」「GetType」「ToString」の4つに限定されます。よって、object型が持つ4つ以外のメソッドを使用したコードを記述することができません。

時間目 ジェネリックとLINQ

　このため、型パラメータTに「特定のメソッドを持つデータ型が指定される」という想定でコードを記述することはできません。例として**リスト7.4**を見てみましょう。このクラスはインスタンス生成時に「型パラメータTにCompareToメソッドを持つ型が指定される」いう想定でコードを記述したものです。前述の通りTはオブジェクト型でありCompareToメソッドを持っていないため、このコードはコンパイルエラーになります。

リスト7.4 型パラメータが任意のメソッドを持っていることを想定したコード

```
class Sample<T>
{
    public bool IsGreater(T x, T y)
    {
        if (x.CompareTo(y) > 0)  ← T型はコンパイルされるまで、
        {                           実際のデータ型は特定できない。

            return true;
        }

        return false;
    }
}
```

　この問題を解決するのが制約です。制約を使用すると先ほどの**リスト7.4**はCompareToメソッドを持っていることを保証できます。

　制約を付けて**リスト7.4**を正しくコンパイルできるようにした例を**リスト7.5**に示します。

　型パラメータの制約としてIComparableを付けています。IComparableはC#であらかじめ定義されている使用可能なインターフェースで、比較をするためのCompareToメソッドを持っています。

　制約を付けることで**リスト7.5**で定義したクラスのように、型パラメータで特定のメソッドを使用するコードを記述できるようになります。

188

リスト7.5 制約を付けた例

```csharp
class Sample<T> where T : IComparable
{
    public bool IsGreater(T x, T y)
    {
        if (x.CompareTo(y) > 0)
        {
            return true;
        }

        return false;
    }
}
```

　このほかにもいくつか指定可能な制約があります。**表7.1**にまとめますので開発時の参考としてください。

表7.1 型パラメータの制約

制約	説明
wehre T : struct	Tが値型である
where T : class	Tが参照型である
where T : new()	引数なしのコンストラクタを持つ
where T : 基本クラス名	Tは基本クラスもしくは基本クラスからの派生クラス
where T : インターフェース名	Tは指定したインターフェースであるか指定したインターフェースを実装する必要がある。インターフェース制約は複数指定することが可能。**リスト7.5**は本制約である

7-1-3◉List

　ここからはC#で利用可能なジェネリッククラスを見ていきましょう。

　ジェネリッククラスはSystem.Collections.Generic名前空間に納められています。はじめにList<T>クラスについて学びましょう。**2時間目**に学んだ配列は宣言時に配列サイズを決める必要がありました。**リスト7.6**では、100個のint型のデータを格納する例です。

189

7 時間目 ジェネリックとLINQ

リスト7.6 int型配列の使用例

```
int[] data = new int[100];


for (int i = 0; i < data.Length; i++)
{
    data[i] = i;
}
```

　一方List<T>は、あらかじめサイズを決める必要はなく、好きなときに好きなだけ値を追加することが可能です。また、データを任意の位置に挿入したり不要になったデータを削除することができるメソッドが備わっています。

　リスト7.7はList<T>の使用例です。List<int>型のインスタンスを生成することで、int型のデータを管理することができます。値を1つずつ追加するにはAddメソッドを使用します（①）。すでにあるList<T>型のデータに新しく値を挿入する場合はInsertメソッドを使用します（②）。Insertメソッドの第1引数には、値の挿入先となるインデックスを指定し、第2引数には挿入する値を指定します。データを削除する場合はRemoveメソッドやRemoveAtメソッドを使用します（③）。Removeメソッドは List内で見つかった最初のデータを削除します。RemoveAtメソッドは引数に指定したインデックス位置にあるデータを削除します。この例のように「iData.Coun−1」を指定すると、List内の最後のデータを削除することができます（Countプロパティを使用するとListが現在持っているデータの数を参照できます）。

　この例の最後ではforeachを使用して、Listのデータを表示しています。**4時間目**で学んだとおり、foreach文はコレクションから1つずつ値を取り出し、なくなるまで繰り返し処理をします。

リスト7.7 List<T>クラスの使用例

```
static void Main(string[] args)
{
    List<int> iData = new List<int>();


    // データを追加する
```

（次ページに続く）

190

Part 1
UWPプログラミング 基礎編

（前ページの続き）

```
        iData.Add(3);
        iData.Add(4);                              ←①
        iData.Add(5);

        // データを挿入する
        iData.Insert(0, 1);                        ←②
        iData.Insert(1, 2);

        // データを削除する
        iData.RemoveAt(iData.Count - 1);    // 最後のデータを削除する
                                                               ←③
        iData.Remove(2);   // 値が2のデータを削除する

        // iDataから1つずつデータを取得して表示する
        foreach (int num in iData)
        {
            Console.WriteLine(num);
        }
    }
```

　リスト7.7の後半ではforeach構文を使用して、Listが持っている値をすべて出力しました。実はList<T>はForEachというメソッドを持っており、内部で持っている値を1つずつ取り出して処理することができます。ForEachメソッドの引数はAction<T>型で、定義済みのメソッドを指定します。指定できるメソッドは、インスタンス生成したListと同じデータ型を引数として取る必要があります。

　リスト7.8にForEachメソッドの使用例を示します。この例ではForEachメソッドの引数にWriteLineというメソッドを渡しています。

リスト7.8 ForEachメソッドの使用例

```csharp
static void Main(string[] args)
{
    List<int> iData = new List<int>();

    // データを追加する
    iData.Add(3);
    iData.Add(4);
    iData.Add(5);
    iData.Add(6);
    iData.Add(7);

    iData.ForEach(WriteLine);
}

static void WriteLine(int num)
{
    Console.WriteLine(num);
}
```

7-1-4◉Dictionary

Dictionaryは、その名が示す通り辞書のように名前（key）でデータ（value）を管理するジェネリッククラスです。Dictionaryのインスタンス生成は**書式7.3**を使用します。

書式中のTKeyはキーのデータ型を、TValueはキーに対応する値のデータ型を示します。

書式7.3 Dictionaryのインスタンス生成

```csharp
Dictionary<TKey, TValue> 変数名 = new Dictionary<TKey, TVlue>();
```

リスト7.9にDictionaryの使用例を示します。この例ではTKeyにint型をTValueにstring型を指定して、数字に果物を紐付けて管理しています。

Dictionaryにデータを追加するには①に示すようにAddメソッドを使用します。第1引数にはキーを、第2引数では値を渡します。

格納されているデータの取り出し方はいくつかあります。用途に合わせて使い分けてください。

キーを指定して値を取り出したい場合②のようにします。配列変数のように[]を使用しますが、[～]の中にはキーを入れます。

Dictionary変数に入っているすべてのキーを取り出したい場合は、fruit.Keysプロパティを参照します。③に示すようにforeach文を使用し、fruit.Keysから1つずつキーを取り出します。

Dictionary変数に入っているすべての値を取り出したい場合は、fruit.Valuesプロパティを参照します（④）。

Dictionary変数に入っているすべてのキーと値を取り出したい場合は⑤のようにします。変数dicにはキーと値のペアが入ってますので、dic.keyとdic.valueで参照します。

リスト7.9 Dictionaryの使用例

```
static void Main(string[] args)
{
    Dictionary<int, string> fruit = new Dictionary<int, string>();

    fruit.Add(1, "リンゴ");          ← ①
    fruit.Add(2, "ミカン");
    fruit.Add(3, "バナナ");

    // キーが2の果物を表示
    Console.WriteLine(fruit[2]);      ← ②

    // すべてのキーを表示
    foreach(var key in fruit.Keys)
    {                                 ← ③
        Console.WriteLine(key);
    }
```

（次ページに続く）

193

（前ページの続き）

```csharp
    // すべての値を表示
    foreach(var value in fruit.Values)
    {
        Console.WriteLine(value);          ← ④
    }

    // キーと値のペアを表示
    foreach(var dic in fruit)
    {
        Console.WriteLine($"key={dic.Key}, value={dic.Value}");   ← ⑤
    }
}
```

　もう1つ例を見てみましょう。先ほどの例ではAddメソッドを使用してキーと値を追加しましたが、配列変数のように指定したキーに値を代入することもできます。また指定したキーの値を書き換えることもできます（**リスト7.10**）。

リスト7.10 値の追加と変更の例

```csharp
Dictionary<int, string> fruit = new Dictionary<int, string>();

fruit[1] = "リンゴ";
fruit[2] = "ミカン";
fruit[3] = "バナナ";

// キー = 2 をイチゴに変更
fruit[2] = "イチゴ";
```

7-1-5●SortedList

SortedList は、インスタンスの生成、要素の追加や取得方法は Dictionary を使用する場合と変わりありません。froeach文を使用して値を取り出す場合にソートされた状態で列挙されるという点で異なります。

リスト7.11 に SortedList の例を示します。

①でデータを追加しています。この部分ではわざとキーの並びを無視してデータを入れています。後ほどソートがされることを確認するためです。②はすべてのキーを表示し、③はすべての値を表示しています。④ではすべてのキーと値の両方を取り出しています。どれも Dictionary の例で見たとおりです。

リスト7.11 SortedListの例

```csharp
static void Main(string[] args)
{
    SortedList<int, string> fruit = new SortedList<int, string>();

    fruit[3] = "Orange";
    fruit[5] = "Strawberry";
    fruit[1] = "Apple";                    ← ①
    fruit[4] = "Banana";
    fruit[2] = "Grapes";

    Console.WriteLine("すべてのキーを表示");
    foreach (var key in fruit.Keys)
    {
        Console.WriteLine(key);            ← ②
    }

    Console.WriteLine("すべての値を表示");
    foreach (var value in fruit.Values)
    {
        Console.WriteLine(value);          ← ③
    }
```

（次ページに続く）

時間目　ジェネリックとLINQ

（前ページの続き）

```
    Console.WriteLine("すべてのキーと値のペアを表示");
    foreach (var dic in fruit)
    {
        Console.WriteLine($"key={dic.Key}, value={dic.Value}");
    }
}
```
← ④

リスト7.11の実行例を見てみましょう。**図7.1**に示すとおり、どれもソートされた状態で表示されていることがわかります。

図7.1 リスト7.11の実行例

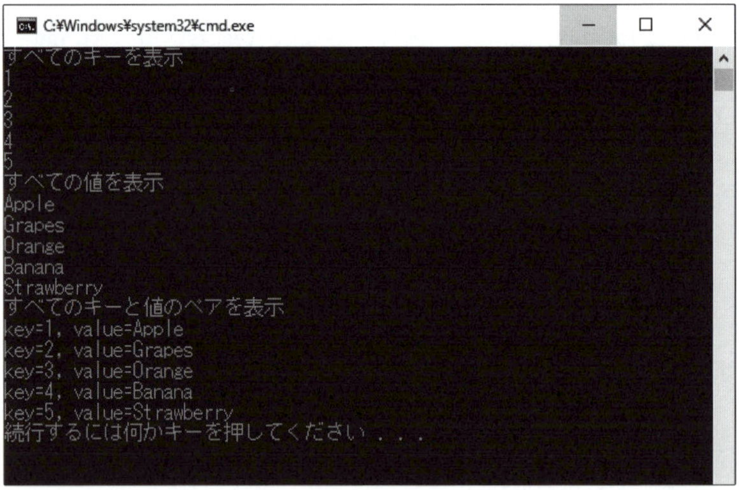

7-2 LINQ

7-2-1 ● LINQとは

　一般的にデータの集まりはデータソースと呼ばれます。C#において取り扱えるデータソースには、データベースやXML、コレクションなどがあります。データベースの問い合わせにはSQLを、XMLの問い合わせにはXPathやXQueryをといったように、それぞれの問い合わせ方法を学ぶ必要がありました。

　そこでLINQの登場です。LINQとはLanguage Integrated Queryの略で、日本語では統合言語クエリと呼ばれています。クエリとは、問い合わせ処理のことです。LINQを使用することで、コレクションやデータベース、XMLといった様々なデータから、同じ方法で問い合わせ処理を書くことが可能になります。

　LINQを使用して問い合わせを行うには、**表7.2**に示す専用のキーワードを使用します。

表7.2 LINQクエリで使用する代表的なキーワード

キーワード	説明
from	データソースを指定する
where	データの取得条件を指定する
select	取得したデータをどのように出力するかを指定する
orderby	取得したデータの並べ替えを指定する

7-2-2 ● from句とselect句

　最初に一番短くて簡単なLINQの使用例を見てみましょう。**書式7.4**はデータソースからデータを取得して変数に入れ、その変数のデータをselect句によって取り出す命令文を表します。

書式7.4 from句

```
from 変数 in データソース
select 変数から抽出する項目
```

基本となる書式ですのでサンプルで動作を確認しておきましょう。

リスト7.12では、string配列変数であるfruitに代入されたフルーツの名前をfromとselectを使用して取得する例です。

リスト7.12 値の取得例

```
static void Main(string[] args)
{
    string[] fruit = { "Apple", "Banana", "Orange" };

    var query = from name in fruit             ←—①
                select name;

    foreach (var name in query)
    {                                          ←—②
        Console.WriteLine(name);
    }
}
```

①の部分に注目してみましょう。はじめにfruitからnameへとデータを取り出します。この時点ではnameにはfruitの値がそのまま入っています。次にselectによってnameを取り出し、この結果を変数queryへ代入をします。よってこのLINQはfruitからすべての値を単純に取得するだけのクエリであることがわかります。

このクエリを実際に処理するのが②の部分です。foreach文を使用してqueryの結果を1つずつ処理しています。よってコンソールには「Apple」「Banana」「Orange」が表示されます。

もう1つ例を見てみましょう。**リスト7.13**は**リスト7.12**と同様にデータソースを配列変数fruitとしてデータを取得します。

リスト7.13 複数の値の取得例

```
static void Main(string[] args)
{
    string[] fruit = { "Apple", "Banana", "Orange" };

    var query = from name in fruit               ← ①
                select new { name, name.Length };

    foreach (var data in query)
    {
        Console.WriteLine($"{data.name} の文字数は {data.Length }です。");
    }
}                                                    ↑
                                                     ②
```

①の部分に注目してください。fromの部分は**リスト7.12**と同じですので、データソースfruitの値はnameへとコピーされます。異なるのはselect部分です。「new { Name = name, Len = name.Length }」という記述があります。newは新しくデータを作ることを示しており{〜}の中にカンマで区切って作成するデータを記述します。ここでは「Name = name」と「Len = name.Length」という2つのデータを作成していることがわかります。「Name = name」は取り出したnameをNameという変数に代入し、「Len = name.Length」は取り出したname.LengthをLenという変数に代入しています。name.Lengthはフルーツの名前の文字数を表しています。よってこのLINQはfruitから値を取り出し、「フルーツの名前」と「フルーツ名の文字数」のペアのデータを取得します。

foreach文の書き方についても見てみましょう（②）。queryから取り出した値は1ペアずつ変数dataに格納されるので、それぞれのデータは「data.Name」と「data.Len」で取得することができます。

ここまでの例でわかるとおり、キーワード自体はSQLと同様のものを使用しますが並び順が異なります。使用する際は注意するようにしてください。

7-2-3●where句

where句は条件によって取得するデータを絞り込みます（**書式7.5**）。where句はfrom句とselect句の間に記述します。

7
時間目　ジェネリックとLINQ

書式7.5 where句

> where 抽出条件

　サンプルでwhere句の動作を確認しましょう（**リスト7.14**）。
　この例では、配列変数fruitに格納されているフルーツの名前のうち、文字数が6文字以上のものを抽出します。
　①のwhere句に注目してください。抽出条件は「name.Length >= 6」です。これによりデータソースから取得したデータのうち文字数（Length）が6以上のものに絞り込みを行っています。このようにしてデータを絞り込み、最後にselectでデータを取得します。

リスト7.14 where句の使用例

```
static void Main(string[] args)
{
    string[] fruit = { "Apple", "Banana", "Orange" };

    var query = from name in fruit
                where name.Length >= 6      ← ①
                select name;

    foreach (var data in query)
    {
        Console.WriteLine(data);
    }
}
```

　続いて複合条件での絞り込みを**リスト7.15**で確認しましょう。この例では&&演算子を使用して、nameの文字数が7以上かつ先頭の1文字が"P"であることを条件にしています。このように「かつ」は&&演算子で表すことができます。「または」は||演算子を使用します。

200

リスト7.15 where句での複合条件による絞り込み

```
static void Main(string[] args)
{
    string[] fruit = { "Apple", "Banana", "Orange", "Pineapple",
"Strawberry"};

    var query = from name in fruit
                where name.Length >= 7 && name.Substring(0, 1) == "P"
                select name;

    foreach (var data in query)
    {
        Console.WriteLine(data);
    }
}
```

7-2-4●ordeby句

orderby句（**書式7.6**）はデータを並べ替えるときに使用し、from句とselect句の間に置きます。昇順で並べ替えをしたい場合はascendingキーワードを、降順で並べ替えたい場合はdescendingキーワードを使用します。ascendingやdescendingは省略することができます。省略した場合はascendingが適用されます。

書式7.6 orderby句

orderby 並べ替えをするキー ［ascending またはdescending］

リスト7.16はorderby句の使用例です。配列変数fruitに入っているフルーツ名を昇順で取り出します。実行すると「Apple」「Banana」「Orange」のようにアルファベットの昇順でフルーツ名が表示されます。

orderby句にあるasendingをdescendingに変更すると降順で並べ替えが行われるので試してみましょう。

7 時間目　ジェネリックとLINQ

リスト7.16 orderby句の使用例

```
static void Main(string[] args)
{
    string[] fruit = { "Orange", "Banana", "Apple", "Strawberry",
"Pineapple" };

    var query = from name in fruit
                orderby name ascending
                select name;

    foreach (var data in query)
    {
        Console.WriteLine(data);
    }
}
```

7-2-5●LINQの実行タイミング

　「実行タイミング」とは「記述したコードがいつ実行されるのか」を表します。例えば「x = 3;」という式では、そのコードが実行されたときにxに3が代入されます。このように記述内容が即座行われることを即時実行と呼びます。即時実行とは逆に遅延実行という言葉があります。遅延実行とは、コードが実行されてもその操作が必要になったときにしか行われないことを言います。LINQによるクエリは遅延実行になります。

　LINQが遅延実行であることを**リスト7.17**で確認しましょう。

　①はList<int>型の変数numbersに1,3,5のデータを代入しています。

　②でLINQによるクエリを作成しています。この部分でLINQが実行されているように思われがちですが、実際に実行されるのは④の部分になります。

　実行してみるとわかりますが、④の部分が実行されるとコンソールには1, 3, 5, 7の4つの数字が表示されます。これはLINQが実際に実行される前に③で「7」を追加しているためです。このようにLINQは実際に必要なタイミングで実行されることがわかります。

202

Part 1 UWPプログラミング　基礎編

リスト7.17 LINQの遅延実行確認

```
static void Main(string[] args)
{
    List<int> numbers = new List<int>() { 1, 3, 5 };          ← ①

    var data = from no in numbers
               select no;                                      ← ②

    numbers.Add(7);                                            ← ③

    foreach(int num in data)
    {
        Console.WriteLine(num);                                ← ④
    }
}
```

　場合によっては**リスト7.17**のように遅延実行されては困る場合もあるでしょう。このような場合はToListメソッドを使用することで即時実行にすることが可能です。

　リスト7.17のLINQ部分を即時実行に書き換えた例が**リスト7.18**です。

　LINQ部分を（）で括ってToListメソッドを実行しています。

　リスト7.18を実行すると、コンソールには1, 3, 5が表示されることからLINQが即時実行されていることを確認できます。

リスト7.18 LINQを即時実行する例

```
static void Main(string[] args)
{
    List<int> numbers = new List<int>() { 1, 3, 5 };

    // ToList()で即時実行する
    var data = (from no in numbers
                select no).ToList();
```

（次ページに続く）

203

（前ページの続き）

```
    numbers.Add(7);

    foreach (int num in data)
    {
        Console.WriteLine(num);
    }
}
```

7-2-6●ラムダ式

　ラムダ式（lambda expressions）は、式とステートメントを含めて記述することができる名前のない関数のことです。この名前のない関数のことを無名関数と呼びます。

　C#ではデリゲート ⇒ 匿名メソッド ⇒ ラムダ式と発展してきたものです。デリゲートからラムダ式に至るまで、順に見てみましょう。

◆ デリゲート

　C#ではメソッド自体を変数に代入したり、他のメソッドの引数に渡したり、戻り値としてもらうことができます（C言語やC++言語の経験がある方は、関数ポインターといえば理解しやすいでしょう）。

　デリゲートとは「メソッドを代入するための型」のことを言います。デリゲートは**書式7.7**を使用して定義します。

> **書式7.7** デリゲートの定義

```
delegate 戻り値のデータ型 デリゲート名(引数リスト);
```

　デリゲートを理解するためにシンプルな例を見てみましょう（**リスト7.19**）。

　①でデリゲートの定義をしています。このデリゲートは戻り値がint型、引数リストにint型の引数が2つあります。この書式と同じタイプのメソッドはDoSomethingという型の変数に代入することができます。

　デリゲート DoSomething型の変数にメソッドを代入している部分が②と③です。

Part 1 UWPプログラミング 基礎編

②の部分ではDoSomething型の変数methodに対して、Addメソッドを代入しています。これによりmethod(2, 3)を実行すると、内部的にはAddメソッドを呼び出して足し算が行われます。③は②と同様に変数methodにMulメソッドを代入しています。これによりmethod(2, 3)を実行するとMulメソッドが呼び出されてかけ算が行われます。変数methodは、代入されるメソッドによって異なる振る舞いをすることを確認しましょう。

リスト7.19 デリゲートの例

```csharp
// デリゲートの定義
private delegate int DoSomething(int x, int y);  ← ①

static void Main(string[] args)
{
    DoSomething method = new DoSomething(Add);  ← ②
    int ans1 = method(2, 3);
    Console.WriteLine($"2 + 3 = {ans1}");

    method = new DoSomething(Mul);  ← ③
    int ans2 = method(2, 3);
    Console.WriteLine($"2 * 3 = {ans2}");
}

// 足し算をする
private static int Add(int x, int y)
{
    return x + y;
}

// かけ算をする
private static int Mul(int x, int y)
{
    return x * y;
}
```

205

時間目　ジェネリックとLINQ

◆ 匿名メソッド

　匿名メソッドを使用すると、デリゲートをよりシンプルに記述することができます。先ほどの**リスト7.19**を匿名メソッドに書き直した例を示します（**リスト7.20**）。

　見ての通り、AddメソッドやMulメソッドがなくなりました。代わりにDoSomething型の変数に代入している部分（①と②）を見ると、AddメソッドやMulメソッド内に記述されていた式があることがわかります。このように、匿名メソッドはdelegateキーワードの後ろにメソッドの定義を記述します。最初の（）の中には引数リストを、後ろの{〜}には実際の処理内容を記述します。

　実行をしてみると、先ほどの**リスト7.19**と同じ動作をすることが確認できます。

リスト7.20　匿名メソッドの例

```
// デリゲートの定義
private delegate int DoSomething(int x, int y);

static void Main(string[] args)
{
    // 匿名メソッド
    DoSomething method = delegate (int x, int y) { return x + y; };  ←①
    int ans1 = method(2, 3);
    Console.WriteLine($"2 + 3 = {ans1}");


    // 匿名メソッド
    method = delegate (int x, int y) { return x * y; };  ←②
    int ans2 = method(2, 3);
    Console.WriteLine($"2 * 3 = {ans2}");
}
```

◆ ラムダ式

　ラムダ式を使用すると、匿名メソッドをよりシンプルに記述することができます。先ほどの**リスト7.20**をラムダ式に書き直した例に示します（**リスト7.21**）。

　はじめに①を見てみましょう。匿名メソッドと比べるとdelegateメソッドがなくなっていることがわかります。代わりに「=>」が追加になっています。この式はもっと短くすることができます。②を見てください。{〜}の中身が単一のステートメント

206

Part 1
UWPプログラミング　基礎編

である場合はreturnキーワードと{}を省略することができます。

　さらに短くしてみましょう。冒頭で定義しているデリゲートを見ると引数リストがint型であることがわかります。これにより代入できるラムダ式の引数リストはint型であることが明白です。よってintを省略することができ、③のように記述することができます。

　デリゲート、匿名メソッド、ラムダ式のいずれも使用可能です。できれば最も短く記述することができるラムダ式を使用するようにしましょう。

リスト7.21 ラムダ式の例

```csharp
// デリゲートの定義
private delegate int DoSomething(int x, int y);

static void Main(string[] args)
{
    // 匿名メソッド
    DoSomething method = (int x, int y) => { return x + y; };  ←①
    int ans1 = method(2, 3);
    Console.WriteLine($"2 + 3 = {ans1}");

    // {}とreturn は省略可能
    method = (int x, int y) => x + y;  ←②
    ans1 = method(2, 3);
    Console.WriteLine($"2 + 3 = {ans1}");

    // デリゲートの定義で引数リストはint型であることがわかる
    // よってデータ型も省略可能
    method = (x, y) => x + y;  ←③
    ans1 = method(2, 3);
    Console.WriteLine($"2 + 3 = {ans1}");
```

（次ページに続く）

207

7 時間目　ジェネリックとLINQ

（前ページの続き）

```
    // 匿名メソッド
    method = (x, y) => x * y; ;
    int ans2 = method(2, 3);
    Console.WriteLine($"2 * 3 = {ans2}");
}
```

7-2-7●LINQのメソッド構文

　これまでの例で示したとおり、LINQはC#のコード中にクエリ式を記述して使用しました。クエリ式はメソッド構文としても準備されており、直接呼び出して使用することも可能です。

　はじめにメソッド構文で記述した簡単なLINQの例を見てみましょう（**リスト7.22**）。

　①はこれまでに学んできたクエリ構文のLINQです。この式は配列numsの値のうち2で割って余りが0のものを取得します。このLINQをメソッド構文で表現したものが②です。Whereメソッドの引数にはラムダ式で「num => num % 2」を渡しています。

　このようにメソッド構文を使用すると、より短くLINQを記述することができます。

リスト7.22　メソッド構文の例

```
static void Main(string[] args)
{
    int[] nums = { 1, 2, 3, 4, 5, 6, 7, 8, 9 };

    // クエリ式
    var query1 = from num in nums
                 where num % 2 == 0        ← ①
                 select num;

    // メソッド構文
    var query2 = nums.Where(num => num % 2 == 0);   ← ②
```

（次ページに続く）

208

Part 1 UWPプログラミング 基礎編

（前ページの続き）

```
    // query1の結果を表示
    foreach (int num in query1)
    {
        Console.WriteLine(num);
    }

    // query2の結果を表示
    foreach (int num in query2)
    {
        Console.WriteLine(num);
    }
}
```

◆ 単一要素の取得

単一の要素を取得するメソッドは**表7.3**に示すものがあります。使用例を**リスト7.23**に示します。

表7.3 単一要素を取得するメソッド

メソッド	説明
ElementAt	指定した位置にある要素を返す
ElementAtOrDefault	指定した位置にある要素を返す。 要素がない場合は0またはnullを返す
First	先頭の要素または条件を満たす最初の要素を1つ返す
FirstOrDefault	先頭の要素または条件を満たす最初の要素を1つ返す。 要素がない場合は既定値を返す
Last	最後の要素または条件を満たす最後の要素を1つ返す
LastOrDefault	最後の要素または条件を満たす最後の要素を1つ返す 要素がない場合は既定値を返す
Single	唯一の要素を返す
SingleOrDefault	唯一の要素を返す。要素がない場合は既定値を返す

7 時間目 | ジェネリックとLINQ

リスト7.23 単一要素を取得するメソッドの使用例

```csharp
static void Main(string[] args)
{
    int[] nums = { 1, 3, 4, 7, 11, 23, 32, 56, 61, 81, 83, 92 };

    // 先頭から3番目の要素を取得
    var num1 = nums.ElementAt(2);    // 4

    // 先頭から11番目の要素を取得
    var num2 = nums.ElementAtOrDefault(15);  // 存在しないので0

    // 先頭の要素を取得する
    var num3 = nums.First();         // 1

    // 2で割った余りが0の要素のうち先頭のものを取得する
    var num4 = nums.FirstOrDefault(num => num % 2 == 0); // 4

    // 最後の要素を取得する
    var num5 = nums.Last();                          // 92

    // 2で割った余りが0の要素のうち最後のものを取得する
    var num6 = nums.LastOrDefault(num => num % 2 == 0);  // 92

    // 56と等しいも要素を取得する
    var num7 = nums.Single(num => num == 56);        //56

    // 57と等しい要素を取得する
    var num8 = nums.SingleOrDefault(num => num == 57);   // 存在しないので0
}
```

210

Part 1
UWPプログラミング 基礎編

◆ 複数要素の取得

複数の要素を取得するメソッドは**表7.4**に示すものがあります。使用例を**リスト7.24**に示します。

表7.4 複数要素を取得するメソッド

メソッド	説明
Distinct	重複を取り除いて要素を取得する
Skip	先頭から指定した個数の要素をスキップして、残りの要素を取得する
SkipWhile	先頭から指定条件を満たす限り要素をスキップして、残りの要素を取得する
Take	先頭から指定した個数の要素を取得する
TakeWhile	先頭から指定した条件を満たす限り要素を取得する
Where	指定した上限に合致する要素を取得する

リスト7.24 複数用を取得するメソッドの使用例

```csharp
static void Main(string[] args)
{
    int[] nums = { 1, 3, 4, 7, 4, 7, 32, 56, 32, 81, 83, 92 };

    // 重複を取り除いた要素を取得
    var num1 = nums.Distinct(); // 1, 3, 4, 7, 32, 56, 81, 83, 92

    // 先頭から6個の値をスキップした要素を取得する
    var num2 = nums.Skip(6);     // 32, 56, 32, 81, 83, 92

    // 先頭から80未満の値をスキップして要素を取得する
    var num3 = nums.SkipWhile(num => num < 80);     // 81, 83, 92

    // 先頭から5個の要素を取得する
    var num4 = nums.Take(5);     // 1, 3, 4, 7, 4
```

（次ページに続く）

211

時間目 ジェネリックとLINQ

（前ページの続き）

```
    // 先頭から10未満の要素を取得する
    var num5 = nums.TakeWhile(num => num < 10); // 1, 3, 4, 7, 4, 7

    // 先頭から見て56より大きい要素を取得する
    var num6 = nums.Where(num => num > 56);     // 81, 83, 92
}
```

◆ 集計結果の取得

要素の集計結を取得するメソッドは**表7.5**に示すものがあります。使用例を**リスト7.25**に示します。

表7.5 集計結果を取得するメソッド

メソッド	説明
Average	要素の中の最大値を返す
Count	要素数を返す
Max	要素の中の最大値を返す
Min	要素の中の最小値を返す
Sum	要素の合計を返す

リスト7.25 集計メソッドを取得する例

```
static void Main(string[] args)
{
    int[] nums = { 2, 3, 9, 2, 4 };

    // 要素の平均値を取得
    double num1 = nums.Average();    // 4

    // 要素数を取得
    int num2 = nums.Count();         // 5
```

（次ページに続く）

Part 1　UWPプログラミング　基礎編

（前ページの続き）

```
        // 要素の最小値を取得
        int num3 = nums.Min();     // 2

        // 要素の最大値を取得
        int num4 = nums.Max();     // 9

        // 要素の合計を取得
        int num5 = nums.Sum();     // 20
    }
```

　紹介してきたメソッド以外にも、様々なものがあります。興味がある方は調べてみましょう。

確認テスト

Q1 T型のジェネリッククラスを定義してください。クラス名はMyClassとします。

Q2 Q1で作成したMyClassにSwapというジェネリックメソッドを定義してください。このメソッドは2つの引数の値を入れ替えるメソッドとします。

Q3 ジェネリッククラスListを使用して、フルーツ名Strawberry, Orange, Banana, Appleを追加してください。変数名はfruitとし、string型のListとしてください。

Q4 LINQを使用してQ3で定義したfruitから文字数が6文字以上のフルーツ名を取得してください。このとき降順で取得するものとします。

Q5 Q3で作成したfruitからメソッドSkipで要素を取得してください。スキップ数は2としてください。

8時間目 例外処理

アプリケーションはプログラマーが記述したとおりに動作をします。しかし、ユーザーの操作によっては思いもよらずエラーが発生し強制終了することも考えられます。8時間目では、このようなエラーに対応できるように例外処理について学んでいきましょう。

今回のゴール

- 例外について理解する
- TryParseメソッドの使用方法を理解する
- try〜catch〜finally構文を理解する
- 例外クラスの作成方法と使用方法を理解する

8-1 例外とは

　命令文を間違えないように入力し、問題なく動作するプログラムを作成したとしても、「いざ実行してみたらエラーが発生した」「ユーザーの思わぬ操作によって強制終了した」という場面に遭遇することがあります。

　このように、プログラムの実行を妨げる事象を例外と呼びます。例外が発生する例を**リスト8.1**で見てみましょう。

リスト8.1 例外が発生する例

```
static void Main(string[] args)
{
    int x = 0;
```

（次ページに続く）

（前ページの続き）

```
    Console.WriteLine("整数を入力してください。");

    string strNo = Console.ReadLine();

    x = int.Parse(strNo);
}
```

　リスト8.1を実行すると、コンソールには「数値を入力してください」が表示されます。ユーザーが正しく整数を入力すれば正しく動作が終了します。しかし、小数点付きの数値や文字が入力された場合には例外が発生してしまいます。「A」と入力した場合の実行例を**図8.1**に示します。

　コンソールには「ハンドルされていない例外：…」が表示され「○○は動作を停止しました」というダイアログが表示されます。このように、プログラムの実行を妨げるような事象があると例外が発生します。

図8.1 リスト8.1での例外発生例

8時間目 例外処理

8-2 TryParseメソッドによる例外処理

リスト8.1では、ユーザーの入力内容によっては例外が発生することがわかりました。では、どのようなコードを書けば例外に対応することができるのでしょうか。

このプログラムは整数が入力されることを期待しています。よってユーザーが入力した値が整数かどうかを確認できれば良さそうです。このような場合は、int型やdouble型が持つTryParseメソッドを使用してチェックをすることができます。

TryParseは**書式8.1**を使用します。第1引数には数値に変換したい文字列を、第2引数には変換結果を受け取る（代入するための）変数を渡します。TryParseメソッドは変換が可能である場合はtrueを返します。

書式8.1 TryParseメソッド

```
bool 数値型.TryParse(数値に変換したい文字列, out 変換結果);
```

TryParseメソッドの使用方法を理解できたら**リスト8.1**修正して例外が発生しないコードに書き換えてみましょう（**リスト8.2**）。

①でユーザーが入力した値を受け取り、②でTryParseメソッドを使用して確認を行っています。この場合は「int.TryParse」メソッドを使用しているのでint型に変換可能かをチェックします。第1引数に渡したstrNoの値がint型の値に変換可能な場合は、第2引数のresult変数に結果が代入されます。変換に失敗した場合、TryParseメソッドはfalseを返すためif文の内側へと処理が流れ「整数が入力されなかったため処理を終了します。」のメッセージを表示します。

リスト8.2 TryParseメソッドの使用例

```
static void Main(string[] args)
{
    int x = 0;
    int result = 0;

    Console.WriteLine("整数を入力してください。");
```

（次ページに続く）

216

UWPプログラミング　Part 1 基礎編

（前ページの続き）

```csharp
    string strNo = Console.ReadLine();      ← ①

    if (!int.TryParse(strNo, out result))   ← ②
    {
        Console.WriteLine("整数が入力されなかったため処理を終了します。");
        return;
    }

    Console.WriteLine($"入力した値は{result}ですね。");
}
```

》》 8-3　try〜catch〜finally

　TryParseメソッドは数値型に変換する際に使用し、例外が発生しないようなコードを記述することができました。しかし、例外が発生するのは文字から数値への変換の場合だけとは限りません。例えばファイルを読み取るようなアプリケーションを作成するとしましょう。「ファイル名を指定していざ開こうとしたらファイルが存在しなかった」といった場合には例外が発生してしまいます。

　このようにアプリケーションを作成する上で例外が発生しそうなポイントはいくつもあります。

　C#では例外を適切に対処するためにtry〜catch〜finallyという構文があります（**書式8.2**）。

217

8 時間目 | 例外処理

書式8.2 try〜catch

```
try
{
    // 例外が発生する可能性のあるコードを記述
}
catch [(例外クラス 例外情報を受け取る変数)]
{
    // 例外が発生した場合の処理を記述
}
finally
{
    // 例外が発生するしないに関わらず実行する処理を記述
}
```

◆tryブロック

tryの{〜}の内側には例外が発生する可能性があるコードを記述します。記述するコードは1行である必要はありません。

tryブロック内で例外が発生した場合は、tryブロック内にある後続の処理を実行せずにcatchブロックへと処理が流れます。

tryブロックで例外が発生しない場合はfinallyブロックへと処理が流れます。

◆catchブロック

catchブロックには、tryブロックで発生した例外を対処するためのコードを記述します。tryブロックで発生する例外は1つとは限りません。例外の種類別に例外クラスが準備されています。例外クラス毎に対応したい場合はcatchを複数記述して対応することができます。この場合はcatch句の後に「(例外クラス 例外情報を受け取る変数)」を記述します。例外情報を受け取る変数には、例外発生時の様々情報が格納されています。この情報を解析することで、なぜ例外が発生したのかの原因を特定することが可能です。

catchブロックは省略することが可能ですが、その場合には必ずfinallyブロックを記述する必要があります。

◆finallyブロック

finallyブロックにはtryブロックとcatchブロック終了後の処理を記述します。finallyブロックは省略することが可能です。

ここまでの説明をイメージ化したものを**図8.2**に示します。

図8.2 try〜catch〜finallyのイメージ

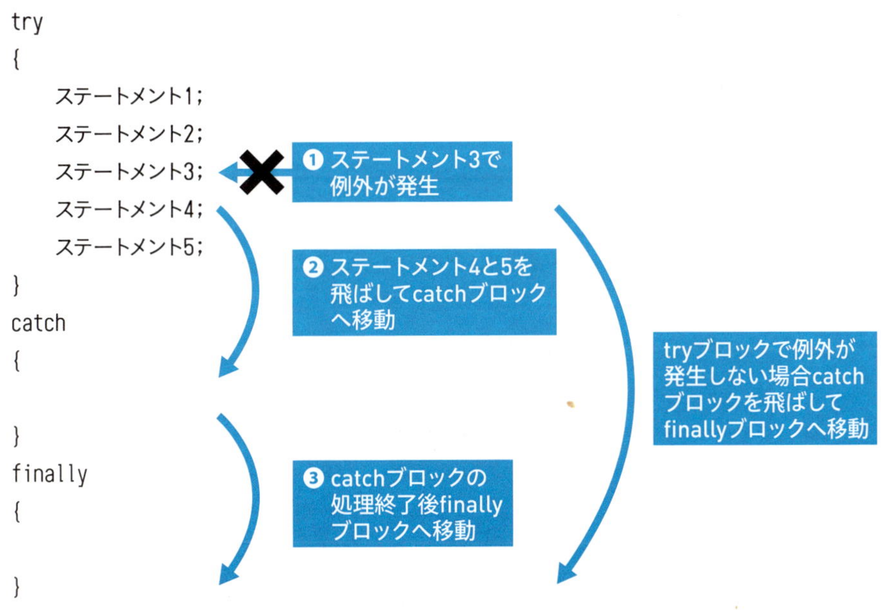

```
try
{
    ステートメント1;
    ステートメント2;
    ステートメント3;
    ステートメント4;
    ステートメント5;
}
catch
{

}
finally
{

}
```

❶ ステートメント3で例外が発生

❷ ステートメント4と5を飛ばしてcatchブロックへ移動

tryブロックで例外が発生しない場合catchブロックを飛ばしてfinallyブロックへ移動

❸ catchブロックの処理終了後finallyブロックへ移動

それではtry〜catch〜finallyの使用例を見てみましょう（**リスト8.3**）。この例では**リスト8.1**で発生する例外をtry〜catch〜finallyで対応します。

①でユーザーからの入力を受け取った後、tryブロック中の②でint型への変換を試みます。正常に変換ができた場合は③の「整数を受け取りました。」を表示し、finallyブロックへと移動します。

②でint型への変換に失敗した場合は例外が発生します。このため③は実行されずにcatchブロックへと移動し④でメッセージを表示します。catch句の隣には「(Exception e)」があるので、発生した例外情報は変数eに格納されます。「e.Message」にはエラーメッセージが入っていますので、④ではそのとき発生した例外のメッセージを表示します。catchブロックを抜けるとfinallyブロックへ移動します。

リスト8.3 try〜catch〜finallyの使用例

```csharp
static void Main(string[] args)
{
    int x = 0;

    Console.WriteLine("整数を入力してください。");
    string strNo = Console.ReadLine();              ←①

    try
    {
        x = int.Parse(strNo);                       ←②

        Console.WriteLine("整数を受け取りました。"); ←③
    }
    catch (Exception e)
    {
        Console.WriteLine(e.Message);               ←④
    }
    finally
    {
        Console.WriteLine("処理を終了します。");
    }
}
```

　リスト8.3の実行例を確認してみましょう。

　コンソールで整数値を入力した場合の実行例を**図**8.3に示します。正しく整数を入力した場合は「整数を受け取りました。」と「処理を終了します。」を表示します。このことからcatchブロックをスキップしてfinallyブロックが実行されたことがわかります。

　次にコンソールで文字を入力した場合の実行例を**図**8.4に示します。文字が入力された場合は「入力文字列の形式が正しくありません」を表示しています。これにより、catchブロックへと処理が流れた原因は入力された文字の形式に誤りがあったことがわかります。このように例外情報を変数に格納するようにしておくと、例外の発生原因を知ることができます。

図8.3 整数を入力した場合の実行例

```
C:¥Windows¥system32¥cmd.exe
整数を入力してください。
5
整数を受け取りました。
処理を終了します。
続行するには何かキーを押してください . . .
```

図8.4 文字を入力した場合の実行例

```
C:¥Windows¥system32¥cmd.exe
整数を入力してください。
F
入力文字列の形式が正しくありません。
処理を終了します。
続行するには何かキーを押してください . . .
```

8-4 例外クラス

8-4-1●例外クラスとは

例外には様々な種類があり、catchブロックではその種類ごとに処理を行うことができます。例外の種類はクラスとして提供されています。

例えば**リスト8.3**で示したサンプルプログラムではint型に変換できない場合に例外が発生していました。この例外の種類はInvalidCastExceptionとして定義されていますので、catchブロックを「catch (InvalidCastException e)」のように記述して使用します（**リスト8.4**）。

リスト8.4 例外クラスの指定例

```
catch (InvalidCastException e)
{

}
```

様々な例外クラスがありますので代表的なものを**表8.1**に示します

表8.1 例外クラス

例外クラス	例外発生原因
ArgumentException	メソッドに無効な引数が渡された場合
OverflowException	算術演算やキャスト演算などで結果がオーバーフローした場合
DividedByZeroException	ゼロで除算をした場合
IndexOutOfRangeException	配列の要素番号 (インデックス) に範囲外の値を指定した場合
OutOfMemoryException	プログラムを実行するためのメモリが不足している場合
FileNotFoundException	ファイルが見つからなかった場合
DirectoryNotFoundException	ディレクトリが見つからなかった場合

　様々な例外クラスがありますが、必ずしも例外別にcatchブロックを準備する必要はありません。1つのcatchブロックですべての例外に対応することもでき、この場合はExceptionクラスを使用します。これはすべての例外クラスがExceptionクラスから派生しているからです[注1]。

◆ 例外クラスで得られる情報

　例外クラスで得られる代表的な情報は**表8.2**に示すものがあります。

表8.2 取得可能な例外情報 (Exceptionクラスのプロパティ)

プロパティ	説明
InnerException	発生した例外の原因となるExceptionインスタンスを取得する
Message	発生した例外を説明するメッセージを取得する
StackTrace	例外が発生した場所を特定するための情報を取得する

　どのメソッドをどのような階層をたどって呼び出したのかを記録しておくことをスタックトレースと呼びます

注1)　例外クラスの種類に興味がある方はMSDNのhttps://msdn.microsoft.com/ja-jp/library/system
.exception(v=vs.110).aspx を参照してください。

8-4-2●複数のcatchブロックを使用する

これまでの説明で例外には多くの種類がありcatchブロックで分けて捕捉できることを学びました。ここではファイルの読み取りを例に複数の例外を捕捉する方法について見ていきます。

ファイルの読み取り方法にはいくつか種類があるのですが、ここではFileクラスを使用します。Fileクラスには**書式8.3**に示すReadAllTextというメソッドがあり、引数で指定したテキストファイルを読み取り、中身を文字列として返します。

書式8.3 ReadAllTextメソッド

```
string File.ReadAllText(string テキストファイルのパス);
```

ReadAllTextメソッドはファイルの読み取りに失敗した場合に例外を発生します。発生する例外には**表8.3**に示すものがあります。

表8.3 ReadAllTextメソッドで発生する例外

例外	説明
ArgumentException	パスの長さが0の文字列か、空白しか含んでいない場合、またはファイルのパスとして無効な文字を含んでいる場合
ArgumentNullException	パスがnullの場合
PathTooLongException	指定したファイルパスがシステム定義の最大長を超えている場合
DirectoryNotFoundException	ディレクトリが見つからなかった場合
IOException	ファイルを開くときにI/Oエラーが発生した場合
UnauthorizedAccessException	呼び出しに必要なアクセス許可がない場合やディレクトリが指定された場合など
FileNotFoundException	ファイルが見つからなかった場合
NotSupportedException	パスの形式が無効な場合
SecurityException	呼び出し元に必要なアクセス許可がない場合

リスト8.5はファイルの中身を読み取ってコンソールに表示するプログラムです。

この例ではArgumentExceptionとFileNotFoundExceptionを捕捉し、そのほかの例外についてはすべての例外クラスの派生元であるExceptionで捕捉をします。

8
時間目 例外処理

はじめにFileクラスを使用するためにusingを追加してください（①）。

続いて、コンソールに「読み取りたいファイルのパスを入力して下さい。」を表示し、ユーザーの入力内容を変数strPathに受け取ります（②）。

続いて③で実際にファイルを読み取ります。ファイル読み取り処理は例外が発生する可能性があるためtryブロックに記述しています。

発生した例外は④⑤⑥のcacthブロックで処理をします。発生した例外の情報を使用しない場合は④の「catch（ArgumentException）」や⑤の「catch（FileNotFound Exception）」のように例外情報を受け取る変数は省略することができます。
コードの入力ができたら実際に動作をして、例外が発生するパターンとそうでない場合について確認をしてみましょう。

このサンプルを動かすときに使用するファイルは、文字コードUTF8で作成をしてください。これはFile.ReadAllText()メソッドが既定でUTF-8のファイルを開くためです。

リスト8.5 複数の例外をcatchする例

```csharp
using System.IO; ← ①

static void Main(string[] args)
{
    // ファイル読み取りデータ用変数
    string textData = string.Empty;

    Console.WriteLine("読み取りたいファイルのパスを入力してください。");

    // ユーザーが入力したパスをstrPathに代入                              ← ②
    string strPath = Console.ReadLine();

    try
    {
        // ファイルを読み取りtextDataに代入
        textData = File.ReadAllText(strPath); ← ③
```

（次ページに続く）

（前ページの続き）

```csharp
        // 読み取った内容を表示
        Console.WriteLine(textData);
    }
    catch (ArgumentException)          ← ④
    {
        Console.WriteLine("パスに誤りがあります。");
    }
    catch (FileNotFoundException)      ← ⑤
    {
        Console.WriteLine("ファイルが存在しません。");
    }
    catch (Exception e)                ← ⑥
    {
        Console.WriteLine("予期せぬエラーが発生しました。");
        Console.WriteLine(e.Message);
    }
    finally
    {
        Console.WriteLine();
        Console.WriteLine("処理を終了します。");
    }
}
```

8-4-3●例外クラスの作成

　C#では独自の例外クラスを作成して例外処理を行うことが可能です。ここでは例外クラスを自作する方法について学びましょう。すでに学んだとおり、すべての例外クラスはSystem.Exceptionクラスを継承します。独自の例外クラスもSystem.Exceptionクラスを継承して作成します。

　独自の例外クラスの定義を**書式8.4**に示します。独自例外クラスには3つの共通コンストラクタを実装しておくことが推奨されています。書式中のbaseキーワードは基本クラスのコンストラクタを呼び出し、baseの後ろにある（）には基本クラスのコンストラクタへ渡す引数を表しています。

独自例外クラスの名称は、クラスの末尾にExceptionを付けることが推奨されています。

書式8.4 独自例外クラスの定義

```
class クラス名 : Exception
{
  public クラス名()
  {
  }

  public クラス名(string message)
    : base(message)
  {
  }

  public クラス名(string message, Exception inner)
    : base(message, inner)
  {
  }
}
```

作成した例外を任意のタイミングで発生させるためには**書式8.5**を使用します。例外を発生させることを「例外を投げる」や「例外をスローする」と言います。

書式8.5 例外のスロー

```
throw new 例外クラス();
```

それでは、例外クラスを定義してみましょう（**リスト8.6**）。この例外クラスは、「**6時間目 クラスの応用**」で作成した「会員クラス」に対する例外クラスです。会員メンバーを見つけることができなかった場合に発生させる例外を表しています。コードをよく見るとわかりますが**書式8.4**のとおりに定義をしただけのクラスです。特別な処理が必要ない場合は、最低限の実装で問題ありません。

リスト8.6 独自例外クラスの定義例

```
class MemberNotFoundException : Exception
{
    public MemberNotFoundException() : base()
    {

    }

    public MemberNotFoundException(string Message)
        : base(Message)
    {

    }

    public MemberNotFoundException(string message, Exception inner)
        : base(message, inner)
    {

    }
}
```

　例外クラスが作成できたら、実際に使用するコードを書いてみましょう。**リスト8.7**には会員クラス[注2]を、**リスト8.8**には会員を管理するクラスの例を示します。

注2)　リスト8.7の会員クラスは例外クラスの使用方法を理解するサンプルのため必要最低限のメンバーのみ定義しています。

8 時間目　例外処理

リスト8.7 会員クラス

```
/// <summary>
/// 会員クラス
/// </summary>
class Member
{
    /// <summary>
    /// 会員番号
    /// </summary>
    public string ID { get; set; }


    /// <summary>
    /// 氏名
    /// </summary>
    public string Name { get; set; }
}
```

リスト8.8 会員管理クラス

```
/// <summary>
/// 会員管理クラス
/// </summary>
class MemberManagement
{
    // 会員メンバー管理用変数
    List<Member> _members = new List<Member>();   ←①


    // 新規メンバーを追加する
    public string Add(string Name)
    {
        int id = GetMemberID(); // 新規会員番号を採番     ←②
        return "";
    }
```

（次ページに続く）

（前ページの続き）

```csharp
// 会員IDを採番する                                                ③
private int GetMemberID()
{
    if (_members.Count == 0)
    {
        // 会員数が0なので、会員番号を1で発番する
        return 1;
    }

    // 会員番号を「最後の会員番号 + 1」で発番する
    return _members[_members.Count].ID++;
}
```

```csharp
/// 指定した会員IDのデータを取得する                                ④
public Member FindMember(int memberID)
{
    // LINQのWhereメソッドで指定した会員IDのデータを取得する
    var member =_members.Where(_members => _members.ID == memberID);

    // 指定した会員が見つからなかった場合
    if (member.Count() == 0)
    {
        // 例外を発生させる
        throw new MemberNotFoundException();
    }

    // クエリの実行結果から先頭のデータを取得する
    return member.First();
}
}
```

8 時間目　例外処理

　リスト8.8に示す会員管理クラスでは、ジェネリックのListを使用して会員を管理します（①）。

　新規で会員メンバーを追加する場合は、②のAddメソッドを使用し引数には会員の氏名を渡します。会員IDは③のGetMemberIDで採番をします。

　④のFindMemberメソッドは指定した会員データを取得するものです。引数には取得したい会員のIDを渡します。このとき、存在しない会員IDが渡された場合にはthrow newを使用して例外を発生させています。発生させる例外は**リスト8.6**で定義したMemberNotFoundExceptionクラスの引数なしコンストラクタです。

　最後に**リスト8.6**～**リスト8.8**を使用するコードを書いてみましょう（**リスト8.9**）。

リスト8.9　自作例外クラスの使用例

```
static void Main(string[] args)
{
    MemberManagement management = new MemberManagement();

    management.Add("Bill");
    management.Add("Steve");          ← ①
    management.Add("HIRO");

    try
    {
        // 会員ID = 5のメンバーを取得する
        Member member = management.FindMember(5);   ← ②
    }
    catch (MemberNotFoundException)
    {
        Console.WriteLine("指定した会員は存在しません");   ← ③
    }
    catch(Exception)
    {
        Console.WriteLine("予期せぬエラーが発生しました。");
    }
}
```

リスト8.9では①で会員データを作成し、②で会員IDが5のメンバーを取得しています。会員は3名しか追加していないので、会員IDが5のメンバーは存在しません。このため**リスト8.8**で定義したFindMemberメソッドの④で例外が発生します。よって**リスト8.9**のcatch（③）へ処理が流れ「指定した会員は存在しません」が表示されます。

確 認 テスト

Q1 double型のTryParseメソッドを使用して、文字列3.14を数値に変換してください。

Q2 ユーザーに2つの整数を入力させ割り算をするプログラムを作成してください。このときゼロで除算したときの例外をキャッチできるようにtry～catchを使用してください。例外クラスはDividedByZeroExceptionを使用します。

Q3 リスト8.8（会員管理クラス）のAddメソッドの引数に渡された文字列の長さが0のときに、引数が不正であることを示すArgumentExceptionの例外を発生させてください。

Q4 Q3で追加した例外を受け取ることができるようにリスト8.9にcatch(ArgumentException)を追加してください。追加をしたら作成したQ3の動作が正しいかどうかを確認してください。引数に""を渡すことで確認ができます。

8時間目 例外処理

★ Column さらなるC#の習得に向けて

8時間目まででC#に関する学習はおしまいです。本書ではC#でアプリ開発をする上で最低限身につけていただきたい内容について執筆をいたしました。

どの言語を学ぶかに関わらず、最短の習得方法は手を動かしてコードを入力し、実行してみることにあります。是非、本書に掲載されているサンプルを入力して動作を確認してください。また、サンプルコードを改造して、実行イメージを想像してから動作をさせてみましょう。例えば、「変数dataの値を3から5に変更したら、結果としては10が表示されるのではないか」といった具合に。このように動作をイメージしながらプログラミングを行うと、頭の中でプログラムが動き出すようになります。

また、本書を参考にアプリケーションを自作するとより習熟度が増すことと思います。はじめは数行程度で書ける小さなアプリケーションで構いません。規模の大きなアプリケーションも小さな部品の集まりに過ぎないのですから。

C#をさらに学習したい方は、以下のMicrosoftのサイトを参考にしてみてください。

- **C#プログラミングガイド**
  https://msdn.microsoft.com/ja-jp/library/67ef8sbd.aspx
- **C#リファレンス**
  https://msdn.microsoft.com/ja-jp/library/618ayhy6.aspx
- **C#チュートリアル**
  https://msdn.microsoft.com/ja-jp/library/aa288436(v=vs.71).aspx

Part 2
実践編
ソフトウェア開発

- **9時間目** UWP開発の基礎 ——————— 234
- **10時間目** コントロール ——————— 258
- **11時間目** メモ帳アプリの作成 ——————— 284
- **12時間目** PDFビューワーの作成 ——————— 310
- **13時間目** お絵かきソフトの作成 ——————— 338
- **14時間目** 天気予報アプリの作成 ——————— 362
- **15時間目** プッシュ通知アプリの作成 ——————— 388

9時間目 UWP開発の基礎

これまではC#に関する言語仕様を中心に学んできました。C#にはまだまだ多くの機能が備わっていますが、8時間目までの内容を理解できていれば十分です。あとは様々なアプリケーションを実際に作成しているうちに自然と身について行くでしょう。9時間目以降はいよいよUWPアプリケーションの作成方法について学んでいきます。まずはUWPアプリ開発の基礎を身につけましょう。

今回のゴール

- UWPアプリケーションプロジェクトの作成方法を理解する
- 画面のデザイン方法を理解する
- XAMLについて理解する
- イベントの作成方法を理解する
- 実行方法を理解する

9-1 UWPアプリケーションプロジェクト

9-1-1 ●UWPアプリプロジェクトの作成

それではUWPアプリのプロジェクトを作成しましょう。

Visual Studioを起動したらメニューの［ファイル］－［新規選択］を選択します。「新しいプロジェクト」ダイアログが表示されるので、左側で「Visual C#」を選択し、右側で「空白のアプリ（ユニバーサルWindows）」を選択し、「名前」欄に作成するアプリケーションの名前を入力します。ここでは「MyFirstApp」と入力して［OK］ボタンを押してください（**図9.1**）。

図9.1 新規プロジェクトの作成

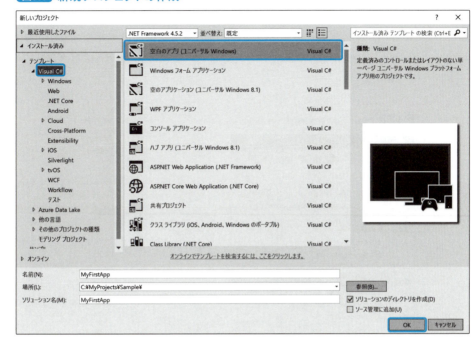

続いてプラットフォーム選択のダイアログが表示されます。作成するアプリがサポートする最小のバージョンと最大のバージョンを選択します。今回は何も変更せずに[OK]ボタンをクリックしてください（**図9.2**）。

図9.2 プラットフォームバージョンの選択

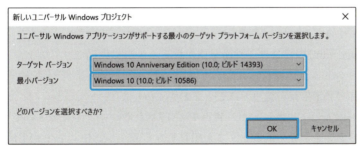

9-1-2 ● メイン画面

続いてアプリケーションの顔ともなるメイン画面のデザイン方法を学んでいきましょう。ソリューションエクスプローラーでMainPage.xamlをダブルクリックします（図9.3）。

図9.3 MainPage.xaml

画面中央にMainPage.xamlが表示されます（図9.4）。この画面がアプリケーションのメイン画面です。左上には、現在デザインしている画面のサイズが表示され、既定では5インチのPhone向けサイズになっています。UWPアプリケーションはPhone、タブレット、デスクトップなど様々なデバイスで使用されることを想定しているため、ドロップダウンでサイズを切り替えながらデザインが崩れないかを確認しながら作成すると良いでしょう。

MainPage.xaml表示時は、画面全体が見える倍率に設定されています。実際にボタンやテキストボックスといった部品（**コントロール**と呼びます）を配置する際には、左下で画面の表示倍率を変更することをおすすめします。

デザイン画面の下にはXAML（ザムル）と呼ばれるコードが表示されています。上の画面でボタンやテキストボックスを配置すると下にXAMLコードが生成されます。逆にボタンやテキストボックスのXAMLコードを書くと上の画面に反映されます。

図9.4 デザイナに表示したMainPage.xaml

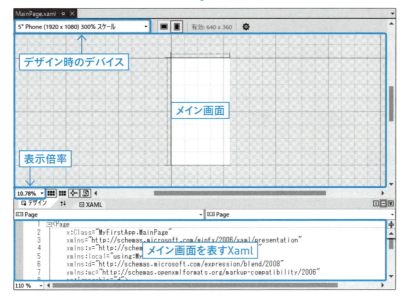

9-1-3 ● 画面のデザイン

　それでは実際にコントロールを配置してみましょう。ツールボックスにあるButtonコントロールをMainPage.xamlの上へドラッグ＆ドロップします（**図9.5**）。

図9.5 コントロールの配置

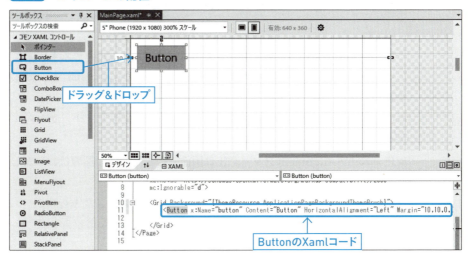

9
時間目 | **UWP開発の基礎**

配置したコントロールの位置を変更したい場合は、ドラッグして移動させることができます。

画面にButtonコントロールを配置すると、デザイナの下にはButtonを表すXAMLコードが追加されます。

ここで少しXAMLについて学んでおきましょう。XAMLはExtensible Application Markup Languageの略でXMLベースの言語です。XAMLはXMLと同様に一つの要素をタグ（**書式9.1**）で表します。

書式9.1 タグ

```
<タグ名> ～ </タグ名>
  または
<タグ名 />
```

配置したButtonコントロールは <Button … /> で表されています（**リスト9.1**）。Buttonキーワードの後ろには様々なキーワードが並んでいますが、これらはコントロールの属性を設定するためのプロパティです。プロパティは「プロパティ名="値"」という書式で記述します。

リスト9.1 Buttonを表すXAMLの例

```
<Button x:Name="button" Content="Button" HorizontalAlignment="Left"
Margin="10,10,0,0" VerticalAlignment="Top"/>
```

ここでButtonのXAMLと実際のデザインを照らし合わせてみましょう（**図9.6**）。

x:Nameはコントロールの名前を表します。コードから操作したい場合はこの名前を使用します。

Contentプロパティはボタンに表示するテキストを表します。文字列以外にも画像や他のオブジェクトを表示することも可能です。

HorizontalAlignmentプロパティは画面上の水平方向の配置位置を表します。Leftに設定すると画面の左側に配置します。

Marginプロパティは画面上でのマージン（コントロール周りの余白）を表します。

VerticalAlignmentプロパティは画面上の垂直方向の配置位置を表します。Topに設定すると画面の上側に配置します。

238

このほかにも様々なプロパティを使用してボタンをデザインすることができます。配置したコントロールの全てのプロパティを記述する必要はありません。記述されていないプロパティについては既定値がセットされます。

図9.6 XAMLとコントロールの関係

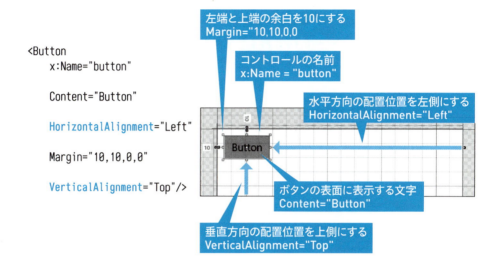

ButtonコントロールのXAMLについては理解できたことでしょう。しかしUWPアプリ初学者にとっては覚えるべきコントロールやプロパティが数多くあるため、XAMLによるデザインは大変です。慣れるまでは、ツールボックスからコントロールをドラッグ＆ドロップで配置し、プロパティウィンドウを使用してデザインを行うとよいでしょう（プロパティウィンドウについては次節で学びます）。

メイン画面（MainPage.xaml）を開きXAMLを確認してみましょう。Button以外にもXAMLで記述されたコードがあることがわかります。

一番上の行を見ると「<Page>」で始まり、最後の行が「</Page>」で終わっていることがわかります。「<Page>」というのは、1つの画面（ページ）を表す要素です。Page要素には様々な属性があります。

「xmlns:」や「mc:」、「d:」などはXML名前空間と呼ばれるものです。これらはXAMLのコードの中にどのような要素を記述できるのかを指定するものです。

「xmlns=" http://schemas.microsoft.com/winfx/2006/xaml/presentation"」はUWPが標準で使用可能なユーザーインターフェース要素を表すスキーマです（スキーマは構造を意味します）。

また、「xmlns:x」で始まる要素はXAML自身の言語機能を、「xmlns:d」はVisual StudioやBlend for Visual Studioなどのビジュアルデザイナだけで使う機能を、「mc:」はアプリ実行時に不要な機能を無視（Ignorable）する機能を表します。そのほかにも様々ありますが、現時点では深く知る必要はありません。XAML名前空間というものがあることだけは覚えておきましょう。

Pageについては理解できました。もう一つの要素として<Grid>があります。画面に配置するコントロールは必ずコンテナー上（コンテナーはコントロールを配置するためのコントロールです）に置く必要があります。

Gridはコンテナーの一つで、このほかにもGridViewやStackPanelといったコンテナーがあります。

以上を整理するとXAMLの構成は図9.7のようにツリー構造で表すことができます。コンテナーであるGridにはButtonやTextBlockといったコントロールの他に、コンテナーも配置することができ自由度の高いデザインを行うことができます。

図9.7 XAMLの構成例

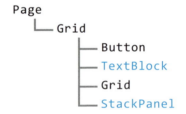

9-1-4 ● プロパティの設定

続いてプロパティウィンドウを使用して、コントロールの設定方法を学んでいきましょう。

メインページに配置したButtonをクリックして選択状態にし、プロパティウィンドウを確認してください。プロパティウィンドウが表示されていない場合は、メニューの［表示］-［プロパティウィンドウ］で選択します。

図9.8 プロパティウィンドウ

　プロパティウィンドウには様々な項目がグループ毎に並んでいます。**図9.8**は「ブラシ」「外観」「共通」を展開して表示したものです。XAMLにはなかった項目も表示されていることがわかります。これらはマウスや数値入力で直感的にプロパティの設定を行うことができます。

◆ コントロール名を設定する

　コードからコントロールを操作したい場合には、名前を付ける必要があります。名前を付けることで、コード中からは「**コントロール名.プロパティ名**」という形で操作することができます。

　コントロール名は、プロパティウィンドウの「名前」欄に入力をして設定します（**図9.9**）。メインページに配置したButtonのコントロール名を「btnSayHello」に設定してみましょう。

図9.9 コントロール名の設定

　コントロール名を変更すると連動してXAMLの「x:Name」の値が変更になります（**リスト9.2**）。

リスト9.2 コントロール名が変更になったXAMLコード

```
<Button x:Name="btnSayHello" Content="Button" HorizontalAlignment="Left"
Margin="10,10,0,0" VerticalAlignment="Top"/>
```

◆ 外観を設定する

ブラシ欄には様々な項目が並んでいます（図9.10）。Backgroundを選択することで背景色の設定をすることができます。BorderBrushは枠線の色を、Foregroundはテキストの色を表します。

その下にあるブラシボタンで色の塗り方を設定できます。それぞれのボタンは表9.1に示すとおりです。

図9.10 ブラシの設定

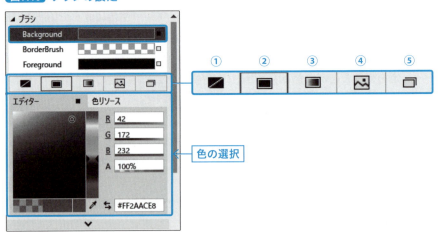

表9.1 ブラシボタン

ボタン	説明
① ブラシなし	ブラシを使用しない
② 単色ブラシ	単色で塗りつぶす
③ グラデーションブラシ	グラデーションで塗りつぶす
④ タイルブラシ	画像で塗りつぶす
⑤ ブラシリソース	あらかじめ決められた設定で塗りつぶす

Backgroundを選択して背景色の設定をしてみましょう。ここでは②の単色ブラシを使用します。

エディター欄で好きな色をマウスで選択し、色を変更してみてください。色の選択欄では数値を入力して変更することもできます。Rは赤を、Gは緑を、Bは青を表し、それぞれ0〜255の範囲で値を入力することができます。Aは透明度を表し0〜100%までの値で入力をします。0%が透明で100%が不透明を表します。

背景色を設定したときのButtonのXAML例を**リスト9.3**に示します。

リスト9.3 背景色を設定したXAMLコード

```
<Button x:Name="btnSayHello" Content="Button" HorizontalAlignment="Left"
Margin="10,10,0,0" VerticalAlignment="Top" Background="#FF2AACE8"/>
```

◆値のリセット

プロパティを設定すると、設定した項目の右側にある小さな四角は黒色の■になります。

元の値に設定したい場合は、この■をクリックしてメニューを表示させて［リセット］を選択します（**図9.11**）。リセットが完了すると白色の□になります。

図9.11 値のリセット

9-1-5●イベント

　メインページやコントロールは様々なイベントを受け取ることができます。

　イベントとは、何らかのアクションが発生した場合にプログラムに対して通知される指示のことです。例えばメインページに配置したButtonがクリックされた場合は「クリックイベント」が発生します。各イベントにはコードを記述することができます。イベントをトリガーとして処理を行うプログラム方式を**イベント駆動型プログラミング**と呼びます。

　それではButtonのクリックイベント発生時にメッセージを表示するプログラムを作成してみましょう。

　はじめに**図9.12**のようにメインページにTextBlockコントロールを配置してください。このTextBlockはメッセージを表示するために使用します。

　配置したTextBlockには、コードからメッセージを表示するために名前を付けます。プロパティウィンドウの名前欄に「txbMessage」と入力してください。

図9.12 メインページのデザイン

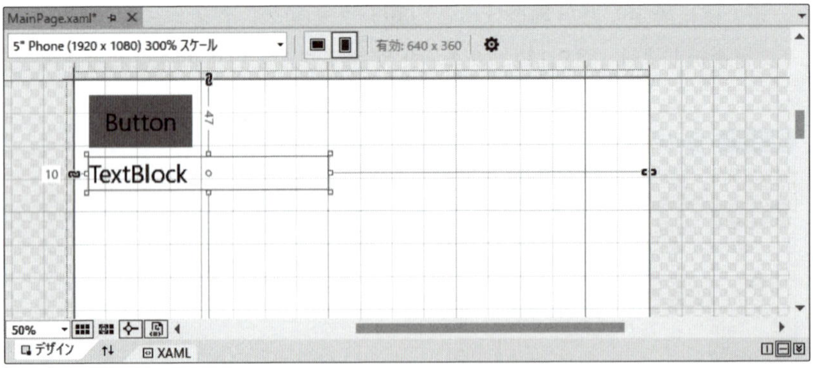

　続いてButtonのクリックイベントを作成します。メインページに配置したButtonを選択してプロパティウィンドウの右上にある⚡ボタンをクリックしてください。ウィンドウ内がイベント一覧の表示に切り替わります（**図9.13**）。プロパティの一覧表示に切り替えたい場合は🔧ボタンをクリックします。

　今回はクリックイベントを作成します。「Click」と書かれた右側に作成するイベントの名称を入力して Enter キーを押すかダブルクリックをします。ダブルクリックした場合は自動でイベント名が作成されます。ここではダブルクリックをしてイベントを作成してみましょう。

図9.13 イベント一覧

　Click欄をダブルクリックしますと、画面中央の編集領域にはMainPage.xaml.csが表示されクリックイベントが挿入されていることがわかります（**図9.14**）。自動で付けられたイベント名は「コントロール名_イベント」となります。

図9.14 作成されたクリックイベント

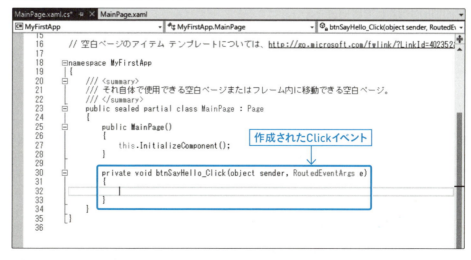

イベント処理はデザイン画面のMainPage.xamlとは別のMainPage.xaml.csに作られることがわかります。このようにXAMLに配置したコントロールのイベント処理などを別ファイルで管理することをコードビハインド（code-behind）と呼びます。

それではButtonがクリックされたときにTextBlockに「Hello UWP!!」と表示するコードを記述してみましょう。

TextBlockに表示されている文字列はTextプロパティで変更することができます。デザイン時に付けた名前txbMessageを使用して**リスト9.4**のように記述します。

リスト9.4　「Hello UWP!!」を表示するコード

```
private void btnSayHello_Click(object sender, RoutedEventArgs e)
{
    txbMessage.Text = "Hello UWP!!";
}
```

9-2　UWPアプリのビルドと実行

9-2-1●ビルド

それではMyFirstAppプロジェクトのビルドを行いましょう。ビルドメニューから「ソリューションのビルド」または「MyFirstAppのビルド」を選択します。ソリューションにプロジェクトが1つしかない場合はどちらでビルドをしても構いません。

エラーがない場合には**図9.15**のようにVisual Studioのステータスバーに「ビルド正常終了」のメッセージが表示されます。エラーがある場合は「エラー一覧」にその内容が表示されます（**図9.16**）。「エラー一覧」が表示されていなかったり、誤って閉じてしまった場合はメニューの［表示］-［エラー一覧］から表示することができます。エラーを修正する場合は、「エラー一覧」から修正したいエラーをダブルクリックします。該当のエラー行へ移動しますので、修正して再度ビルドを行います。

図9.15　ビルド成功時のステータスバー

ビルド正常終了

図9.16 エラー一覧

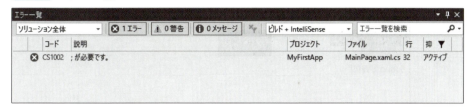

9-2-2 ● 実行

エラーがないことを確認できたら実行をしてみましょう。実行はコンソールアプリケーションのときと同様にツールバーの ▶ をクリックします。

ここでは図9.17に示すように「デバッグ」「x86」「ローカルコンピューター」を選択して実行しましょう。

図9.18のように作成したMyFirstAppアプリケーションが起動します。

図9.17 実行設定

図9.18 起動したMyFirstApp

アプリケーションの左上に表示されている数値や上部中心に表示されているアイコンについては後述しますので、まずは動かしてみましょう。

ButtonをクリックしてTextBlockに「Hello UWP!!」と表示されたら成功です（図9.19）。

図9.19 Buttonクリック時の表示

◆ フレームレートの非表示

　起動したアプリケーションの左上に表示されている数値はフレームレートを表しています。フレームレートとは動画において単位時間当たりに処理されるフレーム（コマ）数のことです。

　フレームレートの数値はDebug実行した場合に表示され、Release実行には表示されません。邪魔だからといってRelease実行してしまうとアプリケーションのデバッグができなくなりますので注意が必要です。

　Debug実行時にフレームレートを非表示にしたい場合には、App.xaml.csファイルを編集します。OnLaunchedメソッド内にある「this.DebugSettings.EnableFrameRateCounter = true;」をコメントアウトにするか削除をします（図9.20）。

図9.20 フレームレートを非表示にする

```
38          /// <summary>
39          /// アプリケーションがエンド ユーザーによって正常に起動されたときに呼び出されま
40          /// アプリケーションが特定のファイルを開くために起動されたときなどに使用されま
41          /// </summary>
42          /// <param name="e">起動の要求とプロセスの詳細を表示します。</param>
43          protected override void OnLaunched(LaunchActivatedEventArgs e)
44          {
45  #if DEBUG
46              if (System.Diagnostics.Debugger.IsAttached)
47              {
48                  //this.DebugSettings.EnableFrameRateCounter = true;
49              }
50  #endif
51              Frame rootFrame = Window.Current.Content as Frame;
52
```

コメントアウトか削除

　その行の前後に「#if DEBUG」「#endif」と記述されている行があります。これは#ifディレクティブと呼ばれ、これらのディレクティブ間のコードは指定のシンボルが定義されている場合にのみコンパイルされます。Debug実行の場合はシンボル「DEBUG」が自動で定義されるようになっているために#if DEBUG～#endifまでが有効となるためにフレームレートが表示されるというわけです。

フレームレートを表示しないように設定をしたら再度実行を確認してみましょう（図9.21）。

図9.21 フレームレート非表示後のアプリ

9-3 シミュレーター

　作成したアプリケーションをタブレット等で動作させることを想定している場合は、シミュレーターを使用して動作の確認をしておきましょう。

　ツールバーで「Debug」「x86」「シミュレーター」を選択して実行します（図9.22）。

　しばらくするとシミュレーター上で自分が作成したアプリケーションが表示されます（図9.23）。

　タッチモードを使用して指によるタッチ時の動作を確認したり、解像度を変更したり、シミュレーターを回転させてもアプリケーションの表示が崩れないかなどを確認しましょう。

　シミュレーターの操作については1時間目を参照してください。

図9.22 シミュレーターの実行

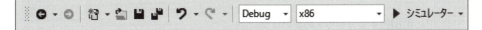

249

図9.23 起動したシミュレーター

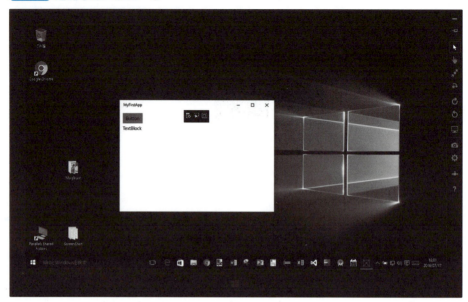

9-4 デバッグ

9-4-1 ● レイアウトのデバッグ

　作成したアプリケーションを正常に動作させるにはデバッグが欠かせません。UWPアプリのデバッグでは大きく2種類のデバッグツールを使用します。はじめにデザインのデバッグ方法を見ていきましょう。起動したアプリケーションの上部中央に表示されるツールバーを使用します（**図9.24**）。

図9.24 レイアウトのデバッグ

①は［ライブビジュアルツリーへ移動］ボタンです。ライブビジュアルツリーには画面に配置されているコントロールの構造がツリー上に表示されます。このボタンを押してビジュアルツリービューを表示してみましょう（図9.25）。

ビジュアルツリービューではメインページに配置したコントロールがツリー構造で表示されるほかに、Buttonなどのコントロールがどのような部品で作成されているのかもわかります。

図9.25 ビジュアルツリービュー

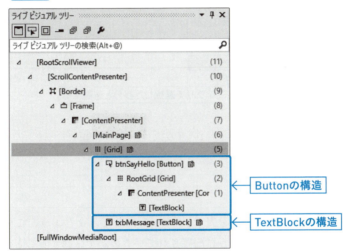

続いて②の［選択を有効にする］ボタンをクリックしてみましょう。このボタンをクリックすると、アプリ上のあらゆる部分を選択することができます。

例としてアプリ上のButtonコントロールを選択してみましょう。選択する部分はButtonの中心に表示されている「Button」の文字とします。このときライブビジュアルツリーが連動し、［TextBlock］が選択状態になります（図9.26）。これはButtonのテキスト表示部分がTextBlockであることを示します。

UWPではコントロールをカスタマイズしたり自作を行うことができるため、ビジュアルツリーを使用して確認することができます。

図9.26 選択部分の確認

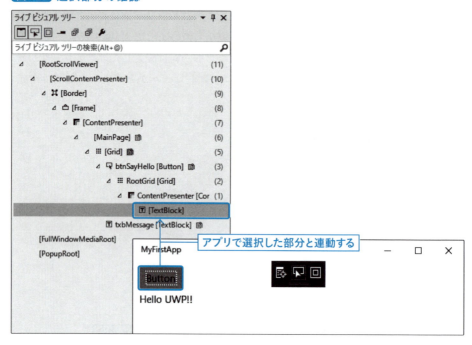

最後に❸の［レイアウトガイドを表示］ボタンを押してみましょう。この機能を使用すると、コントロールがどのように配置されているのかを確認することができます（図9.27）。

図9.27 レイアウトガイドの表示

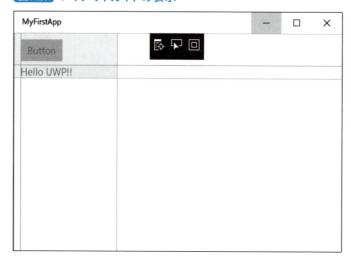

◆デバッグツールの非表示

デザインのデバッグが不要の場合は、ツールバーを非表示にすることができます。

実行しているアプリケーションを停止しメニューの[デバッグ]－[オプション]を選択します。「オプション」ダイアログが表示されるので、左側で[デバッグ]－[全般]を選択し、右側の一覧で[XAMLのUIデバッグツールを有効にする]のチェックを外し、最後に[OK]ボタンをクリックします（**図9.28**）。

図9.28 オプションダイアログ

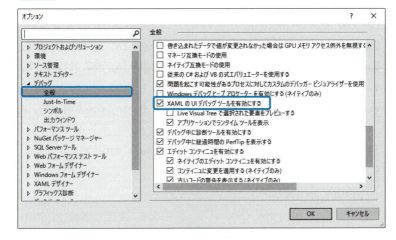

次回のアプリケーションの実行時から、ツールバーが非表示になります（**図9.29**）。

図9.29 ツールバーを非表示にしたアプリ

9-4-2●コードのデバッグ

続いてコードのデバッグ方法を確認していきましょう。

はじめにMainPage.xaml.csを開き、btnSayHello_Clickイベントのコードを**リスト9.5**のように編集してください。このコードは、Buttonがクリックされたときに現

9 時間目 UWP開発の基礎

在の時刻に合う挨拶を表示するというものです。現在時刻が0:00〜4:00前までと18:00以降は「こんばんは」を、4:00〜12:00前までは「おはよう」を、12:00〜18:00前までは「こんにちは」を表示します。

リスト9.5 挨拶を表示するコード

```
private void btnSayHello_Click(object sender, RoutedEventArgs e)
{
    string msg = string.Empty;
    var now = DateTime.Now;     // 現在時刻を取得
    var date1 = new DateTime(now.Year, now.Month, now.Day, 0, 0, 0);
    var date2 = new DateTime(now.Year, now.Month, now.Day, 4, 0, 0);
    var date3 = new DateTime(now.Year, now.Month, now.Day, 12, 0, 0);
    var date4 = new DateTime(now.Year, now.Month, now.Day, 18, 0, 0);

    if ((now >= date1 && now < date2) || now > date4)
    {
        msg = "こんばんは";
    }
    else if(now >= date2 && now < date3)
    {
        msg = "おはよう";
    }
    else if (now >= date3 && now < date4)
    {
        msg = "こんにちは";
    }

    txbMessage.Text = msg;
}
```

コードの編集を終えたらブレークポイントを設定してみましょう。

ブレークポイントは、実行時にコードを途中で止めてそのときの状態を確認したい場合に設定します。

254

ここではif文の始まりの部分にブレークポイントを設定してみましょう。最初のif文の左側のグレーの色の部分をクリックするか、if文の行をマウスでクリックした後 F9 キーを押します。ブレークポイントの解除も同様の手順で行いことができます。

ブレークポイントを設定すると図9.30のように左側には赤い●が、該当行のコードは赤でハイライト表示されます。

図9.30 ブレークポイントの設定

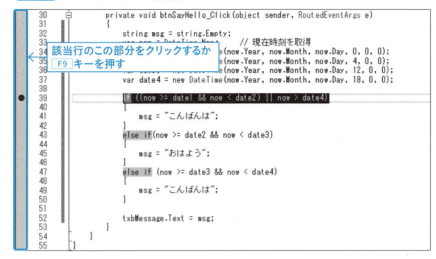

ブレークポイントを設定したらツールバーで「Debug」「x86」「ローカルコンピューター」が選択された状態で実行をしてみましょう。

アプリ起動後にButtonをクリックすると、先ほどブレークポイントを設定した行でコードが止まります（図9.31）。

この状態で任意の変数の上にマウスカーソルを持って行くと、現在その変数に入っている値を確認することができます。また、ローカルと書かれたウィンドウには、ローカル変数の一覧が表示され現在の状態を確認することができます。

図9.31 変数内容の確認

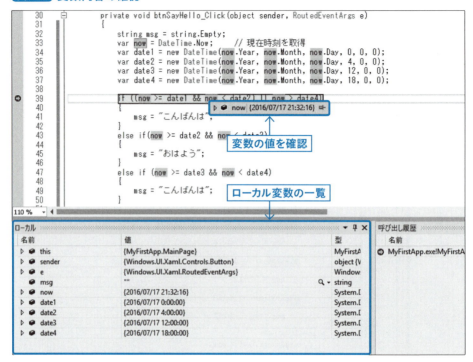

◆デバッグ実行の継続

ブレークポイントで停止した後、デバッグ実行を継続するには**表9.2**に示す4種類の方法があり、キーやツールバー上にあるアイコンで操作ができます。

表9.2 デバッグ実行の継続方法

継続の種類	キー	アイコン	説明
続行	F5		次のブレークポイントまで処理を続行させる
ステップ・イン	F11		現在の位置から呼び出し先のメソッドまで含めて1行ずつ実行する
ステップ・オーバー	F10		呼び出し先のメソッドの内部はステップ実行を行わない
ステップ・アウト	Shift + F11		ステップ・インしたメソッドから抜ける

Part 2

ソフトウェア開発 （実践編）

デバッグ実行の継続方法が理解できたら、実際にデバッグをしてみましょう。ここでは F11 キーでステップ・イン実行をしてみましょう（**図9.32**）。

ステップ・インをしてみるとわかりますが、現在実行している行は黄色でハイライトされます。これにより現在どの行が実行されているのか、変数にはどのような値がセットされているのかを確認することができます。

アプリ作成時には欠かせない機能ですのでしっかりと身につけましょう。

図9.32 デバッグ実行の様子

```
30        private void btnSayHello_Click(object sender, RoutedEventArgs e)
31        {
32            string msg = string.Empty;
33            var now = DateTime.Now;      // 現在時刻を取得
34            var date1 = new DateTime(now.Year, now.Month, now.Day, 0, 0, 0);
35            var date2 = new DateTime(now.Year, now.Month, now.Day, 4, 0, 0);
36            var date3 = new DateTime(now.Year, now.Month, now.Day, 12, 0, 0);
37            var date4 = new DateTime(now.Year, now.Month, now.Day, 18, 0, 0);
38
39            if ((now >= date1 && now < date2) || now > date4)
40            {
41                msg = "こんばんは";    ≤1ミリ秒経過
42            }
43            else if(now >= date2 && now < date3)
44            {
45                msg = "おはよう";
46            }
47            else if (now >= date3 && now < date4)
48            {
49                msg = "こんばんは";
50            }
```

確認テスト

Q1 9時間目で作成したアプリのボタンのテキストを「挨拶をする」に変更してください。変更する際はプロパティウィンドウを使用してください。またTextBlockには空文字を表示してください

Q2 TextBlockの背景色を任意の色に変更してください。

Q3 リスト9.5の「txbMessage.Text = msg;」の行にブレークポイントを設定してください。また、その行で停止した際に変数msgの内容を確認してください。

10時間目 コントロール

9時間目ではユニバーサルアプリケーションプロジェクトを作成し、ButtonとTextBlockコントロールを使用してUWPアプリの基礎を学びました。**10時間目**では、UWPアプリでよく使用するコントロールの使い方について学びます。

今回のゴール

- TextBoxの操作方法を理解する
- CheckBoxの操作方法を理解する
- ComboBoxの操作方法を理解する
- RadioButtonの操作方法を理解する
- Sliderの操作方法を理解する
- StackPanelの操作方法を理解する
- Gridの操作方法を理解する

》 10-1 TextBoxコントロール

10-1-1◉入力された値を取得する

TextBoxは、ユーザーが値を入力するためのコントロールです。入力された値はTextプロパティを使用して取得します。またTextプロパティに値を設定することで任意の値を表示することも可能です。

ここではTextBoxに入力された値を取得するアプリを作成してみましょう。

新規でプロジェクトを作成し、MainPage.xamlにTextBoxコントロールとButtonコントロールを1つずつ配置してください。配置をしたらプロパティウィンドウを使用してプロパティの設定をします（**図10.1**）。

TextBoxの「名前」欄には「txtInput」を入力し、Textプロパティ欄では「Text」という文字列を消して空にしてください。Buttonコントロールは「名前」欄に「btnGetValue」をContentプロパティには「値の取得」と入力してください。

図10.1 MainPage.xamlのデザイン

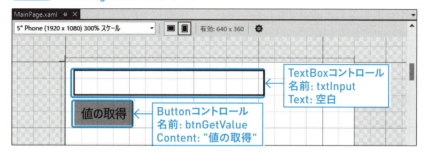

続いてbtnGetValueのClickイベントを作成しましょう。プロパティウィンドウ右上にあるボタンをクリックしてイベント一覧を表示します。Clickと書かれたところの右側をダブルクリックしてClickイベントを作成してください。

ここまでの設定が完了したら**リスト10.1**のようにコードを入力します。

リスト10.1 btnGetValue_Clickイベントのコード

```
using Windows.UI.Popups; ←③

private async void btnGetValue_Click(object sender, RoutedEventArgs e)
{
    // txtInputに入力された内容を取得
    string strInput = txtInput.Text; ←①

    await new MessageDialog(strInput, "入力内容").ShowAsync(); ←②
}
```

①はtxtInputに入力された内容をTextプロパティで取得し、変数strInputに代入しています。

②は変数strInputの内容をMessageDialogに表示するコードです。MessageDialogは、ユーザーに何かしらのメッセージを表示するためのダイアログです。Message

Dialogは非同期処理で動作するためawaitとasyncキーワードが必要になります（詳細は後述します）。

MessageDialogは名前空間Windows.UI.Popupsにありますのでusingディレクティブを追加してください（❸）。

コードの入力が完了したら、実行をして動作を確認してみましょう。TextBoxに何かしらの文字を入力して［値の取得］ボタンをクリックするとダイアログが表示され、入力した内容を確認することができます（**図10.2**）。

図10.2 リスト10.1のの実行画面

◆MessageDialogと非同期処理

本書で学んでいるUWPアプリはGUI（グラフィカルユーザーインターフェース）アプリケーションに分類されます。GUIアプリケーションにおいては、時間の掛かる処理をイベントの中に記述してはいけません。これはフリーズが発生してユーザーの操作に応答できなくなることを防ぐためです。フリーズを回避するためには、時間の掛かる処理を非同期で行います。

C#ではメソッド前にasync修飾子を付けることで非同期の処理を行うことができます。また非同期メソッドの内部ではawait演算子を使用して、待ち時間の長い処理を別スレッドで実行することができます。

もう一度**リスト10.1**を参照してください。

MessageDialogはShowAsyncメソッドが実行したときにダイアログを表示します。ShowAsyncメソッドは非同期で処理することが求められるメソッドでありawait演算子を必要とします。また、await演算子を使用するということは、MessageDialogを使用するメソッドにはasync修飾子が必要になるということです。よってbtnGetValue_Clickの前にはasync修飾子を付けています。

MessageDialogでメッセージを表示するためには、第1引数に表示したい文字列を、第2引数にはダイアログのタイトルを指定します（**書式10.1**）。複数のオーバーロードがありますので調べてみましょう。

書式10.1 MessageDialog

```
await MessageDialog(表示する文字列, ダイアログタイトル).ShowAsync();
```

10-1-2●複数行入力できるようにする

　TextBoxは、既定では複数行の入力ができません。複数行の入力ができるようにするためには Enter キーでの改行ができるようにする必要があります。AcceptsReturnプロパティにTrueを設定することで Enter キーの入力を受け付けることができます。

　ここではTextBoxに複数行の入力ができるアプリを作成してみましょう。

　MainPage.xamlにTextBoxを配置し、サイズを縦方向に大きくしてください（**図10.3**）。またプロパティウィンドウでAcceptsReturnにチェックを付けます（**図10.4**）。

図10.3 メインページのデザイン

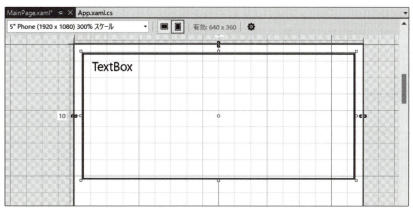

図10.4 AcceptsReturnプロパティの設定

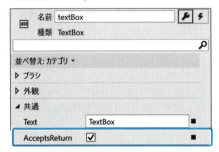

　以上で複数行の入力が可能になります。実行して確認をしてみましょう。

　何行も入力すると、最初に入力したテキストはTextBoxの外側へ出るため見えなくなってしまいます。↑キーを押していくと最初の行まで戻って内容を確認することができますが、操作性としてはよくありません。

　そこで、スクロールバーを表示してTextBoxに記述されている中身を確認できるようにしましょう。

　垂直方向のスクロールバーを表示するにはScrollViewer.VerticalScrollBarVisibilityプロパティを使用します。このプロパティにはAutoかVisibleを設定します。Autoを設定した場合は必要に応じてスクロールバーが表示され、Visibleを設定した場合は常に表示されるようになります。ScrollViewer.VerticalScrollBarVisibilityプロパティは、プロパティウィンドウの「レイアウト」欄にあります。

　もし、水平方向のスクロールバーを表示したい場合はScrollViewer.HorizontalScrollBarVisibilityプロパティの設定を行ってください[注1]。

　以上の設定をした際のTextBoxのXAML例を**リスト10.2**に、実行例を**図10.5**に示します。

リスト10.2 複数行入力とスクロールバー表示をするTextBoxの例

```
<TextBox x:Name="textBox"
         HorizontalAlignment="Left"
         Margin="10,10,0,0"
```

（次ページに続く）

注1） Tab文字を入力したい場合はAcceptsTabプロパティにTrueをセットします。TextBoxの右端で折り返したい場合はTextWrappingプロパティに"Wrap"を設定します。

（前ページの続き）

```
        TextWrapping="Wrap"
        Text="TextBox"
        VerticalAlignment="Top"
        Height="154" Width="340"
        AcceptsReturn="True"
        ScrollViewer.VerticalScrollBarVisibility="Auto"
        ScrollViewer.HorizontalScrollBarVisibility="Auto"/>
```

図10.5 スクロールバーを表示する例

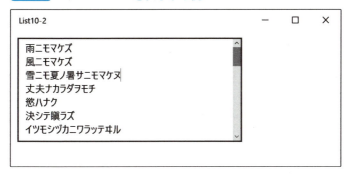

10-2 CheckBox

10-2-1 ●チェック状態を取得する

　CheckBoxは、いくつかある選択肢の中から複数の項目を選択するためのコントロールです。チェック（選択）をすると、四角形の中にチェックマークがつきます。

　ここでは、CheckBoxの状態に合わせて「チェック状態」「未チェック状態」を表示するアプリを作成してみましょう。

　新規プロジェクトを作成してMainPage.xmalにCheckBoxを1つ配置し、図10.6のようにプロパティを設定します（プロパティウィンドウで設定してください）。

　CheckBoxの「名前」欄には「chkItem」をContentプロパティには「チェック状態」と入力してください。またIsCheckedプロパティにはチェックを付けてください。これによって配置したCheckBoxにチェックが付きます。

図10.6 MainPage.xamlのデザイン

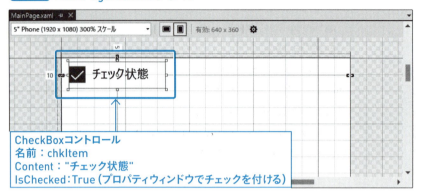

CheckBoxコントロール
名前：chkItem
Content："チェック状態"
IsChecked：True（プロパティウィンドウでチェックを付ける）

　続いてチェック状態が変更された場合のイベントを作成します。
　プロパティウィンドウ右上にあるボタンをクリックしてイベント一覧を表示し、CheckedイベントとUncheckedイベントを作成しましょう。チェックが付けられた場合にはCheckedイベントが発生し、チェックが外された場合はUncheckedイベントが発生します。
　イベントを作成したら、コードを**リスト10.3**のように編集します。
　chkItem_CheckedイベントではCheckBoxに「チェック状態」を表示し、chkItem_Uncheckedイベントでは「未チェック状態」を表示します。

リスト10.3 CheckedイベントとUncheckedイベントの使用例

```
// チェックされた場合
private void chkItem_Checked(object sender, RoutedEventArgs e)
{
    chkItem.Content = "チェック状態";
}


// チェックが外された場合
private void chkItem_Unchecked(object sender, RoutedEventArgs e)
{
    chkItem.Content = "未チェック状態";
}
```

実行例を図10.7に示します。CheckBoxをマウスでクリックする度に「チェック状態」と「未チェック状態」の文字が切り替わります。

図10.7 リスト10.3の実行画面

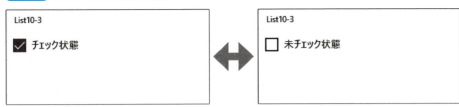

10-2-2 ● 3つの状態を使用する

CheckBoxは「チェック状態」と「未チェック状態」の他に「不確定状態」を表すことができます。これら3つの状態を使用したい場合はIsThreeStateプロパティにTrueに設定します。既定ではFalseになっているため、通常はチェックと未チェックの2つ状態に限定されています。

ここではCheckBoxの状態に合わせて「チェック」→「未チェック」→「不確定」と表示が切り替わるアプリを作成してみましょう。

新規でプロジェクトを作成してMainPage.xamlを図10.8のようにデザインしてください。

図10.8 MainPage.xamlのデザイン

続いて、チェック状態が切り替わった際のイベントを作成しましょう。
CheckedイベントとUncheckedイベント、Indeterminateイベントを作成します。In

| 10 |
| 時間目 | コントロール

determinate イベントは CheckBox が不確定状態になったときに発生するイベントです。

それぞれのイベントを作成したら**リスト 10.4**のようにコードを編集します。

コンストラクタの中の①では、CheckBox のチェック状態を不確定状態にします。このように不確定状態にするには IsChecked プロパティに null を設定します。それぞれのイベントの中では、CheckBox の状態に合わせて Content プロパティに文字を設定しています。

リスト10.4 3つの状態を使用する例

```
public MainPage()
{
    this.InitializeComponent();

    // 不確定状態にする
    chkItem.IsChecked = null; ← ①
}


// チェック状態の処理
private void chkItem_Checked(object sender, RoutedEventArgs e)
{
    chkItem.Content = "チェック";
}


// 未チェック状態の処理
private void chkItem_Unchecked(object sender, RoutedEventArgs e)
{
    chkItem.Content = "未チェック";
}


// 不確定状態の処理
private void chkItem_Indeterminate(object sender, RoutedEventArgs e)
{
    chkItem.Content = "不確定";
}
```

266

コードの入力が完了したら実行して動作を確認しましょう。

起動時はCheckBoxが不確定状態で表示され、クリックする度に状態が切り替わります（図10.9）。

図10.9 リスト10.4のの実行画面

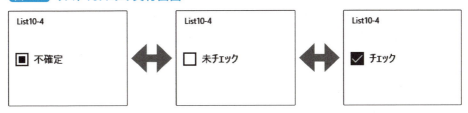

10-3 RadioButton

10-3-1 ● 選択項目を取得する

RadioButtonは複数の選択肢の中から1つの項目を選択するためのコントロールです。ここでは、3つの選択肢「C#」「Visual Basic」「C++」から、好きな言語を選択させるアプリを作成してみましょう。

新規でプロジェクトを作成してMainPage.xamlを図10.10のようにデザインしてください。

図10.10 MainPage.xamlのデザイン

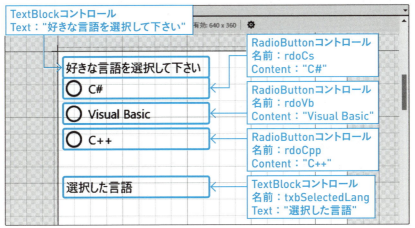

10
時間目 | コントロール

　RadioButtonは選択（チェック状態に）すると、Checkedイベントが発生します。そこで各RadioButtonのCheckedイベントを作成し、コードを**リスト10.5**のように編集します。

　各RadioButtonのCheckedイベントが発生した場合は、ShowLanguageメソッドが呼ばれます。このメソッドの引数には選択されたRadioButtonのContent（言語名）を渡し、TextBlockに選択された言語名を表示しています。ContentプロパティはObject型なのでToStringメソッドを使用して、文字列を渡しています。

リスト10.5 RadioButtonの使用例

```csharp
// C# 選択時
private void rdoCs_Checked(object sender, RoutedEventArgs e)
{
    ShowLanguage(rdoCs.Content.ToString());
}


// Visual Basic 選択時
private void rdoVb_Checked(object sender, RoutedEventArgs e)
{
    ShowLanguage(rdoVb.Content.ToString());
}


// C++ 選択時
private void rdoCpp_Checked(object sender, RoutedEventArgs e)
{
    ShowLanguage(rdoCpp.Content.ToString());
}


/// <summary>
/// 選択された言語を表示する
/// </summary>
/// <param name="strLang">表示する言語</param>
```

（次ページに続く）

268

Part 2
ソフトウェア開発 **実践編**

（前ページの続き）

```csharp
private void ShowLanguage(string strLang)
{
    txbSelectedLang.Text = $"選択した言語は {strLang} ですね";
}
```

　コードの編集が完了したら、実行して動作を確認してみましょう。それぞれの言語を選択すると、選択された言語名が表示されます（**図10.11**）。

図10.11 リスト10.5のの実行画面

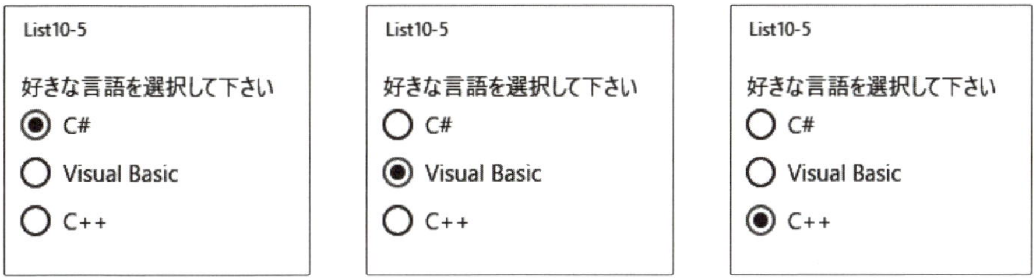

```
List10-5

好きな言語を選択して下さい
◉ C#
○ Visual Basic
○ C++
```

```
List10-5

好きな言語を選択して下さい
○ C#
◉ Visual Basic
○ C++
```

```
List10-5

好きな言語を選択して下さい
○ C#
○ Visual Basic
◉ C++
```

≫ 10-4 ComboBox

10-4-1●選択項目を表示する

　ComboBoxは、RadioButtonのように複数の選択肢から1つの項目を選択するためのコントロールです。RadioButtonとの違いは、ComboBoxはクリックすると選択項目をリスト形式で表示し、項目を選択するとリストが閉じるという点にあります。
　ここではComboBoxに選択項目を表示するだけのアプリケーションを作成してみましょう。新規でプロジェクトを作成してMainPage.xamlを**図10.12**のようにデザインしてください。

図10.12 MainPage.xamlのデザイン

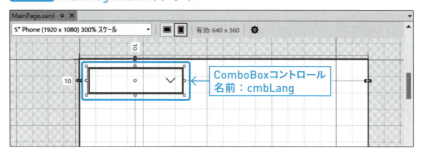

　続いて選択項目を作成しましょう。はじめにMainPage.xamlに配置したComboBoxを選択します。続いてプロパティウィンドウで「Items」の右側にある[…]ボタンをクリックします(**図10.13**)。Objectコレクションエディターが表示されるので、「ComboBoxItem」を選択して[追加]ボタンを3回クリックします(**図10.14**)。3回クリックすることで、ComboBoxItemが3つ作成されます。

図10.13 Itemsプロパティ

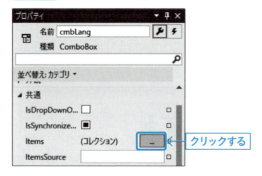

図10.14 Objectコレクションエディター

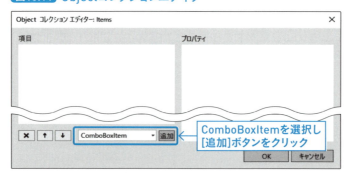

Objectコレクションエディターは3つのComboBoxItemを編集する画面へと切り替わります。左側にはComboBoxに表示する項目の一覧が、右側には選択されたComboBoxItemのプロパティ一覧が表示されます。はじめに左側の一覧で「[0] ComboBoxItem」を選択して、右側のContentプロパティに「C#」と入力します。同様にして「[1] ComboBoxItem」に「Visual Basic」を「[2] ComboBoxItem」には「C++」を入力して最後に[OK]ボタンをクリックします（図10.15）。

図10.15 ComboBoxItemの追加

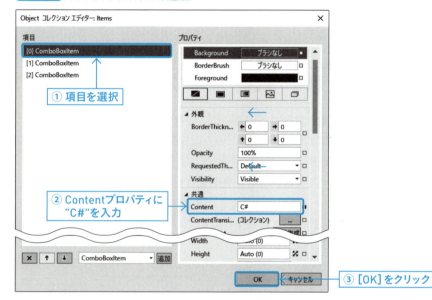

以上の設定が完了するとComboBoxのXAMLは**リスト10.6**のようになります。

リスト10.6 ComboBoxに選択肢を追加したXAMLの例

```
<ComboBox x:Name="cmbLang" HorizontalAlignment="Left" Margin="10,10,0,0"
    VerticalAlignment="Top" Width="120">

    <ComboBoxItem Content="C#"/>
    <ComboBoxItem Content="Visual Basic"/>
    <ComboBoxItem Content="C++"/>
</ComboBox>
```

実行をしてComboBoxをクリックすると、図10.16のように選択項目が表示されるようになります。

図10.16 リスト10.6の実行画面

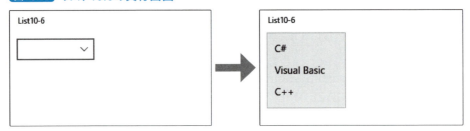

10-4-2 ◉ 選択項目を取得する

続いて選択項目を取得する方法についてみていきましょう。

ComboBoxで項目が選択された場合はSelectionChangedイベントが発生します。また、選択項目はSelectedItemプロパティで取得することができます。

ここでは「10-4-1　選択項目を表示する」で作成したアプリに手を加え、選択した言語をComboBoxの脇に表示するアプリを作成してみましょう。

MainPage.xamlを図10.17のようにデザインしてください。ComboBoxコントロールの脇にはTextBlockを1つ配置します。

続いてComboBoxのSelectionChangedイベントを作成し、コードをリスト10.7のように編集してください。

図10.17 MainPage.xamlのデザイン

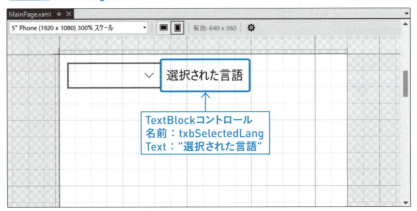

リスト10.7 選択項目を取得する例

```csharp
// 項目選択時の処理
private void cmbLang_SelectionChanged(object sender, SelectionChangedEventArgs e)
{
    string strLang = ((ComboBoxItem)(cmbLang.SelectedItem)).Content.ToString();
    txbSelectedLang.Text = $"選択された言語は{strLang}です。";
}
```

cmbLang_SelectionChangedイベントの中で何をしているのかを見ていきましょう。

ComboBoxで現在選択されている項目はSelectedItemプロパティで取得することができます。このSelectedItemはobject型であるため、一度ComboBoxItem型にキャストをしてから取得する必要があります。よって「(ComboBoxItem)(cmbLang.SelectedItem)」という形でキャストをして、そこからテキストを取得してstrLangに代入しています。

あとはComboBoxの脇に配置したTextBlockに選択された言語名を表示しています。

実行をして動作を確認してみましょう。言語を選択すると**図10.18**のように選択された言語が表示されるようになります。

図10.18 リスト10.7のの実行画面

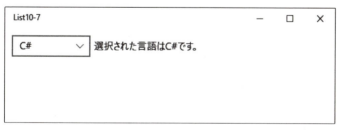

10

時間目 | コントロール

>> 10-5 StackPanelの操作方法を理解する

10-5-1◉コントロールを積み重ねて表示する

StackPanelはコントロールを配置するためのコントロールで、文字通りスタック（積み重ねて）表示を行います。

MainPage.xamlに既定で配置されているGridコントロールの代わりに使用することもできますし、Grid上に配置して使用することも可能です。

ここではStackPanelへのコントロールの配置方法について学んでいきましょう。

新規でプロジェクトを作成してMainPage.xamlにStackPanelを1つ配置してください。続いてStackPanel上にButtonコントロールを配置してみましょう。Buttonコントロールを配置してみるとわかりますが、**図10.19**に示すようにStackPanelの上側に張り付くように配置されます。また、配置したコントロールの幅はStackPanelの横幅いっぱいに広がります。

このようにStackPanelコントロールを使用すると、コントロールをきれいに並べて配置することができます。

図10.19 StackPanelの使用例

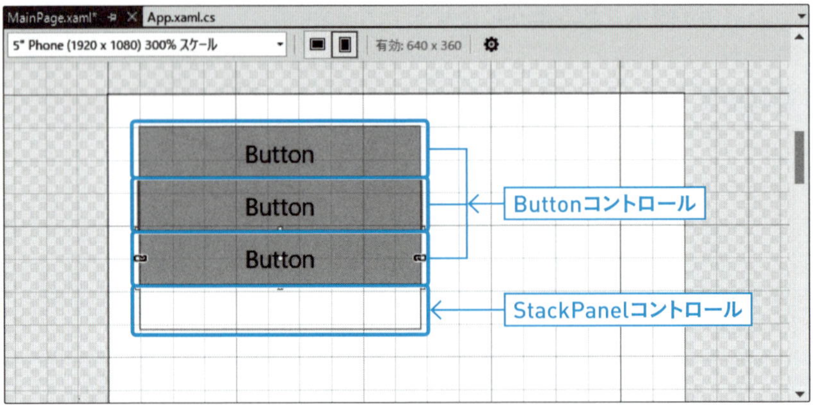

StackPanelはコントロールを縦方向に配置するだけではありません。

OrientationプロパティをHorizontalに設定することで横方向に配置することも可能です（既定ではVerticalに設定されています）。

StackPanelの右側にCheckBoxを1つ配置してOrientationプロパティを

HorizontalとVerticalに切り替わるようにしてみましょう。**図10.20**に示すようにCheckBoxを配置してプロパティを設定し、CheckedイベントとUncheckedイベントを作成してください。

イベントの作成ができたらコードを**リスト10.8**のように編集します。

図10.20 MainPage.xamlのデザイン

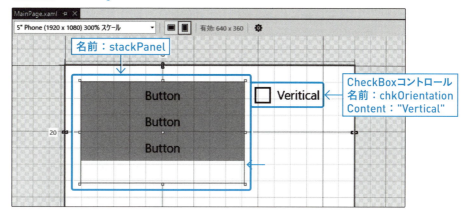

リスト10.8 Orientationの変更例

```
// チェック時の処理
private void chkOrientation_Checked(object sender, RoutedEventArgs e)
{
    stackPanel.Orientation = Orientation.Horizontal;
    chkOrientation.Content = "Horizontal";
}

// 未チェック時の処理
private void chkOrientation_Unchecked(object sender, RoutedEventArgs e)
{
    stackPanel.Orientation = Orientation.Vertical;
    chkOrientation.Content = "Vertical";
}
```

CheckBoxがチェックされたときはOrientationプロパティをHorizontalに設定して、配置されているコントロールが水平方向に並ぶようにしています。またCheckBoxには"Horizontal"というテキストを表示します。
　CheckBoxが未チェックのときはOrientationプロパティをVerticalに設定して、配置されているコントロールが垂直に並ぶようにしています。CheckBoxには"Vertical"というテキストを表示します。
　コードの編集が完了したら実行して動作を確認してみましょう。図10.21に示すように、配置が垂直方向と水平方向に切り替わります。

図10.21　リスト10.8のの実行画面

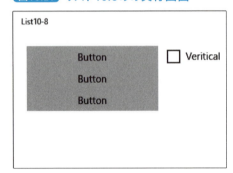 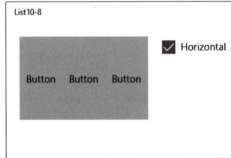

10-5-2● コントロールのグループ化

　StackPanelのもう1つの利用方法として、コントロールのグループ化について見ていきましょう。
　「10-3　RadioButton」で学んだRadioButtonコントロールは、ページ上に配置した時点で1つのグループに属することになります。このため、選択肢A用と選択肢B用のようにRadioButtonのグループを分けるには、何かしらのコンテナコントロールの上に配置する必要があります。
　ここではMainPage.xaml上にStackPanelを2つ配置して、RadioButtonのグループを2つ作成して動作を確認してみましょう。
　新規でプロジェクトを作成してMainPage.xamlを図10.22のようにコントロールを配置してください。

図10.22 MainPage.xamlのデザイン

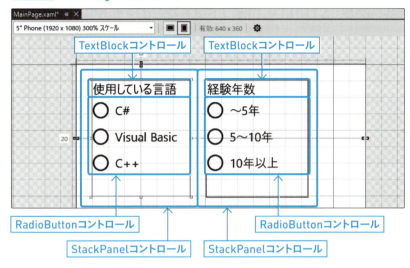

　デザインが完了したら実行をして動作を確認してみましょう（ここでは特にコードは作成しません）。
　「使用している言語」と「経験年数」のグループの中で、それぞれ1つの項目を選択することができます（図10.23）。このようにStackPanelを使用してコントロールをグループ化できることを覚えておきましょう。

図10.23 グループ化の例

10-6 Gridの操作方法を理解する

10-6-1 ● 行と列を作成する

これまでのサンプルで何度もMainPage.xamlをデザインしてきました。すでにおわかりのように必ず1つGridコントロールが配置されています。

このGridには行と列を作成して、そのマス目の中にコントロールを配置することができます。

はじめに行を作成してみましょう。

MainPage.xaml上のGridに行を作成するには、外側にある点線の上にマウスカーソルを載せます（**図10.24**）。オレンジ色の線が現れるので任意の位置でクリックをすると、その位置で上下に分割して行が作成されます。

図10.24 行の作成

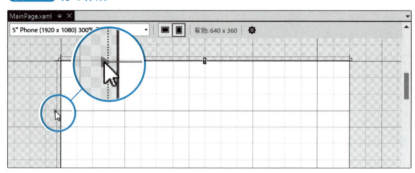

行が作成されると**リスト10.9**のように行の定義が作成されます。

リスト10.9 行の定義が作成されたGridのXAML

```xml
<Grid Background="{ThemeResource ApplicationPageBackgroundThemeBrush}">
    <Grid.RowDefinitions>
        <RowDefinition Height="61*"/>
        <RowDefinition Height="579*"/>
    </Grid.RowDefinitions>
</Grid>
```

XAMLを見るとわかるように、行を定義するには<Grid.RowDefinitions>を使用します。これは「行を定義しますよ」という意味です。

続いての<RowDefinition>は行を表し、このタグの数だけ行が作成されます。Heightプロパティは行の高さを表します。

行の高さの設定について**図10.25**で確認しましょう。この図は全体の高さを230で3行作成する場合の例です。一番上の高さを80として残りの高さを1:2の割合で分割する場合は、"1*", "2*"のようにします。もし2:3の割合にしたい場合は"2*", "3*"のように設定します。もちろん直接高さを"50", "100"のように記述しても構いません。

図10.25 行の高さの設定

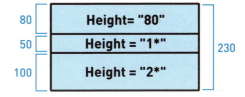

列の作成方法も行と同様です。ただし列を定義するXAMLは**リスト10.10**のように記述します。<Grid. ColumnDefinitions >は「列を定義しますよ」という意味で、<ColumnDefinition>が列を表しWidthプロパティは列の幅を表します。

リスト10.10 列の定義

```
<Grid.ColumnDefinitions>
    <ColumnDefinition Width="83"/>
    <ColumnDefinition Width="1*"/>
    <ColumnDefinition Width="2*"/>
</Grid.ColumnDefinitions>
```

10-6-2●コントロールを配置する

はじめに**リスト10.11**のようにXAMLを編集しGridに行と列を作成します。このXAMLで作成したGridにButtonコントロールを1つ配置してみましょう（**図10.26**）。

10
時間目｜コントロール

リスト10.11 行と列を作成するXAML

```
<Grid Background="{ThemeResource ApplicationPageBackgroundThemeBrush}">
    <Grid.RowDefinitions>
        <RowDefinition Height="30" />
        <RowDefinition Height="30" />
        <RowDefinition Height="30" />
        <RowDefinition  />
    </Grid.RowDefinitions>
    <Grid.ColumnDefinitions>
        <ColumnDefinition Width="100" />
        <ColumnDefinition Width="100" />
        <ColumnDefinition Width="100" />
        <ColumnDefinition />
    </Grid.ColumnDefinitions>
</Grid>
```

　作成したマス目にコントロールを配置するためにはButtonコントロールのプロパティで行と列の位置を指定する必要があります。行と列はGrid.Row（行）プロパティとGrid.Column（列）プロパティを使用する必要があります。

　行番号と列番号は0から数えますので、一番左上にButtonを配置したい場合はGrid.Row="0"とGrid.Column="0"を指定します（**リスト10.12**）。

　このButtonコントロールに設定したGrid.RowやGrid.Columnプロパティのように、親のコントロール（この例ではGrid）に対するプロパティのことを添付プロパティと呼びます。

リスト10.12 行と列を指定してButtonを配置する例

```
<Button x:Name="button" Content="Button" HorizontalAlignment="Left"
    Margin="14,8,0,0" VerticalAlignment="Top"
    Grid.Row="0" Grid.Column="0"/>
```

280

図10.26 リスト10.11とリスト10.12で作成したデザイン

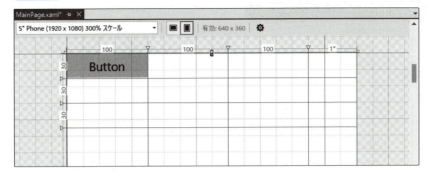

10-6-3 ● 行や列の連結

作成した行や列はGrid.RowSpanプロパティやGrid.ColumnSpanプロパティを使用して連結することができます。**リスト10.13**のようにGrid.ColumnSpan="2"とすると、列を2つ連結したマス目を作成することができます（**図10.27**）。

リスト10.13 列の連結例

```
<Button x:Name="button" Content="Button" HorizontalAlignment="Left"
        Margin="0,0,0,0" VerticalAlignment="Top"
        Height="30" Width="200" Grid.Row="0" Grid.Column="0"
        Grid.ColumnSpan="2" />
```

図10.27 列を連結したデザインの例

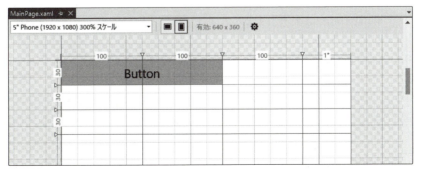

281

10時間目 コントロール

Column 様々なコントロール

　10時間目では、最もよく使用すると思われるコントロールを中心に使用方法を説明しました。C#では、このほかにも様々なコントロールが備わっていますので概要を紹介します。

コンテナ系コントロール
　コントロールを配置するためのコントロールは、コンテナコントロールとも呼ばれます。
　コンテナコントロールには、GridやStackPanelの他にもFlipViewやGridView、SplitView、RelativePanelなどがあります。
　この中のSplitViewもよく使用するコントロールです。SplitViewは画面を分割するとともに、分割したエリアをマウスで拡大したり縮小したりできるものです。Visual StudioのXAMLデザインの領域のように、デザイン画面とXAML表示領域のように画面を分割したい場合に有効なコントロールです。

入力系コントロール
　入力系コントロールはテキストを入力するTextBox、選択項目用のComboBoxやCheckBoxなどがありますが、このほかにもListViewやDatePicker、TimePickerといったコントロールもあります。
　ListViewは複数の選択肢をリスト形式で表示し、複数の項目を一度に選択させることが可能です。またDatePickerやTimePickerといったコントロールを使用すると、日付や時刻の表示や選択をすることが可能です。

マルチメディア系コントロール
　マルチメディア系コントロールにはImageやMediaElementといったものがあります。
　Imageコントロールは画像やPDFを表示することができますし、MediaElementを使用することでオーディオや映像の再生を行うことも可能です。
　このほか、WebViewを使用して独自のWebブラウザを作成したり、MapControlを使用して地図を使用するアプリを作成することも可能です。
　使用が可能なコントロールはまだまだ多くのものがあります。ツールボックス上にあるものを1つずつ調べてみるうちにアプリのアイディアが生まれることもあるでしょう。興味がある方は是非調べてみてください。

Part 2

ソフトウェア開発　実践編

1 時間目
2 時間目
3 時間目
4 時間目
5 時間目
6 時間目
7 時間目
8 時間目
9 時間目
10 時間目
11 時間目
12 時間目
13 時間目
14 時間目
15 時間目

確認テスト

Q1 CheckBoxとTextBoxを1つずつ配置して、CheckBoxがチェック状態のときはTextBoxに文字を入力できないアプリを作成してください。TextBoxに文字を入力できないようにするにはIsReadOnlyプロパティ（読み取りを意味します）にTrueを設定します。

Q2 3つの選択肢「C#」「Visual Basic」「C++」をRadioButtonで作成し、選択された項目をMessageDialogに表示してください。

Q3 ComboBoxに「リンゴ」「ミカン」「バナナ」の項目を表示し、選択された項目をMessageDialogに表示してください。

11時間目 メモ帳アプリの作成

10時間目ではUWPアプリ作成でよく使用するコントロールの使用方法について学びました。11時間目からは学んだ知識を活用してアプリ開発を行っていきます。ここではメモ帳アプリを作成しながら、コントロールの使い方やファイルの読み書き方法について学んでいきましょう。

今回のゴール

- アプリバーの作成方法を理解する
- ファイルの読み書き方法を理解する
- クリップボード内容の読み取り方法を理解する

11-1 作成するアプリケーションの概要

11時間目で作成するメモ帳アプリの完成図を図11.1に示します。本アプリは表11.1に示す機能を実装します。

表11.1 メモ帳アプリで実装する機能一覧

機能	説明
新規作成	テキスト入力エリアをクリアして、新規メモを作成できるようにする
開く	ファイルを開くダイアログを表示して、ユーザーが指定したメモファイルの内容を表示する
保存	名前を付けて保存ダイアログを表示して、ユーザーが指定したファイル名で保存する
切り取り	選択された部分の文字列を切り取る
コピー	選択された部分をコピーする
貼り付け	クリップボードのテキスト内容を貼り付ける

図11.1 メモ帳アプリの完成図

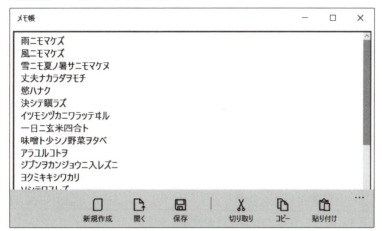

11-2 画面のデザイン

11-2-1 ●アプリバーの配置

　新規で「MemoApp」という名前のプロジェクトを作成してください。続いてプロジェクトエクスプローラーでMainPage.xamlをダブルクリックし、画面のデザインを開始します。

　はじめにアプリバーを配置しましょう。

　アプリバーとは完成図（**図11.1**）の下部にあるアイコンを配置している領域です。アプリを操作するためのボタンやコントロールなどを配置することができます。アプリバーの構成を**図11.2**に示します。「コンテント」「プライマリー・コマンド」「セカンダリー・コマンド」「その他」の4つの領域で構成されます。

図11.2 アプリバーの構成

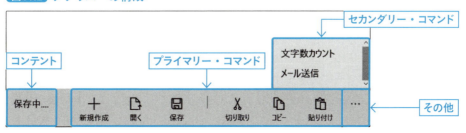

「コンテント」はその名が示すとおりコンテントを表示するエリアです。Contentプロパティが指定されている場合に表示します。

「プライマリー・コマンド」は、メイン操作を行うためのボタン配置領域です。PrimaryCommandsプロパティが指定されている場合に表示します。

「セカンダリー・コマンド」は、プライマリー・コマンドが表示されていて、なおかつSecondaryCommandsプロパティが指定されている場合に表示します。重要度が低いコマンドはセカンダリー・コマンドへ配置するようにします。

「その他」を押すとプライマリー・コマンドに配置したボタンの下のテキストが表示されます。またSecondaryCommandsプロパティが定義されている場合はセカンダリー・コマンドを表示します。

アプリバーは**書式11.1**を使用します。アプリバーは画面上部と下部に配置をすることができ、配置位置によって記述が異なります。

書式11.1 アプリバーの定義

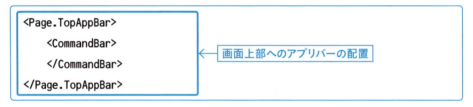

または

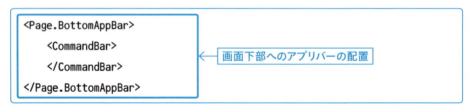

続いて、「コンテンツ」「プライマリー・コマンド」「セカンダリー・コマンド」の定義を**書式11.2**に示します。これらの要素は**書式11.1**の<CommandBar>〜</CommandBar>の内側に定義します。<CommandBar>の直下に記述したコマンドはプライマリー・コマンドとなります。コンテンツ（<CommandBar.Content>）とセカンダリー・コマンド（<CommandBar.SecondaryCommands>）は必要がない場合には省略することができます。

また<CommandBar>にはアプリバーが閉じられているときの表示状態を設定するClosedDisplayModeというプロパティがあります。設定可能な値を**表11.2**に示します。

書式11.2 コンテンツ、プライマリー・コマンド、セカンダリー・コマンドの定義

```
<CommandBar ClosedDisplayMode="値">
    <!-- プライマリー・コマンドをここに定義 -->

    <CommandBar.SecondaryCommands>
        <!-- セカンダリー・コマンドをここに定義 -->
    </CommandBar.SecondaryCommands>
    <CommandBar.Content>                    ← 省略可能
        <!-- コンテンツをここに定義 -->
    </CommandBar.Content>
</CommandBar>
```

表11.2 CommandBarのClosedDisplayMode

値	説明
Compact	ClosedDisplayModeを省略した場合はCompactが指定されます。コンテンツ、プライマリー・コマンドのアイコン（ラベル表示なし）およびその他（[…]ボタン）が表示されます
Minimal	[...]ボタンの高さに合わせた細いバーのみが表示されます。細いバーを押してアプリバーを開くことができます
Hidden	アプリバーを表示しません。表示させるにはコードから指定する必要があります。IsOpenプロパティを設定するか、ClosedDislpayModeをCompactかMinimalに設定します

　最後に、プライマリー・コマンドとセカンダリー・コマンドに配置可能な専用のコントロールを確認しましょう（**表11.3**）。コンテンツにはButtonやTextBlockなど様々なコントロールが配置可能なため省略します。

表11.3 配置可能なコントロール

コントロール	説明
AppBarButton	アプリバーに表示可能なボタン。Labelプロパティでボタン下部に表示するテキストを設定し、Iconプロパティで表示するアイコンを設定する
AppBarToggleButon	アプリバーに表示可能なボタン。押されている状態と押されていない状態を表すことができる。AppBarButtonコントロール同様にLabelプロパティとIconプロパティを使用できる
AppBarSeparator	アプリバーに配置したボタンとボタンの間に配置する分割線

11
時間目 メモ帳アプリの作成

以上を理解できたらメモ帳アプリにアプリバーを配置しましょう。

ツールボックスからMainPage.xamlにCommadBarをドラッグ＆ドロップしてください。アプリバーのひな形のコードが作成されるのでXAMLを**リスト11.1**のよう編集をします。

リスト11.1 画面下部へのアプリバーの配置（MainPage.xaml）

```
<Page
    x:Class="MemoApp.MainPage"
    xmlns="http://schemas.microsoft.com/winfx/2006/xaml/presentation"
    xmlns:x="http://schemas.microsoft.com/winfx/2006/xaml"
    xmlns:local="using:MemoApp"
    xmlns:d="http://schemas.microsoft.com/expression/blend/2008"
    xmlns:mc="http://schemas.openxmlformats.org/markup-compatibility/2006"
    mc:Ignorable="d">

    <Page.BottomAppBar>
        <CommandBar ClosedDisplayMode="Minimal">
            <AppBarButton x:Name="btnNew" Label="新規作成" Icon="Document"/>
            <AppBarButton x:Name="btnOpen" Label="開く" Icon="OpenFile" />
            <AppBarButton x:Name="btnSave" Label="保存" Icon="Save" />
            <AppBarSeparator />
            <AppBarButton x:Name="btnCut" Label="切り取り" Icon="Cut"/>
            <AppBarButton x:Name="btnCopy" Label="コピー" Icon="Copy" />
            <AppBarButton x:Name="btnPaste" Label="貼り付け" Icon="Paste" />
        </CommandBar>
    </Page.BottomAppBar>

    <Grid Background="{ThemeResource ApplicationPageBackgroundThemeBrush}">

    </Grid>
</Page>
```

以上でアプリバーを配置することができました。実行をして冒頭の図11.1に示した通りのアプリバーが配置されていることを確認しましょう。

ここで、AppBarButtonのIconプロパティの指定方法について確認しておきましょう。XAMLのコードでIconプロパティを入力しようとするとインテリセンスが表示されますので候補から目的の操作に合うアイコンを選択します。しかし、インテリセンスには文字コードでアイコンの候補が表示されるため、設定してみるまではアイコンのデザインがわかりません。MainPage.xamlに表示されているAppBarButtonを選択してプロパティウィンドウから選択すると簡単です（図11.3）。ただし、<CommandBar>のClosedDisplayModeにHiddenやMinimalが設定されている場合はアプリバーのデザインが表示されませんので一度Contentに設定してからアイコンを選択するとよいでしょう。

図11.3 アイコンの設定

11-2-2 ● TextBoxの配置

続いてメモ入力欄を作成します。

MainPage.xamlにTextBoxコントロールを配置して、プロパティウィンドウで表11.4のように設定します。

表11.4 TextBoxのプロパティ

プロパティ	設定値	説明
名前	txtMemo	コントロール名をtxtMemoに設定します
HorizontalAlignment	リセット	プロパティ名の右側にある■をクリックしてメニューを表示し、値をリセットします
VeriticalAlignment	リセット	〃
Text	空欄	"Text"の文字を削除して空欄にします
Margin	5	左、右、上、下のすべてのマージンを5に設定します
ScrollViewer.HorizontalScrollBarVisibility	Auto	入力されたテキストの長さに合わせてスクロールバーを表示します
ScrollViewer.HorizontalScrollBarVisibility	Auto	入力されたテキストの長さに合わせてスクロールバーを表示します
AcceptsReturn	チェック (True)	Enter キーを入力できるようにします

設定を完了するとTextBoxのXAMLは**リスト11.2**のようになります。

リスト11.2 プロパティ設定後のTextBoxのXAMLコード

```
<TextBox x:Name="txtMemo"
         Margin="5"
         TextWrapping="Wrap"
         Text=""
         ScrollViewer.HorizontalScrollBarVisibility="Auto"
         ScrollViewer.VerticalScrollBarVisibility="Auto"
         AcceptsReturn="True"/>
```

デザインは以上で完了です。

ここで、TextBoxを配置する上でのポイントについて説明します。メモ帳アプリのウィンドウサイズは、マウスで任意の大きさに変更することができます。このため画面に配置したTextBoxは画面の大きさに合わせて自動でリサイズされることが理想です。

HorizontalAlignmentとVerticalAlignmentをリセットし、Marginを設定することでTextBoxがアプリのサイズに追従するようになります。

自作アプリでコントロールの大きさを画面のサイズに追従させる場合は、今回のデザイン設定を参考にしてください。

Part 2 ソフトウェア開発 実践編

11-3 機能の実装

11-3-1◉「保存」機能

［保存］ボタンが押されたら、FileSavePickerを使用してファイルを保存できるようにします。

FileSavePickerはWindows.Storage.Pickers名前空間にあり、このクラスを使用することで「名前を付けて保存」ダイアログを表示することができます。

「名前を付けて保存」ダイアログを表示するには、FileSavePicker クラスのPickSaveFileAsync()メソッドを使用します。このメソッドは非同期で動作するため、awaitキーワードが必要となります。また戻り値はStorageFile型で、ユーザーが選択した保存場所（Pathプロパティ）やファイル名（Nameプロパティ）などが格納されています。［保存］ボタンを押さずにダイアログを閉じた場合は、戻り値にnullが返されます。

インスタンス生成からPickSaveFileAsyncメソッドを使用するまでを**書式11.3**に示します。

書式11.3 インスタンス生成とPickSaveFileAsyncメソッドの使用

```
var インスタンス名 = new FileSavePicker();
Windows.Storage.StorageFile file = await インスタンス名.
PickSaveFileAsync();
```

FileSavePickerは様々なプロパティがあり、設定をすることでより使いやすくすることができます。名前を付けて保存ダイアログで使用する主なプロパティを以下に示します。

◆SuggestedStartLocationプロパティ

SuggestedStartLocationプロパティは「名前を付けて保存」ダイアログが表示されたときに、はじめに選択される保存場所を設定するものです。保存場所はPickerLocationId列挙体のメンバーで指定します（**表11.5**）。

表11.5 PickerLocationId列挙体

メンバー	説明
DocumentsLibrary	「ドキュメント」フォルダー
ComputerFolder	「コンピューター」フォルダー
Desktop	Windowsデスクトップ
Downloads	「ダウンロード」ファイル
HomeGroup	ホームグループ
MusicLibrary	「ミュージック」フォルダー
PicturesLibrary	「ピクチャ」フォルダー
VideosLibrary	「ビデオ」フォルダー

「ドキュメント」フォルダーに設定する場合は、**リスト11.3**のようにします。

リスト11.3 はじめに選択される保存場所の設定例

```
インスタンス名.SuggestedStartLocation = PickerLocationId.DocumentsLibrary;
```

◆ FileTypeChoices プロパティ

FileTypeChoicesプロパティはAddメソッドを持っており、サポートするファイルの種類（拡張子）を設定することができます。

ファイルの種類を「リッチテキスト」にするには**リスト11.4**の1行目のように記述します。第1引数にはファイル種類を表す名称を、第2引数にはサポートする拡張子を指定します。

ファイルの種類で2種類の拡張子をサポートしたい場合は2行目のように記述します（第1引数にファイルの種類名称、第2引数に複数の拡張子を指定）。この例のように1行目と2行目の両方を記述すると、「名前を付けて保存」ダイアログで「リッチテキスト」と「テキスト」の2種類から選択できるようになります。

リスト11.4 サポートするファイルの種類の設定

```
インスタンス名.FileTypeChoices.Add("リッチテキスト", new List<string>() {
".rtf" });
インスタンス名.FileTypeChoices.Add("テキスト", new List<string>() { ".txt",
".csv" });
```

Part 2
ソフトウェア開発 実践編

◆ DefaultFileExtension プロパティ

DefaultFileExtensionプロパティは、既定の拡張子を設定します。ファイル名に拡張子を付けずに[保存]ボタンを押したときは、DefaultFileExtensionで設定された拡張子が自動で付与されます。

リスト11.5に使用例を示します。この例では、".txt"を既定の拡張子とします。

リスト11.5 既定の拡張子を設定する例

```
インスタンス名.DefaultFileExtension = ".txt";
```

◆ SuggestedFileName プロパティ

SuggestedFileNameプロパティは、ファイル名の候補を設定します。

リスト11.6のように記述すると、「名前を付けて保存」ダイアログの「ファイル名」欄には「新規テキストファイル.txt」のように表示されます。

リスト11.6 ファイル名の候補を設定する例

```
インスタンス名.SuggestedFileName = "新規テキストファイル";
```

◆ ファイルの保存

PickFileSaveAsyncの使用方法について理解ができたら、最後にTextBoxに入力された内容をファイルに保存する方法について学びましょう。

テキスト（文字列）をファイルに保存するにはWriteTextAsyncメソッドを使用します。このメソッドは名前空間Windows.Storage.FileIOにあり、第1引数にはPickSaveFileAsync()メソッドの戻り値を、第2引数には保存するテキストを指定します。**リスト11.7**に使用例を示します。

リスト11.7 テキストファイルの保存

```
await Windows.Storage.FileIO.WriteTextAsync(PickSaveFileAsync()メソッドの
戻り値, 保存するテキスト);
```

以上について理解ができたら、「保存」機能を実装しましょう。

はじめにMainPage.xamlで[保存]ボタンを選択し、プロパティウィンドウから

11 時間目 メモ帳アプリの作成

Clickイベントを作成してください。Clickイベントは**リスト11.8**のように編集をします。Windows.Storage名前空間のメソッドを使用していますのでusing Windows. Storageを追加してください。各プロパティやメソッドの内容について説明済みですので、コード説明は割愛します。

リスト11.8 「保存」機能

```csharp
using Windows.Storage;

// [保存]ボタン押した時の処理
private async void btnSave_Click(object sender, RoutedEventArgs e)
{
    var filePicker = new FileSavePicker();

    // 初期フォルダーを「ドキュメント」フォルダーにする
    filePicker.SuggestedStartLocation = PickerLocationId.
DocumentsLibrary;

    // 既定の拡張子を .txt にする
    filePicker.DefaultFileExtension = ".txt";

    // サポートするファイルの種類を .txt にする
    filePicker.FileTypeChoices.Add("テキスト", new List<string>() { ".txt"
});

    // ファイル名の候補を「新規メモ」にする
    filePicker.SuggestedFileName = "新規メモ";

    StorageFile file = await filePicker.PickSaveFileAsync();

    // [保存]ボタンが押された場合(fileがnull以外)の処理
    if (file != null)
    {
```

（次ページに続く）

294

（前ページの続き）

```
        // txtMemo.Textの内容をファイルに保存する
        await FileIO.WriteTextAsync(file, txtMemo.Text);
    }
}
```

　リスト11.8の入力が完了したら、実行をして「保存」機能の動作を確認してみましょう。作成したメモ帳アプリにメモ内容を記述したら［保存］ボタンを押します。「名前を付けて保存」ダイアログが表示されるので任意の名前で保存をしましょう。保存をしたらWindowsに付属のメモ帳アプリで開き、メモ内容が保存されていることを確認してください（図11.4）。

図11.4 「保存」機能の動作確認

・作成したUWPアプリ

・名前を付けて保存ダイアログ

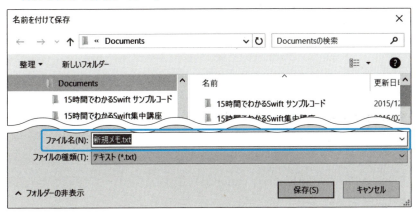

・保存内容をWindowsのメモ帳で確認

```
■ 新規メモ.txt - メモ帳                    —    □    ×
ファイル(F)  編集(E)  書式(O)  表示(V)  ヘルプ(H)
ここにメモ内容を記述します。

明日はAM9:00〜10:00まで会議
```

11-3-2◉「開く」機能

　ファイルを保存する機能ができましたので、「開く」機能を作成していきましょう。

　［保存］ボタンが押された場合はFileSavePickerを使用しました。［開く］機能では、FileOpenPickerクラスのPickSingleFileAsync()メソッドを使用して「ファイルを開く」ダイアログ表示し、テキストファイルを開く処理を実装します。PickSingleFileAsync()メソッドもPickFileSaveAsync()メソッドと同様に非同期で動作します（〜Asyncが付くメソッドは非同期で動作しますので覚えておきましょう）。戻り値はStorageFile型です。ユーザーが「ファイルを開く」ダイアログの［開く］ボタンを押すと保存場所（Pathプロパティ）やファイル名（Nameプロパティ）などを取得できることは、「名前を付けて保存」と同様です。

　インスタンス生成からPickOpenFileAsyncメソッドの使用までを**書式11.4**に示します。

書式11.4 インスタンス生成とPickOpenFileAsyncメソッドの使用

```
var インスタンス名 = new FileOpenPicker();
Windows.Storage.StorageFile file = await インスタンス名.
PickOpenFileAsync();
```

　続いてFileOpenPickerクラスで使用可能なプロパティについて学んでいきましょう。

◆SuggestedStartLocationプロパティ

　SuggestedStartLocationプロパティは「ファイルを開く」ダイアログが表示されたときに、はじめに選択される場所（フォルダー）を設定するものです。場所はFileSavePicker同様PickerLocationId列挙体のメンバーで指定します。**表11.5**を参照してください。

Part 2 ソフトウェア開発 実践編

◆FileTypeFilterプロパティ

FileTypeFilterプロパティはAddメソッドを持っており、サポートするファイルの種類(拡張子)を設定することができます。FileSavePickerクラスのFileTypeChoicesプロパティに相当しますが、書式が異なるので注意が必要です。第1引数に「ファイルを開く」ダイアログで指定可能なファイルの種類(拡張子)を指定します。複数の拡張子をサポートしたい場合は、**リスト11.9**を必要な分だけ記述します。

リスト11.9 サポートするファイルの種類

```
インスタンス名.FileTypeFilter.Add(".txt");
```

それでは、「開く」機能を実装しましょう。

はじめにMainPage.xamlで[開く]ボタンを選択し、プロパティウィンドウからClickイベントを作成してください。Clickイベントは**リスト11.10**のように編集をします。「ファイルを開く」ダイアログで選択したファイルが存在なかった場合に備えtry～catchのcatch句でFileNotFoundException例外を捕捉しています。また例外発生時は、MessageDialogでエラーメッセージを表示します。MessageDialogを使用するのでusing Windows.UI.Popupsを追加してください。

リスト11.10 「開く」機能

```
using Windows.UI.Popups;

// [開く]ボタン押した時の処理
private async void btnOpen_Click(object sender, RoutedEventArgs e)
{
    var filePicker = new FileOpenPicker();

    // 初期フォルダーを「ドキュメント」フォルダーにする
    filePicker.SuggestedStartLocation = PickerLocationId.DocumentsLibrary;

    // サポートするファイルの種類を .txt にする
```

（次ページに続く）

（前ページの続き）

```csharp
        filePicker.FileTypeFilter.Add(".txt");
        StorageFile file = await filePicker.PickSingleFileAsync();

        // ［開く］ボタンが押された場合（fileがnull以外）の処理
        if (file != null)
        {
            // ファイルからテキストを読み込む
            try
            {
                string text = await FileIO.ReadTextAsync(file);
                txtMemo.Text = text;
            }
            catch (FileNotFoundException fnfe)
            {
                // ファイルが見つからなかった場合
                MessageDialog dlg = new MessageDialog(fnfe.Message, "エラー");
                await dlg.ShowAsync();
            }
        }
    }
}
```

　リスト11.10の入力が完了したら、実行をして「開く」機能の動作を確認してみましょう。作成したメモ帳でメモを保存したら一度メモ内容をクリアしましょう。続いて［開く］ボタンを押してファイルを開き、保存内容が正しく表示されることを確認してください（**図11.5**）。

図11.5 「開く」機能の動作確認

- 作成したUWPアプリ

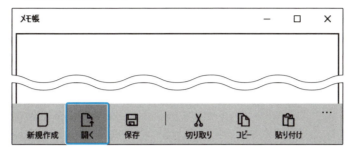

- ファイルを開くダイアログ

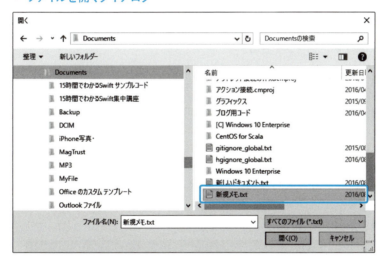

- 選択した内容を作成したメモ帳で確認

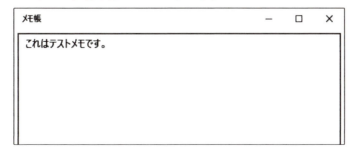

11-3-3◉「コピー」機能

「切り取り」「コピー」「貼り付け」の機能はクリップボードの機能と組み合わせて作成します。

はじめにクリップボードの使用方法について学びましょう。

UWPでクリップボードにデータをセットするには、Clipboardクラスの
SetContent()メソッドを使用します。SetContentメソッドの引数には、クリップボードにセットするデータ」を指定します。このデータはWindows.ApplicationModel.
DataTransfer名前空間にあるDataPackageクラスを使用して作成します。

DataPackageクラスのインスタンスは**リスト11.11**のようにして生成します。

リスト11.11 DataPackageクラスのインスタンス生成例

```
// usingディレクティブを追加する
using Windows.ApplicationModel.DataTransfer;


DataPackage インスタンス名 = new DataPackage();
```

続いて、クリップボードに対して行う操作を RequestedOperation プロパティにセットします。操作は**表11.6**に示すDataPackageOperation列挙体の値を指定します。

表11.6 DataPackageOperation列挙体

メンバー	説明
None	クリップボードへの操作はなし
Copy	クリップボードへのコピー操作を行う
Move	クリップボードへターゲットをコピーし、元のデータを削除する
Link	データ用のリンクを作成する

RequestedOperation プロパティにDataPackageOperation列挙体を設定する例を
リスト11.12に示します。

リスト11.12 DataPackageOperationメンバーの設定例

```
インスタンス名.RequestedOperation = DataPackageOperation.メンバー;
```

Part 2
ソフトウェア開発 実践編

　以上の設定が終わったらクリップボードへデータをセットします。データをセットするにはSetで始まるメソッドを使用します。今回作成するアプリでは文字をクリップボードへセットしますのでSetTextというメソッドを使用します。引数にはクリップボードへセットするデータを指定します。使用例は**リスト11.13**のとおりです。

リスト11.13 クリップボードへ文字をセットする

```
インスタンス名.SetText(クリップボードにセットする文字);
```

　SetTextメソッド以外の代表的なメソッドを**表11.7**に示します。

表11.7 クリップボードへデータをセットする主なメソッド

メソッド名	説明
SetBitmap	画像データをセットする
SetHtmlFormat	Htmlをセットする
SetRtf	リッチテキストをセットする
SetWebLink	Webリンクをセットする

　以上について理解できたら「コピー」機能を実装しましょう。

　MainPage.xamlで［コピー］ボタンを選択し、プロパティウィンドウからClickイベントを作成してください。Clickイベントは**リスト11.14**のように編集をします。

　コピーする文字は、TextBox上で選択されているテキストです。TextBoxのSelectedTextプロパティで取得します。

　また「コピー」ボタンを押すとtxtMemoからフォーカスが外れてしまうため、見た目上コピーした文字列がどこなのかわからなくなってしまいます。この問題を解決するために、最後の行で強制的にtxtMemoにフォーカスを当てています。txtMemo.Focusの引数FocusState.Programmaticは意図的にフォーカスを当てる際の値です。

　それ以外のコードについては説明を割愛します。

11時間目 メモ帳アプリの作成

リスト11.14 「コピー」機能

```csharp
// [コピー]ボタン押した時の処理
private void btnCopy_Click(object sender, RoutedEventArgs e)
{
    DataPackage dtPkg = new DataPackage();

    // クリップボード操作をコピーに設定する
    dtPkg.RequestedOperation = DataPackageOperation.Copy;

    // txtMemoで選択されているテキストをクリップボードにセットする
    dtPkg.SetText(txtMemo.SelectedText);

    // クリップボードにデータをセットする
    Clipboard.SetContent(dtPkg);

    // 再度txtMemoにフォーカスを当てる
    txtMemo.Focus(FocusState.Programmatic);
}
```

リスト11.14の入力が完了したら、実行をして「コピー」機能の動作を確認してみましょう（図11.6）。

図11.6 「コピー」機能の動作確認

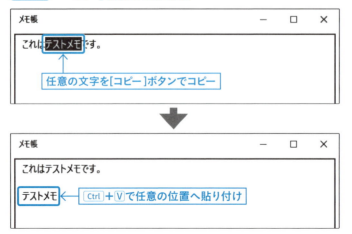

11-3-4● 「切り取り」 機能

続いて 「切り取り」 機能を作成しましょう。

「切り取り」 機能は選択されている文字の削除 (切り取り) を行い、その文字列をクリップボードへセットするように作成をします。クリップボードの使用方法についてはすでに説明済みですので、早速実装をしましょう。

MainPage.xamlで [切り取り] ボタンを選択し、プロパティウィンドウからClickイベントを作成してください。Click イベントは**リスト11.15**のように編集をします。

リスト11.15 「切り取り」機能

```
// [切り取り]ボタン押した時の処理
private void btnCut_Click(object sender, RoutedEventArgs e)
{
    DataPackage dtPkg = new DataPackage();
    int startPos = txtMemo.SelectionStart;          ← ①
    int selectedLen = txtMemo.SelectionLength;

    // クリップボード操作をコピーにする
    dtPkg.RequestedOperation = DataPackageOperation.Move;

    // txtMemoで選択されているテキストをクリップボードにセットする
    dtPkg.SetText(txtMemo.SelectedText);

    // クリップボードにデータをセットする
    Clipboard.SetContent(dtPkg);

                                                    ②
    // 選択された文字を切り取って新しい文字列を作成する
    string strNewMemo = txtMemo.Text.Substring(0, startPos) + txtMemo.
Text.Substring(startPos + selectedLen);
```

（次ページに続く）

11時間目 メモ帳アプリの作成

（前ページの続き）

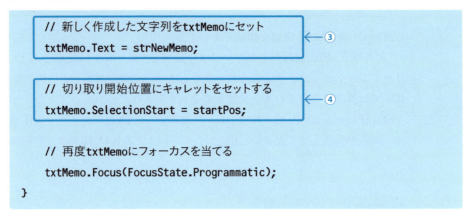

　①の部分はtxtMemo上で選択されている文字の開始位置（selectionStartプロパティ）と選択されている文字列の長さ（selectedLengthプロパティ）を取得しています。この情報を用いて現在TextBoxに表示されている文字列から選択されている文字列を削除して新しい文字列を作成し（strNewMemo）（②）、txtMemoにセットし直しています（③）。新しい文字列をtxtMemoにセットすると、キャレット（カーソルのこと）の位置がtxtMemoの先頭へと移ってしまうため、④で切り取りを開始した位置に移動させています。

　リスト11.15の入力が完了したら、実行をして「切り取り」機能の動作を確認してみましょう（図11.7）。

図11.7　「切り取り」機能の動作確認

11-3-5●「貼り付け」機能

続いて「貼り付け」機能を作成しましょう。

「貼り付け」機能は現在クリップボードにセットされている文字列を取得して、txtMemoのカーソル位置に挿入するように作成をします。

MainPage.xamlで［貼り付け］ボタンを選択し、プロパティウィンドウからClickイベントを作成してください。Clickイベントは**リスト11.16**のように編集をします。

リスト11.16 「貼り付け」機能

```
// ［貼り付け］ボタン押下時の処理
private async void btnPaste_Click(object sender, RoutedEventArgs e)
{
    // クリップボードからデータを取得する
    DataPackageView dtPkgView = Clipboard.GetContent();      ← ①
    string strMemo = await dtPkgView.GetTextAsync();

    // 取得した文字をtxtMemoのキャレットの位置に挿入する
    txtMemo.Text= txtMemo.Text.Insert(txtMemo.SelectionStart, strMemo);
                                                                ↑
                                                                ②
    // 再度txtMemoにフォーカスを当てる
    txtMemo.Focus(FocusState.Programmatic);
}
```

クリップボードにセットされているデータは①に示すようにClipboardクラスのGetContent()メソッドで取得します。このメソッドはDataPackageView型のデータを返します。DataPackageViewのGetTextAsync()メソッドを使用して、現在クリップボードにセットされている文字列を取得することができます。

クリップボードから取得した文字列を現在のキャレットの位置に挿入するには②のようにTextプロパティが持つInsert()メソッドを使用します。Insert()メソッドの第1引数には挿入位置を、第2引数には挿入する文字列を指定します。

リスト11.16の入力が完了したら、実行をして「貼り付け」機能の動作を確認してみましょう（**図11.8**）。

図11.8 「貼り付け」動作の確認

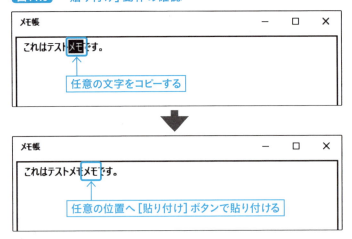

11-3-6 ● 「新規作成」機能

「新規作成」機能は、現在のtxtMemoの内容をクリアするだけです。

「新規作成」ボタンが押されたときは、メモ内容をクリアしても良いかを確認するダイアログを表示し、ユーザーへの同意を求めた上でクリアするように作成します。

はじめにMainPage.xamlを開き**リスト11.17**のようにXAMLコードを編集してください。

リスト11.17 ContentDialogの追加

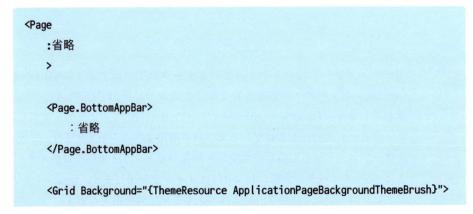

（次ページに続く）

Part 2
ソフトウェア開発 **実践編**

（前ページの続き）

```
<ContentDialog x:Name="dlgConfirm"
               Title="タイトル"
               IsPrimaryButtonEnabled="True"
               IsSecondaryButtonEnabled="True"     ← ContentDailog
               PrimaryButtonText="OK"
               SecondaryButtonText="Cancel" />
        ：省略
    </Grid>
</Page>
```

　このコードでは<ContentDialog>を追加して、［新規作成］ボタンが押されたとき
に表示されるダイアログを作成しています。このContentDialogはコードから呼び出
されるまで表示されることはありません。

　コードから呼び出すためにx:NameでdlgConfirmという名前を与えています。ダイ
アログタイトルはTitleプロパティで設定します。このダイアログには2つのボタンが
あります。1つ目のボタンを押すことができるようにするためIsPrimaryButtonEnabled
プロパティにTrueをセットします。2つ目のボタン（IsSecondaryButtonEnabledプ
ロパティ）も同様です。

　また1つ目のボタンに表示するテキストはPrimaryButtonTextプロパティで、2つ
目のボタンに表示するテキストはSecondaryButtonTextプロパティで設定をします。

　続いてMainPage.xamlで［新規作成］ボタンを選択し、プロパティウィンドウから
Clickイベントを作成してください。Clickイベントは**リスト11.18**のように編集をし
ます。

リスト11.18　「新規作成」機能

```
// ［新規作成］ボタン押下時の処理
private async void btnNew_Click(object sender, RoutedEventArgs e)
{
    this.dlgConfirm.Content = "新規作成をすると現在の内容は消えてしまいます。
¥nよろしいですか?";  ← ①
```

（次ページに続く）

（前ページの続き）

```
var result = await this.dlgConfirm.ShowAsync();   ← ②

    // 「はい」が押されたとき
    if (result == ContentDialogResult.Primary)
    {
        // 表示内容をクリアする
        txtMemo.Text = string.Empty;
    }                                               ← ③

    // 再度txtMemoにフォーカスを当てる
    txtMemo.Focus(FocusState.Programmatic);
}
```

①では**リスト11.17**で作成したダイアログにメッセージをセットしています。文字列中にある「¥n」は改行をするためのエスケープシーケンスです。

②は作成したダイアログを表示しています。ShowAsyncメソッドは表示したダイアログでどのボタンが押されたかの結果を返します。この戻り値はContentDialogResult型です。1番目のボタンを押した場合はPrimaryを返します。

③はダイアログで押されたボタンが1つ目の「はい」ボタンであるかを確認して、txtMemoの内容をクリアしています。

リスト11.18の入力が完了したら、実行をして「新規作成」機能の動作を確認してみましょう（**図11.9**）。

図11.9　「新規作成」機能の動作確認

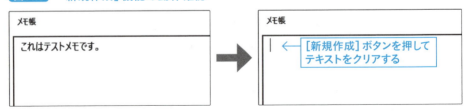

確認テスト

Q1 作成したメモ帳アプリは、アプリバーがオープンされたときとクローズされたときにtxtMemoからフォーカスが外れてしまいます。この不具合を修正するために、アプリバーのOpeningイベントとClosingイベントを作成して、txtMemoにフォーカスが当たるようにしてください。

> **ヒント**：XAMLの中の<CommandBar>をクリックすると、プロパティウィンドウがCommandBarの内容に切り替わります。プロパティウィンドウからOpeningイベントとClosingイベントを作成して処理を記述します。

Q2 新規作成ボタンを押すと確認ダイアログが表示されますが、メモが記述されていない場合でも表示されてしまいます。メモ内容が空欄の場合はメッセージが表示されないように修正をしてください。

> **ヒント**：メモ内容があるかどうかは、txtMemo.Text.Lengthプロパティで文字列の長さを調べ、長さが0の場合はメッセージを表示しないようにします。

Q3 [保存]ボタンを押したときは、必ず「名前を付けて保存」ダイアログが表示されます。メモ内容に変更がない場合は、「名前を付けて保存」ダイアログが表示されないように修正をしてください。

> **ヒント**：クラス内にメモ内容を記憶しておくフィールドを1つ準備しておきます。[保存]ボタンが押されたときは、この変数の内容と現在のtxtMemoの内容を比較することでメモ内容に変更があったかどうかを判断します。

Q4 アプリバーにセカンダリー・コマンドエリアを作成し「文字数カウント」を追加してください。このボタンが押されたときは、txtMemoの文字数をダイアログに表示されるようにしてください。

> **ヒント**：セカンダリー・コマンドエリアの作成方法は「11-2-1　アプリバーの配置」を参考にしてください。メモ帳の文字数はtxtMemo.Text.Lengthで取得できます。

12時間目 PDFビューワーの作成

11時間目ではメモ帳アプリを作成し、メニューの作成方法やファイルの読み書きについて学びました。12時間目ではPDFビューワーを作成し、UWPアプリでのPDF表示方法やハンバーガーメニューの作成方法などを学びましょう。

今回のゴール

- ハンバーガーメニューの作成方法を理解する
- PDFの表示方法を理解する
- 最近使ったファイルの登録と表示方法を理解する

12-1 作成するアプリケーションの概要

12時間目で作成するPDFビューワーアプリの完成図を図12.1に示します。本アプリは表12.1に示す機能を実装します。

表12.1 PDFビューワーアプリで実装する機能一覧

機能	説明
ハンバーガーメニュー	ハンバーガーボタンを押すと最近使ったファイル一覧を表示する。選択したPDFを表示する
[PDFファイルを開く]ボタン	ファイルを開くダイアログを表示して、ユーザーが指定したPDFファイルを表示する
[＜前へ]ボタン	現在表示しているページの1ページ前を表示する
[次へ＞]ボタン	現在表示しているページの次のページを表示する

図12.1 PDFビューワーの完成図

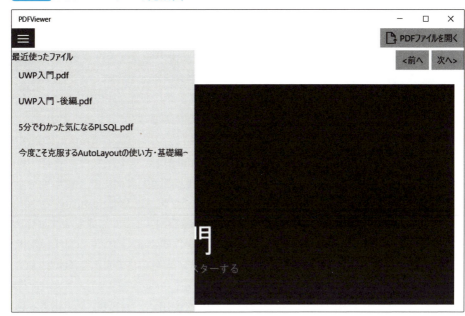

12-2 画面のデザイン

12-2-1 ● ハンバーガーボタンの作成

11時間目ではアプリバーを配置してメニューを作成しましたが、**12時間目**ではハンバーガーメニューを作成します。

ハンバーガーメニューとは、ボタンを一度押すとメニューが表示され、もう一度押すとメニューが閉じられる機能を持ちます。ハンバーガーメニューのボタンには横棒三本のアイコンが表示されます（**図12.2**）。これを**ハンバーガーボタン**と呼びます。

スマートフォンアプリやWebのメニューでも使用されていることが多いので、見たことがあるのではないでしょうか。

図12.2 ハンバーガーボタン

311

12 PDFビューワーの作成

UWPではハンバーガーボタンそのものは提供されていないため、自作する必要があります。

「押したとき」と「押されていないとき」の2つの状態を持つことができるToggleButtonコントロールを使用して、ハンバーガーボタンを作成してみましょう。

新規で「PDFViewer」という名前のプロジェクトを作成し、プロジェクトエクスプローラーでMainPage.xamlをダブルクリックします。続いて、XAMLを**リスト12.1**のように編集してハンバーガーボタンを配置します。

①がハンバーガーボタンのXAMLコードです。ToggleButtonは画面の左上に表示しています。水平方向を表すHorizontalAlignmentプロパティに"Left"を、垂直方向を表すVerticalAlignmentプロパティに"Top"を指定しています。

ボタンの表面に表示する横棒三本のアイコンは、ToggleButtonのコンテントプロパティ（「**コラム　コンテントプロパティ**」参照）として作成します。<FontIcon>は、その名が示すとおりフォントでアイコンを作成するためのものです。使用するフォントはFontFamilyプロパティに設定し、アイコンとして表示する文字はGlyphプロパティに設定します。ここでは「Segoe MDL2 Assets」というフォントを使用し、文字コードが「U+E700」の文字を使用します。XAMLで「U+E700」を記述する場合は「U+E」の部分を「&#X」とします。

「Segoe MDL2 Assets」フォントに多くの記号が含まれていますので、文字コード表で確認するとよいでしょう（**図12.3**）。文字コード表で任意の文字を選択すると左下で文字コードを確認することができます。

リスト12.1 ハンバーガーボタンのXAMLコード

```
<Page
    省略
    >
    <Grid Background="{ThemeResource ApplicationPageBackgroundThemeBrush}">

        <ToggleButton x:Name="btnHamburger"
                      HorizontalAlignment="Left" VerticalAlignment="Top">
            <FontIcon FontFamily="Segoe MDL2 Assets" Glyph="&#xE700;" />
        </ToggleButton>
                                        ①

    </Grid>
</Page>
```

図12.3 文字コード表

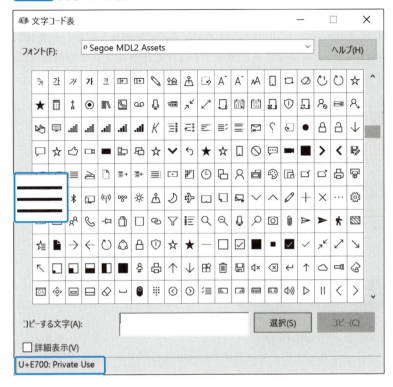

リスト12.1の入力が終了したら実行をして確認してみましょう。
　作成したハンバーガーボタンは押されていない場合は背景がグレーで、押したときは背景が青色になります（**図12.4**）。

図12.4 リスト12.1の実行例

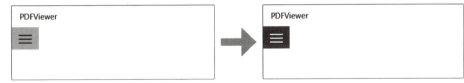

12-2-2●ハンバーガーメニューの作成

　ハンバーガーボタンを作成しましたので、続いてメニュー部分を作成しましょう。ハンバーガーメニューは、メニュー部分とコンテンツ部分に分かれており、UWPで

12時間目 PDFビューワーの作成

はSplitViewコントロールを使用して作成します。

　SplitViewコントロールは、PaneとContentの2つのエリアを持っています。Paneにはメニューを、Contentにはアプリのメイン部分を配置します（**図12.5**）。

　SplitViewはPane部分のみを使用することもできます。この場合はContent部分を省略することができます。

図12.5 SplitViewコントロール

Column　コンテントプロパティ

　ButtonやToggleButton、ListBoxなど、多くのコントロールがContentプロパティを持っています。通常Contentプロパティは以下に示すように、そのコントロールを表すタグの中に記述します。

```
<Button Content="Click Me!" />
```

　Contentプロパティには文字以外を表示することもできますし、文字と画像のように複数組み合わせて表示することもできます。

　このように文字以外を表示したい場合は「Content = 画像」のような記述ができないため、以下に示すように＜タグ＞から＜/タグ＞の間に記述します。

```
<Button>
  // ここにContentの要素を記述
</Button>
```

　以上のことを踏まえてリスト12-1を見ると、<FontIcon>はToggleButtonのContentプロパティであるということがわかります。

SplitViewコントロールのXAMLは**書式12.1**を使用します。

<SplitView.Pane>～</SplitView.Pane>にはPaneに表示するコントロールを<SplitView.Content>～</SplitView.Content>にはContentに表示するコントロールを配置します。PaneとContentのいずれも1つのコントロールしか配置できないため、複数のコントロールを配置したい場合は、GridやStackPanelなどのコンテナコントロールを配置し、その中にコントロールを配置するようにします。

書式12.1 SplitViewコントロール

```
<SplitView>
    <SplitView.Pane>
        <!-- Paneに配置するコントロール -->
    </SplitView.Pane>
    <SplitView.Content>
        <!-- Contentに配置するコントロール -->
    </SplitView.Content>
</SplitView>
```

SplitViewには**表12.2**に示すプロパティがあります。どのように開くのか、Paneの幅をどれくらいにするのかなどを設定することができます。

表12.2 SplitViewの主なプロパティ

プロパティ	説明
CompactPaneLength	Paneエリアの最小幅を設定する
OpenPaneLength	Paneを開いたときの幅を設定する
IsPaneOpen	Paneを開くかどうかを設定する。Trueで開き、Falseで閉じる。配置したメニューを表示する場合はTrueに設定する
DisplayMode	DisplayModeはPaneとContentをどのように表示するかを設定する（**表12.3**参照）
PaneBackground	Paneの背景色を設定する

表12.3 DisplayMode

メンバー	説明
Overlay	Contentの上にPaneが表示される
Inline	Paneの横にContentが表示される
CompactOverlay	IsPaneOpenをFalseにしても、少しだけPane部分が見える（CompactPaneLengthで指定した分のみ）。Contentの上にPaneが表示される
CompactInline	IsPaneOpenをFalseにしても、少しだけPane部分が見える（CompactPaneLengthで指定した分のみ）。Paneの横にContentが表示される

以上のことを理解できたらハンバーガーメニューを作成しましょう。

ここでは図12.6に示す部分を作成します。

MainPage.xamlを開きXAMLコードを**リスト12.2**のように編集してください。

図12.6 作成する画面のイメージ

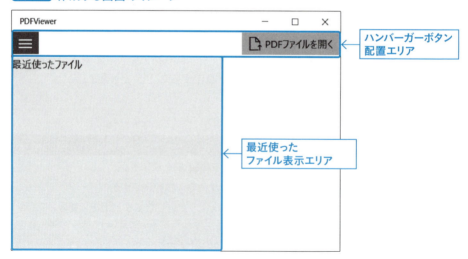

リスト12.2は大きく3つの部分に分かれています。**1**は、画面レイアウトを上下に2分割するためにGridに行を作成しています。1行目をAutoにしているのは、配置するハンバーガーボタンの高さに自動で合わせるためです。2行目は*を設定して、ハンバーガーボタンの高さを除いた部分を割り当てています。

2の部分では、Gridを配置して2列に分け、左側にはハンバーガーボタン（②）を

右側には［PDFファイルを開く］ボタン（③）を配置しています。

　②については**リスト12.1**で説明済みのため省略します。③についてはButtonコントロールのContentプロパティにStackPanelコントロールを配置しています。またStackPanelにはアイコンを表示する<FontIcon>と「PDFファイルを開く」の文字列を表示する<TextBlock>を配置しています。この部分が示すようにコントロールを組み合わせてContentを作成することができます。

　3でメニュー部分を作成します。④のSplitViewのプロパティは**表12.1**と**表12.2**で説明した通りです。この中のIsPaneOpenを見てみましょう。IsPaneOpenにある{Binding ElementName=btnHamburger, Path=IsChecked, Mode=TwoWay}は、バインディングと呼びIsPaneOpenに設定される値（TrueまたはFalse）をbtnHamburgerコントロールのIsCheckedプロパティの値と結びつけています。Modeプロパティは、結びつけたコントロール間でどのように連携し合うかを設定するものです。"TwoWay"に設定した場合はコントロール間で双方向にプロパティの値を伝え合います。この例の場合はSplitViewのIsOpenプロパティとハンバーガーボタンのToggleButtonのIsCheckedプロパティが変更された場合に値が伝わります。

　⑤の部分は最近使ったファイルを表示する部分です。StackPanelを1つ配置し、一番上にはタイトルのテキスト「最近使ったファイル」を表示し、その下にはListBoxを配置しています。ListBoxに表示する文字は動的に（必要なときに必要なオブジェクトを）作成します。後述しますのでここでは省略します。

　⑥のPDF表示エリアについては次節で説明します。

リスト12.2 ハンバーガーメニューの配置

```
<Page
    :省略
    >

    <Grid Background="{ThemeResource ApplicationPageBackgroundThemeBrush}">
①      <Grid.RowDefinitions>
            <RowDefinition Height="Auto" />
            <RowDefinition Height="*" />
        </Grid.RowDefinitions>
```

（次ページに続く）

12
時間目 PDFビューワーの作成

（前ページの続き）

```xml
<Grid Grid.Row="0">
    <Grid.ColumnDefinitions>
        <ColumnDefinition Width="Auto" />
        <ColumnDefinition Width="*" />
    </Grid.ColumnDefinitions>

    <ToggleButton x:Name="btnHamburger"
                  HorizontalAlignment="Left" VerticalAlignment="Top"
                  Grid.Column="0">
        <FontIcon FontFamily="Segoe MDL2 Assets" Glyph="&#xE700;" />
    </ToggleButton>

    <Button x:Name="btnOpenPdf" HorizontalAlignment="Right"
            Grid.Column="1">
        <StackPanel Orientation="Horizontal">
            <FontIcon FontFamily="Segoe MDL2 Assets"
                      Glyph="&#xE8E5;" Margin="0,0,5,0"/>
            <TextBlock Text="PDFファイルを開く" />
        </StackPanel>
    </Button>
</Grid >

<SplitView x:Name="splitView" DisplayMode="CompactOverlay"
    CompactPaneLength="0"
    OpenPaneLength="320"
    IsPaneOpen="{Binding ElementName=btnHamburger, Path=IsChecked,
                    Mode=TwoWay}"
    Margin="0, 5, 0, 0"
    Grid.Row="1"
    >
```

（次ページに続く）

318

（前ページの続き）

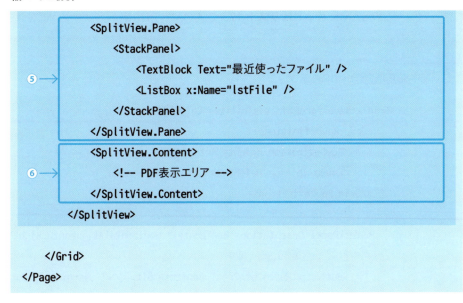

12-2-3 ● PDF表示エリアの作成

　PDF表示エリアには、ページ切り替え用のボタンを配置するエリアとPDFを表示するエリアで構成します。またPDFファイル読み込み中であることを示すため、リング型のアイコンを表示できるようにします。
　完成イメージを**図12.7**に示します。

図12.7　PDF表示エリア

12時間目 PDFビューワーの作成

PDF表示エリアのXAMLコードを**リスト12.3**に示します。

このXAMLコードは**リスト12.2**の⑥の<!-- PDF表示エリア -->部分に挿入してください。

リスト12.3 PDF表示エリア

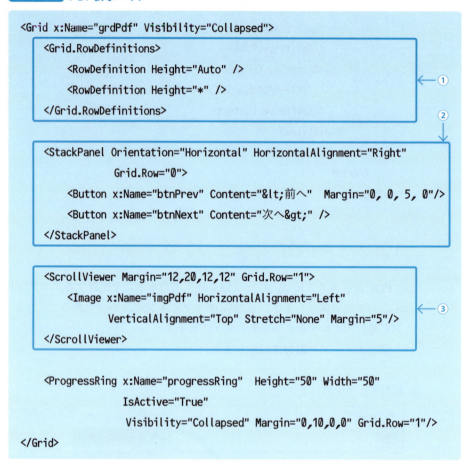

PDF表示エリアは「ページ切り替えボタン配置エリア」と「PDF表示エリア」の大きく2つに分かれるため、Gridコントロールを使用して2つの行を作成します（①）。このGridはPDFが読み込まれたときに表示をさせたいので、Visibilityプロパティに"Collapsed"を指定して非表示にしています（**リスト12.3**の1行目）。

Gridに作成した1行目にはStackPanelを配置して、画面の右側に2つのボタンを配置しています（②）。ButtonコントロールのContentプロパティ中に記述している

「<」は記号「<」を表し、「>」は記号「>」を表します。

　Gridの2行目にはPDF表示エリアを作成します（❸）。PDFの表示サイズがエリア内に収まりきらない場合を想定してScrollViewerコントロールを配置しています。ScrollViewerコントロールは、PDFのサイズが表示エリアよりも大きいときにスクロールバーを表示するために使用します。PDFはImageコントロールに表示します。

　PDF読み込み中には、読み込み中であることがわかるようにProgressRingコントロールを配置しています。ProgressRingは表示されている間ドットが回転するアニメーションが表示されるため、初期状態はVisibilityに "Collapsed" を指定して非表示にします。表示と非表示の切り替えはコードから行います。

　コードの入力が完了したら、実行して動作を確認しましょう。

　実行する場合はGridとProgressRingコントロールのVisibilityプロパティに "Visible" を指定して表示されるようにしてください。

　実行結果が**図12.6**のようになることを確認してください。

12-3　機能の実装

12-3-1◉「PDFファイルを開く」機能

　ここでは「PDFファイルを開く」ボタンが押されたときの機能を実装します。

　はじめにPDFファイルの表示方法について学びましょう。

　UWPアプリでPDFファイルを取り扱うにはPdfDocumentクラスを使用します。このクラスはWindows.Data.Pdf名前空間にあります。

　PDFファイルの読み込みはPdfDocumentクラスのLoadFromFileAsync()メソッドを使用し、引数にはStorageFile型のデータを渡します。「ファイルを開く」ダイアログ（FileOpenPickerクラス）の戻り値がStorageFile型ですので、連携して使用します。

　LoadFromFileAsyncメソッドの戻り値はPdfDocument型で、読み込んだPDFの情報が格納されています（**書式12.2**）。

書式12.2 LoadFromFileAsync()メソッド

```
PdfDocument型の変数 = await Windows.Data.Pdf.PdfDocument.
LoadFromFileAsync(StorageFile型のデータ);
```

「ファイルを開く」ダイアログを表示してPDFファイルを読み込むまでのコード例を**リスト12.4**に示します。

リスト12.4 ファイルを開く〜PDFファイルを読み込むまでの例

```
Windows.Storage.StorageFile file = await picker.PickSingleFileAsync();
Windows.Data.Pdf.PdfDocument pdfDocument = null;

if (file != null)
{
    try
    {
        // PDFファイルを読み込む
        pdfDocument = await Windows.Data.Pdf.PdfDocument.
LoadFromFileAsync(file);
    }
    catch
    {

    }
}
```

次にPdfDocumentが備えるプロパティとメソッドについて学びましょう。

◆ PageCount プロパティ

読み込んだPdfのページ数はPageCountプロパティで取得することができます。総ページ数がいくつであるかを知りたい場合は、PageCountプロパティを使用します。

◆ GetPage メソッド

任意のページを取得するにはGetPage()メソッドを使用し、引数には取得したいページ番号（0から始まる）を指定します。戻り値はPdfPage型です（**書式12.3**）。

書式12.3 GetPageメソッド

```
PdfPage インスタンス名 = PdfDocumentのインスタンス.GetPage(取得したいページの
インデックス)
```

　取得したPdfPageはBitmapImage型へ変換した上でImageコントロールに配置します。読み込んだPDFの1ページ目をBitmapImageに変換する例を**リスト12.5**に示します。

リスト12.5 PdfPageをBitmapImageに変換する例

```
// 1ページ目を読み込む
using (Windows.Data.Pdf.PdfPage page = pdfDocument.GetPage(0))   ← ①
{
                                                                    ②
    // 描画データ書き込み用のストリームを作成                        ↓
    var stream = new Windows.Storage.Streams.InMemoryRandomAccessStream();
    await page.RenderToStreamAsync(stream);

    Windows.UI.Xaml.Media.Imaging.BitmapImage src = new Windows.UI.Xaml.
Media.Imaging.BitmapImage();
                                                                    ↑
    // Imageオブジェクトにsrcをセット                               ③
    imgPdf.Source = src;   ← ④

    //作成したビットマップイメージを設定する
    await src.SetSourceAsync(stream);   ← ⑤
}
```

　はじめに①でPdfDocumentオブジェクトのGetPageメソッドを使用してPdfPageオブジェクト（この例では先頭ページ（インデックスが0））を取得します。この行で使用しているusingは取得したインスタンスを確実に解放するためのものです。生成したインスタンスを解放しないとメモリ上に残ってしまうことを防ぎます。

　続いて、描画データを書き込むためのストリームを用意しておき、PdfPageオブジェクトのRenderToStreamAsyncメソッドでストリームに書き込みます（②）。

12 時間目 PDFビューワーの作成

次にImageコントロールに設定するBitmapImageオブジェクトを作成し（③）、Imageコントロールの Source プロパティに設定します（④）。

最後にBitmapImageのインスタンスが持つSetSourceAsyncメソッドを使用して、作成したBitmapイメージを設定します（⑤）。

以上で、PDFをアプリに表示することができます。

上記のことを理解できたら、MainPage.xamlに配置した［PDFファイルを開く］ボタンのClickイベントを作成して、コードを**リスト12.6**のように編集してください。

リスト12.6 ［PDFファイルを開く］ボタンの機能

```
//追加
using Windows.Data.Pdf;
using Windows.Storage;
using Windows.Storage.Pickers;                          ← ①
using Windows.Storage.Streams;
using Windows.UI.Popups;
using Windows.UI.Xaml.Media.Imaging;


// PdfDocument管理用フィールド
private Windows.Data.Pdf.PdfDocument _pdfDocument = null;
// 表示中のページ番号管理用フィールド                      ← ②
private uint _pageIndex = 0;


/// <summary>
/// ［PDFファイルを開く］ボタンクリック時の処理
/// </summary>
/// <param name="sender"></param>
/// <param name="e"></param>
private async void btnOpenPdf_Click(object sender, RoutedEventArgs e)
{
    // PDFファイルを開くためのピッカーを準備
    var picker = new FileOpenPicker();
    picker.FileTypeFilter.Add(".pdf");
```

（次ページに続く）

324

Part 2

ソフトウェア開発 実践編

（前ページの続き）

```csharp
        StorageFile file = await picker.PickSingleFileAsync();


        if (file != null)
        {
            try
            {
                // 現在表示しているPDFを破棄する
                imgPdf.Source = null;


                // 表示するページ番号の設定
                _pageIndex = 0;


                // PDFファイルを読み込む
                _pdfDocument = await PdfDocument.LoadFromFileAsync(file);
                ShowPdf();
            }
            catch (Exception ex)
            {
                Windows.UI.Popups.MessageDialog dlgMsg =
                        new MessageDialog(ex.Message, "エラー");
                // エラーが発生した場合は PDF表示領域を非表示にする
                grdPdf.Visibility = Visibility.Collapsed;
            }
        }
    }

    /// <summary>
    /// PDFファイルを表示する
    /// </summary>
    private async void ShowPdf()
    {
```

（次ページに続く）

12
時間目 PDFビューワーの作成

（前ページの続き）

```csharp
if (_pdfDocument != null)
{
    // PDF表示領域を表示する
    grdPdf.Visibility = Visibility.Visible;

    // 読み込み中を示す ProgressRing を表示する
    progressRing.Visibility = Visibility.Visible;            // ← ⑤

    // PDFページを読み込む
    using (PdfPage page = _pdfDocument.GetPage(_pageIndex))
    {
        // 描画データ書き込み用のストリームを作成
        var stream = new InMemoryRandomAccessStream();
        await page.RenderToStreamAsync(stream);
        BitmapImage src = new BitmapImage();

        // PDFをImageコントロール内に収まるようにする
        imgPdf.Stretch = Stretch.Fill;                       // ← ⑥

        // Imageオブジェクトにsrcをセット
        imgPdf.Source = src;

        // srcに作成したビットマップイメージを流し込む
        await src.SetSourceAsync(stream);
    }

    // 読み込み中を示す ProgressRing を非表示にする
    progressRing.Visibility = Visibility.Collapsed;  // ← ⑦
}
```

326

①は、**リスト12.6**を入力する上で必要なusingディレクティブです。

②は、PDFビューワーアプリ内で使用するPDFを管理するためのフィールドと、表示するページ番号を管理するフィールドを宣言しています。

③の部分では、現在表示しているPDFの破棄をし、読み込み時に表示されるPDFのページ番号を1ページ目に設定します。

最後にPDFファイルを読み込み、ShowPdfメソッドでPDFページの描画を行います。

④は③の部分でエラーが発生した場合の処理です。エラーメッセージを表示しPDF表示領域を非表示にします。

⑤ではPDF表示領域の表示と読み込み中を表すProgressRingを表示しています。

⑥の先頭行ではGetPageメソッドの引数に_pageIndexを渡しています。_pageIndexには表示するページ番号が格納されています。_pageIndexは[<前へ]ボタンや[次へ>]ボタンが押されたときに変わります。またImageコントロールのStretchにStretch.Fillを設定して、PDFがImageコントロール内に表示されるようにしています。それ以外の部分については説明済みであるため省略します。

⑦はPDFファイル読み込み終了後の処理です。ProgressRingを非表示にしています。

コードの編集が完了したら実行して動作を確認しましょう（**図12.8**）。任意のPDFが表示できることを確認してください。

図12.8 リスト12.6の実行画面

12-3-2◉[<前へ]ボタン／[次へ>]ボタン機能

ここでは[<前へ]ボタンと[次へ>]ボタンでのページ切り替えができるように機能を実装していきます。

[<前へ]ボタンがクリックされたときと、[次へ>]ボタンが押されたときに必要な情報は、開いたPDFファイルのトータルページ数と現在表示しているページ番号です。

[<前へ]ボタンをクリックできるのは現在のページが2ページ目以降のときです。また、[次へ>]ボタンが押せるのは最終ページよりも前のときです。最終ページ番号は、PdfDocumentクラスのPageCountプロパティで取得することができます。

以上のことを理解できたら、MainPage.xamlに配置した[<前へ]ボタンと[次へ>]ボタンのClickイベントを作成して、コードを**リスト12.7**のように編集してください。

> **リスト12.7** ページ切り替えの処理

```
// ページ数管理用フィールド
private uint _pageCount = 0;  ←①


/// <summary>
/// [PDFファイルを開く]ボタンクリック時の処理
/// </summary>
/// <param name="sender"></param>
/// <param name="e"></param>
private async void btnOpenPdf_Click(object sender, RoutedEventArgs e)
{
    :省略

    // PDFファイルを読み込む
    _pdfDocument = await PdfDocument.LoadFromFileAsync(file);

    // ページカウントを取得
    _pageCount = _pdfDocument.PageCount;  ←②
```

（次ページに続く）

Part 2

ソフトウェア開発 **実践編**

（前ページの続き）

```csharp
    // ページ数が1ページ以下の場合
    if (_pageCount <= 1)
    {
        btnPrev.IsEnabled = false;        // ←③
        btnNext.IsEnabled = false;
    }
}


/// <summary>
/// ［<前へ]ボタン押下時の処理
/// </summary>
/// <param name="sender"></param>
/// <param name="e"></param>
private void btnPrev_Click(object sender, RoutedEventArgs e)
{
    // 先頭のページ以降の場合
    if (_pageIndex > 0 )
    {
        _pageIndex--;                     // ←④
        btnNext.IsEnabled = true;
    }

    // 現在のページが先頭ページの場合
    if (_pageIndex == 0)
    {
        btnPrev.IsEnabled = false;        // ←⑤
    }

    ShowPdf();      // ←⑥
}
```

（次ページに続く）

12 時間目 | PDFビューワーの作成

（前ページの続き）

```csharp
/// <summary>
/// ［次へ>］ボタン押下時の処理
/// </summary>
/// <param name="sender"></param>
/// <param name="e"></param>
private void btnNext_Click(object sender, RoutedEventArgs e)
{
    // 最終ページ未満の場合
    if (_pageIndex < (_pageCount - 1))
    {
        _pageIndex++;
    }                                        ← ⑦

    // 最終ページの場合
    if (_pageIndex == (_pageCount - 1))
    {
        btnNext.IsEnabled = false;
    }                                        ← ⑧

    // 現在のページが2ページ目以降の場合
    if (_pageIndex > 0)
    {
        btnPrev.IsEnabled = true;
    }                                        ← ⑨

    ShowPdf();  ← ⑩
}
```

①は表示するPDFの総ページ数を管理するフィールドの定義です。

リスト12.6で作成したbtnOpenPdf_Clickイベントに②のコードを追加してPDFの総ページ数を取得します。③の処理で総ページ数が1である場合は［<前へ］ボタンと［次へ>］ボタンを押せないようにします。

330

続いて[<前へ]ボタンクリック時のイベントを見ていきましょう。

④では現在表示しているページが2ページ目以降かを確認し、2ページ目以降である場合には表示するページ番号をデクリメントします。デクリメントの処理を行ったということは次のページが存在することを意味しますので、[次へ>]ボタンを押せるようにします。

④で表示するページ番号をデクリメントしたら、ページ番号が先頭かどうかを確認します（⑤）。先頭ページの場合には[<前へ]ボタンを押せないようにします。
ここまでの処理が完了しましたら⑥でShowPdf()メソッドを呼び出して、ページを切り替えます。

最後に[次へ>]ボタンクリック時のイベントを見ていきましょう。

⑦は現在のページが最終ページよりも前かを確認し、最終ページよりも前である場合には表示しているページ番号をインクリメントします。

⑧は表示するページが最終ページかを確認し、最終ページである場合には[次へ>]ボタンを押せないようにします。

⑨は表示するページが2ページ目以降の場合に、[<前へ]ボタンを押せるようにしています。

⑩でShowPdf()メソッドを呼び出して、ページを切り替えます。

コードの編集が完了したら実行して動作を確認しましょう（**図12.9**）。
[<前へ]ボタンや[次へ>]ボタンを押して、ページの切り替えができることを確認してください。

図12.9 リスト12.7の実行画面

12-3-3 ● 最近使ったファイルの表示

　最近使用したファイルは、StorageApplicationPermissionsクラスのMostRecentlyUsedListプロパティで管理します。MostRecentlyUsedListは略してMRUと呼ばれ、データはシステムによって管理されます。

　この一覧にデータを追加するにはAdd()メソッドを使用し、第1引数には最近使用したファイル一覧へ登録するファイル（StorageFile型）を、第2引数にはメタデータを指定します（**書式12.4**）。メタデータはStorageFileオブジェクトとともに保存する文字列を指定しますが省略しても構いません。PDFビューワーアプリでは最近使ったファイル一覧に表示するファイル名をメタデータに指定することとします。

書式12.4 MostRecentlyUsedListプロパティのAdd()メソッド

```
// 最近使用したファイル一覧を管理するプロパティの準備
var 最近使用したファイル一覧用変数 =
    StorageApplicationPermissions.MostRecentlyUsedList;
// 最近使用したファイル一覧へファイルの登録
var トークン用変数 = 最近使用したファイル一覧用変数.Add(StorageFile型のデータ, メタデータ);
```

　Addメソッドを使用して一覧への登録が完了すると、トークンが返されます。トークンとは登録したファイルを一意に識別することができる文字列です。

　MostRecentlyUsedListから最近使ったファイルの一覧はEntriesプロパティ（AccessListEntryView型）で取得します。

　ファイルの一覧を取得する例を**リスト12.8**に示します。1行目では最近使ったファ

イルの一覧を取得します。2行目ではSelectメソッドを使用してメタデータとトークンの組み合わせを取得して変数listに格納します。

リスト12.8 Entriesプロパティからデータを取得する例

```
// 最近使ったファイルの一覧を取得する
AccessListEntryView mruView = StorageApplicationPermissions.
MostRecentlyUsedList.Entries;
// 一覧の中からメタデータとトークンの組み合わせリストを取得する
var list = mruView.Select(entry => new { Metadata = entry.Metadata,
Token = entry.Token });
```

　最近使用したファイル（MostRecentlyUsedListプロパティから）実際にファイルを取得するには、GetFileAsync()メソッドを使用します（**書式12.5**）。このメソッドの引数にはトークンを指定します。戻り値は、トークンに対応するファイル（StorageFile型）です。

書式12.5 GetFileAsync()メソッド

```
StorageFile file = await StorageApplicationPermissions.
MostRecentlyUsedList.GetFileAsync(トークン);
```

　以上のことを理解できたら、MainPage.xamlに配置したListBoxのSelectionChangedイベントを作成して、コードを**リスト12.9**のように編集してください。

12 時間目 PDFビューワーの作成

リスト12.9 最近使ったファイルの表示処理

```
//追加
using Windows.Storage.AccessCache;  ←── ①


// [PDFファイルを開く]ボタンクリック時の処理
private async void btnOpenPdf_Click(object sender, RoutedEventArgs e)
{
    :省略
    if (file != null)
    {
        try
        {
            // PDFファイルを読み込む
            _pdfDocument = await PdfDocument.LoadFromFileAsync(file);
                                                                           ②
                                                                           ↓
            // 最近使用したファイル一覧を管理するプロパティの準備
            var mru = StorageApplicationPermissions.MostRecentlyUsedList;


            // 最近使用したファイル一覧へファイルの登録
            mru.Add(file, file.Name);


        :省略
}


// 最近使ったファイルをListBoxに表示する                                    1
private void ShowRecentlyFiles()
{                                                                           ③
                                                                           ↓
    // 最近使ったファイルの一覧からファイル名とトークンを取得する
    AccessListEntryView mruView =
        StorageApplicationPermissions.MostRecentlyUsedList.Entries;
    var list = mruView.Select(entry => new { FileName = entry.Metadata,
        Token = entry.Token });
```

（次ページに続く）

Part 2

ソフトウェア開発　**実践編**

（前ページの続き）

④

```
    // 取得したファイル名とトークンをListBoxにセットする
    lstFile.ItemsSource = list;
    lstFile.DisplayMemberPath = "FileName";
    lstFile.SelectedValuePath = "Token";
}
```

```
//   最近使ったファイル一覧でファイルが選択された場合の処理    2
private async void lstFile_SelectionChanged(object sender,
SelectionChangedEventArgs e)
{
    var token = ((sender as ListBox).SelectedValue).ToString();    ← ⑤

    Windows.Storage.StorageFile file    ← ⑥
      = await StorageApplicationPermissions.MostRecentlyUsedList.
GetFileAsync(token);

    // PDFファイルを読み込む
    _pdfDocument = await PdfDocument.LoadFromFileAsync(file);    ← ⑦

    _pageCount = _pdfDocument.PageCount;
    _pageIndex = 0;

    ShowPdf();
}
```

　①はStorageApplicationPermissionsクラスを利用するために必要な名前空間です。
　[PDFファイルを開く]のbtnOpenPdf_Clickイベントには②を追加してください。
ここでは開かれたPDFファイルを最近使用したファイルの一覧へ登録をしています。
MostRecentlyUsedListプロパティを準備し、Addメソッドの第1引数に「ファイル
を開く」ダイアログで選択されたファイルを、第2引数にファイル名を指定しています。
　続いて **1** のShowRecentlyFilesメソッドについて見ていきましょう。③は**リスト**

335

12.8で説明した通りです。ここではメタデータをFileNameとして、トークンをTokenとして取得しています。

④はハンバーガーメニューのListBoxに最近使ったファイルを表示するコードです。lstFileのItemsSourceに③で取得したlistを設定することで最近使ったファイルの一覧がセットされます。DisplayMemberPathプロパティはlstFileに表示するデータを指定します。③で取得したlistに含まれているFileNameを設定しています。SelectedValuePathプロパティはlstFileに表示されたファイル名が選択されたときに返される値を設定します。③で取得したTokenが返されるようにしています。

続いて❷のlstFile_SelectionChangedイベントを見ていきましょう。このイベントはハンバーガーメニューに表示された最近使ったファイルを選択されたときに発生します。

⑤はListBoxで選択されたファイルに対応するトークン（④のSelectedValuePathに設定した値）を取得するコードです。lstFile_SelectionChangedイベントの引数senderはobject型のため、ListBoxへキャストした上でトークンを取り出しています。

⑥では⑤で取得したトークンに紐付くファイルを取得するコードです。このトークンを使用して⑦でPDFファイルを開きます。以降のコードについては説明済みのため省略します。

コードの編集が完了したら実行して動作を確認しましょう。

PDFファイルを開くと最近使ったファイルの一覧へ登録されることを確認してください。また、最近使ったファイル一覧をクリックすることでPDFファイルが表示されることを確認してください（図12.10）。

図12.10 リスト12.9の実行画面

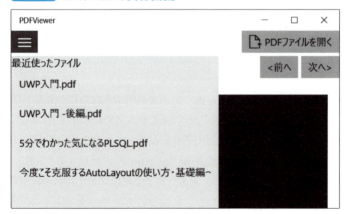

Part 2
ソフトウェア開発 **実践編**

確 認 テスト

Q1 作成したアプリは、起動時に[<前へ]ボタンと[次へ>]ボタン
が押せるようになっています。起動時は押されないように修正
してください。

ヒント：[<前へ]ボタンと[次へ>]ボタンを押せないようにするには
IsEnabledにFalseを設定します。

Q2 Q1の通りに修正すると、PDFファイルを開いても[<前へ]ボ
タンと[次へ>]ボタンが押せない状態が続きます。PDFファイ
ルを開いたときにページ数を確認して[<前へ]ボタンと[次へ>]
ボタンを押せるようにしてください。

ヒント：ShowPdfメソッド内部のPDFファイル読み込み後に処理をす
るようにします。

Q3 最近使ったファイル一覧でファイルが選択された場合は、ハン
バーガーメニューを閉じるようにしてください。

ヒント：splitViewのIsPanelOpenプロパティにfalseを設定すると、ハ
ンバーガーメニューを閉じることができます。

13時間目 お絵かきソフトの作成

12時間目ではPDFビューワーを作成し、ハンバーガーメニューの作成方法やPDFの読み取りと表示方法について学びました。ここではInkCanvasコントロールを使用してお手製のお絵かきアプリを作成してみましょう。

今回のゴール

- InkCanvasコントロールの使い方を理解する
- InkDrawAttributesクラスを使用したペンの設定方法を理解する
- 描画した絵の読み込みと保存方法を理解する

》 13-1 作成するアプリケーションの概要

13時間目で作成するPDFビューワーアプリの完成図を図13.1に示します。本アプリは表13.1に示す機能を実装します。

表13.1 お絵かきアプリで実装する機能一覧

機能	説明
[開く]ボタン	[開く]ボタンを押すと、以前描画したファイルを開きアプリ内に表示します
[保存]ボタン	[保存]ボタンを押すと、現在の描画内容を保存します
「ペン先」選択	描画するペンの先端形状を選択します
「ペンの色」選択	描画するペンの色を選択します
「ペンの太さ」選択	描画するペンの太さを選択します
[消しゴム]ボタン	マウスでドラッグした線を削除します
[削除]ボタン	描画エリアの内容をすべて削除します

図13.1 お絵かきアプリの完成図

13-2 画面のデザイン

13-2-1 ●メニューの作成

　それでは画面をデザインしていきましょう。

　はじめにメニューを作成します。**11**時間目ではアプリバーを、**12**時間目ではハンバーガーメニューを作成しましたが、ここではページ内のGridを2分割して1行目にButtonやComboBoxを配置してメニューを作成します。

　新規で「Drawing」という名前のプロジェクトを作成し、MainPage.xamlのXAMLを**リスト13.1**のように編集してください。

13
時間目 お絵かきソフトの作成

リスト13.1 メニューの作成

```xml
<Grid Background="{ThemeResource ApplicationPageBackgroundThemeBrush}">
    <!-- Gridを2行に分ける-->
    <Grid.RowDefinitions>
        <RowDefinition Height="Auto" />
        <RowDefinition Height="*" />        ← ①
    </Grid.RowDefinitions>


    <!-- 1行目にStackPanelを配置 -->
    <StackPanel Orientation="Horizontal" Grid.Row="0">   ← ②


        <!-- ［開く］ボタン -->
        <Button x:Name="btnOpen" Margin="10,0,0,0"
                ToolTipService.ToolTip="開く">
            <FontIcon FontFamily="Segoe MDL2 Assets" Glyph="&#xE197;" />
        </Button>


        <!-- ［保存］ボタン -->
        <Button x:Name="btnSave" Margin="2,0,0,0"
                ToolTipService.ToolTip="保存">
            <FontIcon FontFamily="Segoe MDL2 Assets" Glyph="&#xE105;" />
        </Button>


        <!-- ペン先選択-->
        <TextBlock Text="ペン先" Margin="10,0,0,0"
                VerticalAlignment="Center"/>
        <ComboBox x:Name="cmbPenStyle" Margin="10,0,0,0" Width="80"
                SelectedIndex="0">
            <ComboBoxItem Content="●" />
            <ComboBoxItem Content="■" />
        </ComboBox>
```

（次ページに続く）

340

Part 2　**実践編**

ソフトウェア開発

（前ページの続き）

```xml
        <!-- ペンの色 -->
        <TextBlock Text="ペンの色" Margin="10,0,0,0"
                   VerticalAlignment="Center"/>
        <ComboBox x:Name="cmbPenColors" Margin="10,0,0,0"  Width="120" />
```
③

```xml
        <!-- ペンの太さ -->
        <TextBlock Text="ペンの太さ" Margin="10,0,0,0"
                   VerticalAlignment="Center"/>
        <ComboBox x:Name="cmbPenSize" Margin="10,0,0,0" Width="80"
                  SelectedIndex="2">
            <ComboBoxItem Content="極細" />
            <ComboBoxItem Content="細い" />
            <ComboBoxItem Content="普通" />
            <ComboBoxItem Content="太" />
            <ComboBoxItem Content="極太" />
        </ComboBox>

        <!-- ［消しゴム］ボタン -->
        <ToggleButton x:Name="tglEraser" Margin="10,0,0,0" >
            <FontIcon FontFamily="Segoe MDL2 Assets" Glyph="&#xED60;" />
        </ToggleButton>

        <!-- ［削除］ボタン -->
        <Button x:Name="btnClear" Margin="2,0,0,0"
                ToolTipService.ToolTip="削除">
            <FontIcon FontFamily="Segoe MDL2 Assets" Glyph="&#xE107;" />
        </Button>
    </StackPanel>

    <ScrollViewer Grid.Row="1">
        <InkCanvas x:Name="inkCanvas" />
    </ScrollViewer>
</Grid>
```
④

341

①でGridを2分割しています。1行目はGridの高さが配置したコントロールの高さに自動で調整されるようにするためHeight="Auto"を設定しています。2行目は、画面全体の高さからメニューの高さを引いた分が割り当てられるようにするため、Height="*"を設定しています。

メニューの中に配置するButtonやComboBoxのコントロールは②のStackPanelに配置します。横方向にコントロールを配置するのでOrientation="Horizontal"とし、Gridの1行目に配置するためGrid.Row="0"としています。

メニューに配置する各ボタンはButtonコントロールを使用し、表面に表示されるアイコンは**12時間目**で説明した<FontIcon>を使用しています。また、<Button>の中にあるToolTipService.ToolTipはツールチップに表示する文字を設定します。ツールチップとはそのボタンの上にマウスカーソルが来たときに表示される文字です。

続いてメニューに配置するComboBoxについて見ていきましょう。「ペン先」や「ペンの太さ」に表示される選択項目は<ComboBoxItem>を使用して直接配置をしています。またSelctedIndexプロパティは、配置している表示項目の何番目を選択状態にするかを設定するプロパティです。③の「ペンの色」についてはコードから表示項目を設定するためXAML上では<ComboBoxItem>を配置していません。選択可能な色の設定については後述します。

最後に描画領域について見ていきましょう。UWPアプリでは、描画専用のInkCanvasコントロールがあります。画像の大きさに合わせてスクロールができるように、ScrollViewerコントロールの中に配置することとします（④）。ScrollViewerコントロールはGridの2行目に配置するのでGrid.Row="1"とします。

コードの編集が完了したら、一度実行してアプリの画面デザインを確認しましょう（**図13.2**）。

図13.2 リスト13.1の実行画面

13-3 機能の実装

13-3-1 ●ペンの初期化処理

はじめにペンの初期化処理を実装しましょう。

InkCanvasは配置しただけでは描画をすることができません。ペン先はどのような形状で、太さはどれくらいで、どんな色で描画するのかを指定する必要があります。

どのようなペンを使用するのかは、InkDrawAttributesというクラスのインスタンスに設定をします。InkDrawAttributesを通して設定可能な項目（プロパティ）を**表13.2**に示します。

表13.2 InkDrawAttributesのプロパティ

プロパティ	説明
Color	ペンの色を取得／設定します
FitToCurve	ベジエ曲線または直線セグメントを使用するかどうかを示す値を取得／設定します
IgnorePressure	デジタルペンを使用する際に圧力を無視するかどうかを取得／設定します
PenTip	ペン先の形状を示す値を取得／設定します
Size	ペンのサイズを設定します

それぞれのプロパティについて詳しく見ていきましょう。

◆ Colorプロパティ

Colorプロパティに設定できる値はWindows.UI.Colorクラスが持つ色を設定します。ColorプロパティにはBlackやRedなど、色を表すメンバーがあらかじめ備わっています。

赤色を設定したい場合は、**リスト13.2**のようにします。

リスト13.2 色の設定例①

```
var attributes = new InkDrawingAttributes();
attributes.Color = Windows.UI.Colors.Red;      // ペンの色（赤）
```

また、Windows.UI.ColorHelperクラスが持つFromArgb()メソッドで色を指定することもできます。第1引数は透明度、第2引数は赤、第3引数は緑、第4引数は青を示す値(0～255)を指定します。

透明度50%の赤い色にするには**リスト13.3**のようにします。

リスト13.3 色の設定例②

```
var attributes = new InkDrawingAttributes();
attributes.Color = Windows.UI.ColorHelper.FromArgb((byte)(255 * 0.5),
255, 0, 0);
```

◆FitToCurveプロパティ

ベジェ曲線を使用したい場合はtrueをそうでない場合にはfalseを設定します。使用例を**リスト13.4**に示します。

リスト13.4 ベジェ曲線を使用する例

```
var attributes = new InkDrawingAttributes();
attributes.FitToCurve = true;
```

◆IgnorePressureプロパティ

デジタルペンの圧力を認識できるようにするにはtrueそうでない場合はfalseを設定します。使用例を**リスト13.5**に示します。

リスト13.5 ペンの圧力を認識させる設定の例

```
var attributes = new InkDrawingAttributes();
attributes.IgnorePressure = true;      // ペンの圧力を使用する
```

◆PenTipプロパティ

ペンの形状はPenTipプロパティで設定します。設定可能な値はPenTipShape列挙体で指定します。設定可能な値は**表13.3**に示す2種類があります。

ペンの形状を円形にする例を**リスト13.6**に示します。

表13.3 PenTipShape列挙体

メンバー	説明
Circle	先端の形状を円形にします
Rectangle	先端の形状を四角形にします

リスト13.6 ペン形状の設定例

```
var attributes = new InkDrawingAttributes();
attributes.PenTip = PenTipShape.Circle;     // 先端を円形にする
```

◆ Sizeプロパティ

　ペンの太さはSizeプロパティで設定します。SizeプロパティにはSize構造体で指定します。Size構造体はコンストラクタが2つあり、1つは引数に幅と高さを与えるもの、もう1つはPoint構造体を使用するものとがあります。

　幅と高さに等しい値を設定すると真円や正方形となり、幅と高さに異なる値を設定すると楕円や長方形となります。円にするか四角形にするかはPenTipShapeプロパティの値で設定します。円にする場合はCircleを四角形にする場合はRectangleを指定します。

　リスト13.7はSize構造体を使用して幅と高さが2の真円にする例です。

リスト13.7 ペンサイズの設定例

```
var attributes = new InkDrawingAttributes();
attributes.PenTip = PenTipShape.Circle;     // ペン先の形状を円にする
attributes.Size = new Size(2, 2);           // 幅と高さを2にする
```

◆ ペン設定の適用

　InkDrawAttributesが持つ様々なプロパティでペンの設定をできることがわかりました。このようにして作成した設定はInkCanvasコントロールのInkPresenterプロパティが持つUpdateDefaultDrawingAttributesメソッドで適用する必要があります。

　リスト13.8にペン設定の適用例を示します。

13 **時間目** お絵かきソフトの作成

> **リスト13.8** ペン設定の適用例

```
inkCanvas.InkPresenter.UpdateDefaultDrawingAttributes(attributes);
```

◆ 入力デバイスを設定する

　InkCanvas コントロールはマウスとペンによる入力が可能です。マウスを使用するかペンを使用するかは、InkCanvas コントロールのInkPresenter.InputDeviceTypes プロパティで設定をします。InputDeviceTypes プロパティには**表13.4**に示す CoreInputDeviceTypes 列挙体の値を指定します。

　マウスとペンの両方を使用できるようにする場合は「|」演算子を使用して**リスト13.9**のように記述します。

> **表13.4** CoreInputDeviceTypes列挙体

メンバー	値
Mouse	使用するデバイスがマウスであることを表します。
Pen	使用するデバイスがペンであることを表します。

> **リスト13.9** 入力デバイスの設定例

```
// マウスとペンによる描画を許可する
inkCanvas.InkPresenter.InputDeviceTypes =
indows.UI.Core.CoreInputDeviceTypes.Mouse |
Windows.UI.Core.CoreInputDeviceTypes.Pen;
```

　以上のことを理解できたら、アプリ起動時にペンの初期化をする処理を実装しましょう。

　MainPage.xaml.cs を開き、コードを**リスト13.10**のように編集します。

　①はペンの様々なプロパティを設定する InkDrawingAttributes に必要な名前空間です。

　②はペンの属性を管理する InkDrawingAttributes のインスタンス用フィールドの宣言です。このフィールドはアプリ全体を通して（クラス内のどこからでも）使用できるように private フィールドとします。

　ペンの初期化処理はコンストラクタ内の③で行います。ペンの初期化処理はInitializePen() というメソッドを作成し、その中で行うこととします。

346

ソフトウェア開発 **Part 2**
実践編

　ペンの初期値は、サイズが2の円形で色は黒とします。また、ベジェ曲線を使用できるようにし、圧力を認識できるようにしています。また、デバイスはマウスとペンの両方を使用できるようにしています。

リスト13.10 ペンの初期化処理

```
// 追加
using Windows.UI.Input.Inking;  ← ①


namespace Drawing
{
    /// <summary>
    /// An empty page that can be used on its own or navigated to within
a Frame.
    /// </summary>
    public sealed partial class MainPage : Page
    {
        // ペン属性のインスタンス
        private InkDrawingAttributes attributes;  ← ②

        /// <summary>
        /// コンストラクタ
        /// </summary>
        public MainPage()
        {
            this.InitializeComponent();

            // 初期化処理の実行
            InitializePen();  ← ③
        }

        /// <summary>
        /// ペンの初期化処理
```

（次ページに続く）

347

13 時間目 お絵かきソフトの作成

（前ページの続き）

```
/// </summary>
   private void InitializePen()
   {
     // インク属性のインスタンスを生成
       attributes = new InkDrawingAttributes();

     // 描画属性を作成する
       int penSize = 2;
       attributes.Color = Windows.UI.Colors.Black;    // ペンの色
       attributes.FitToCurve = true;                  // フィットトゥカーブ
       attributes.IgnorePressure = true;   // ペンの圧力を使用するかどうか
       attributes.PenTip = PenTipShape.Circle;        // ペン先の形状
       attributes.Size = new Size(penSize, penSize); // ペンのサイズ

     // インクキャンバスに属性を設定する
       inkCanvas.InkPresenter.UpdateDefaultDrawingAttributes(attributes);

     // マウスとペンによる描画を許可する
       inkCanvas.InkPresenter.InputDeviceTypes =
         Windows.UI.Core.CoreInputDeviceTypes.Mouse |
         Windows.UI.Core.CoreInputDeviceTypes.Pen;
   }
 }
}
```

　コードの編集が完了したら、起動して絵を描いてみましょう。実行例を**図13.3**に示します。

348

図13.3 リスト13.10の実行例

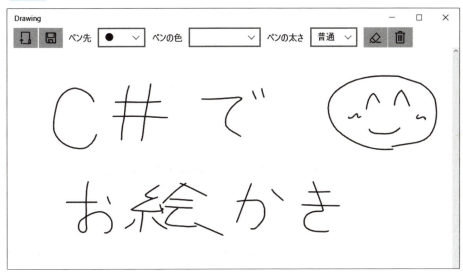

13-3-2 ● ペン先の選択機能

続いてペン先の形状を設定するComboBoxの処理を実装しましょう。ペン先は●と■の2種類の形状が選択可能です。

ComboBoxは選択項目が変更されるとSelectionChanged イベントが発生しSelectedIndexプロパティの値が変わります。この値は現在何番目の項目が選択されているのかを示すものです。よって0が選択されているときはペン先を●に、1が選択されているときはペン先を■の形状になるようにコードを記述します。

MainPage.xamlでペン先のComboBoxのSelectionChangedイベントを作成してコードを**リスト13.11**のように編集してください。

リスト13.11 ペン先選択時の処理

```
// ペン先の形状変更処理
private void cmbPenStyle_SelectionChanged(object sender,
SelectionChangedEventArgs e)
{
    if (attributes == null) return;  ←①
```

（次ページに続く）

349

13
時間目　お絵かきソフトの作成

（前ページの続き）

```
    if (cmbPenStyle.SelectedIndex == 0)
    {
        attributes.PenTip = PenTipShape.Circle;    // ペン先の形状を●にする
    }
    else
    {
        attributes.PenTip = PenTipShape.Rectangle; // ペン先の形状を■にする
    }

    // インクキャンバスに属性を設定する
    inkCanvas.InkPresenter.UpdateDefaultDrawingAttributes(attributes); ←──②

}
```

　①はattributesがnullの場合に後続の処理を行わずにイベントを抜ける処理です。attributesがnullのときに後続の処理をしようとすると、ペンの形状を設定するタイミングで例外が発生してしまいます。try～catchで例外処理を行っても構いませんが、あらかじめ例外が発生することを想定できるためif文で処理をしています。
　ペンの属性を変更したら、必ずUpdateDefaultDrawingAttributes()メソッドで設定を適用します（②）。

13-3-3●ペンの色選択機能

　続いてペンの色を選択できるようにしていきましょう。ペンの色選択用のComboBoxに表示する項目はコードで設定します。
　ComboBoxには色の名前を表示し、選択されたときにはペンの色に対応するWindows.UI.Colorの値が返されるようにします。
　はじめに、色の名前と色を管理するFillColorというクラスをMainPage.xaml.cs内に作成しましょう（**リスト13.12**）。
　色の名前はColorNameプロパティで、色はDrawingColorプロパティで管理します。

350

リスト13.12 FillColorクラス

```
namespace Drawing
{
    /// <summary>
    /// An empty page that can be used on its own or navigated to within
a Frame.
    /// </summary>
    public sealed partial class MainPage : Page
    {
        // 省略
    }


    /// <summary>
    /// 色選択ComboBoxに表示する色の名前と色を管理するクラス
    /// </summary>
    class FillColor
    {
        public string ColorName { get; set; }
        public Windows.UI.Color DrawingColor { get; set; }
    }
}
```

　続いて、作成したFillColorクラスを使用して色選択ComboBoxに表示する項目を作成します。この処理はMainPage.xaml.csのコンストラクタ内で行うこととします（**リスト13.13**）。

リスト13.13 色選択ComboBoxの項目作成処理

```
/// <summary>
/// コンストラクタ
/// </summary>
public MainPage()
```

（次ページに続く）

13
時間目　お絵かきソフトの作成

（前ページの続き）

```
{
    this.InitializeComponent();

    // ComboBoxに表示する項目の作成
    var colorNames = new List<FillColor>()
    {
        new FillColor { ColorName = "Black",
            DrawingColor= Windows.UI.Colors.Black },
        new FillColor { ColorName = "Red" ,
            DrawingColor =Windows.UI.Colors.Red },
        new FillColor { ColorName = "Yellow" ,
            DrawingColor = Windows.UI.Colors.Yellow },
        new FillColor { ColorName = "Orange" ,
            DrawingColor = Windows.UI.Colors.Orange },
        new FillColor { ColorName = "Blue" ,
            DrawingColor = Windows.UI.Colors.Blue },
        new FillColor { ColorName = "Purple" ,
            DrawingColor = Windows.UI.Colors.Purple },
    };

    // 作成した色をComboBoxにセット
    cmbPenColors.ItemsSource = colorNames;
    cmbPenColors.DisplayMemberPath = "ColorName";
    cmbPenColors.SelectedValuePath = "DrawingColor";
    cmbPenColors.SelectedIndex = 0;

    // 初期化処理の実行
    InitializePen();
}
```

←①

←②

　①ではComboBoxに表示する項目を作成してListに格納する処理です。どのようなクラスでもインスタンスの作成と同時に初期化（値の設定）をすることができます。

352

ここでは new FillColor {ColorName = "色の名前", DrawingColor = 色} という書式で1つの項目を作成します。全部で6色作成しています。

色を作成できたら②でComboBoxへ設定をします。ItemSourceプロパティはComboBoxに設定するデータソースです。ここでは①で作成したColorNamesを設定します。ComboBoxに表示する値は色の名前ですので、DisplayMemberPathプロパティにはFillColorクラスの"ColorName"を設定します。また、選択された値は実際の色を取得できるようにしますので、SelectedValuePathプロパティにFillColorクラスの"DrawingColor"を設定します。最後にSelectedIndexプロパティに0を設定して「Black」を選択状態にします。

◆ 色の取得と設定

色の選択ComboBoxに色が表示されるようになりました。あとはComboBoxで選択された色をペンに設定する処理を実装します。色選択ComboBoxのSelectionChangedイベントを作成して、コードをリスト13.14のように編集してください。

リスト13.14 色選択時の処理

```
// ペンの色変更時処理
private void cmbPenColors_SelectionChanged(object sender,
    SelectionChangedEventArgs e)
{
    if (attributes == null) return;

    // 選択された色の取得
    var selectedColor = ((ComboBox)sender).SelectedValue;     ←①

    // InkCanvasの属性に色をセット
    attributes.Color = (Windows.UI.Color)selectedColor;       ←②

    // インクキャンバスの属性を更新する
    inkCanvas.InkPresenter.UpdateDefaultDrawingAttributes(attributes);
}
```

13 時間目 | お絵かきソフトの作成

①は選択されている色を取得する処理です。SelectionChangedイベントの引数senderには、操作しているComboBoxが入っています。SenderはObject型ですので一度ComboBox型にキャストをしてから、選択された値（SelectedValue）を取得します。

選択された値はFillColorクラスのDrawingColorプロパティです。Windows.UI.Color型にキャストしてattributesに設定します（②）。

13-3-4◉ペンの太さ選択機能

ペンの設定項目の最後として太さを選択する機能を実装しましょう。

ペンの太さは、あらかじめ基準を決めておき、ComboBoxで選択された項目のSelectedIndexと拡大率で決定することとします。

ペンの太さComboBoxのSelectionChangedイベントを作成して、コードを**リスト13.15**のように編集してください。

リスト13.15 ペンの太さ選択処理

```
// 極細のペンサイズ
private const int MINIMUM_PEN_SIZE = 2;     ←①
// ペンの拡大率
private const int SIZE_RATE = 2;            ←②


// ペンの太さ変更処理
private void cmbPenSize_SelectionChanged(object sender,
SelectionChangedEventArgs e)
{
    if (attributes == null) return;


    // 選択されたペンの太さに合わせたサイズを算出する
    int penSize = MINIMUM_PEN_SIZE + cmbPenSize.SelectedIndex * SIZE_
RATE;  ←③
```

（次ページに続く）

Part 2

ソフトウェア開発　**実践編**

（前ページの続き）

```
    // ペンのサイズを設定する
    attributes.Size = new Size(penSize, penSize); ← ④

    // インクキャンバスの属性を更新する
    inkCanvas.InkPresenter.UpdateDefaultDrawingAttributes(attributes);
}
```

　ここでは極細の線の太さを2にすることとします。これを基準の太さとして定数で定義しておきます。（①）。また、拡大率も2とすることとし、定数で定義しておきます（②）。

　SelectionChangedイベント内の③は現在選択されているペンの太さの値（SelectedIndex）に合わせて、ペンサイズを算出しています。求めたサイズは④で設定し、最後に適用します。

13-3-5●消しゴム

　続いて［消しゴム］ボタンの機能を実装しましょう。［消しゴム］ボタンが押されたら、マウスやペンを使用して描画した線を消せるようにします。

　［消しゴム］ボタンはToggleButtonコントロールで作成していますので、押された場合と押されていない場合の2種類の状態が存在することになります。ボタンが押された状態のときは消しゴムとして、押されていない状態のときはペンとして使用できるようにします。

　消しゴムを使用するかペンを使用するかはInkPresenter.InputProcessingConfiguration.Modeプロパティで設定します。このプロパティにはInkInputProcessingMode列挙体の値を設定します（**表13.5**）。

表13.5 InkInputProcessingMode列挙体

メンバー	説明
Erasing	線を消せるようにします
Inking	線を描画できるようにします

355

以上のことを理解できたら、[消しゴム]ボタンのChecked イベントと Unchecked イベントを作成して、コードを**リスト13.16**のように編集します。

[消しゴム]ボタンが押された場合はChecked イベントが発生しますので、①に示す通りInkInputProcessingMode.Erasing を設定します。ボタンが押されていない状態になった場合Unchecked イベントが発生しますので、②に示す通りInkInputProcessingMode.Inking を設定します。

リスト13.16 [消しゴム]ボタンの機能

```
// [消しゴム]ボタンが押された場合の処理
private void tglEraser_Checked(object sender, RoutedEventArgs e)
{
    inkCanvas.InkPresenter.InputProcessingConfiguration.Mode =     ← ①
InkInputProcessingMode.Erasing;
}

// [消しゴム]ボタンが押されていない場合の処理
private void tglEraser_Unchecked(object sender, RoutedEventArgs e)
{
    inkCanvas.InkPresenter.InputProcessingConfiguration.Mode =     ← ②
InkInputProcessingMode.Inking;
}
```

13-3-6●削除機能

続いてInkCanvas に描画された全ての線を削除する機能を実装しましょう。

全ての線を削除するにはInkCanvas の InkPresenter.StrokeContainer.Clear() メソッドを実行するだけです。

[削除]ボタンのClick イベントを作成して、コードを**リスト13.17**のように編集します。

Part 2 ソフトウェア開発 **実践編**

リスト13.17 [削除]ボタンの機能

```
using Windows.UI.Popups;

/// 【削除】ボタンが押された場合の処理
private async void btnClear_Click(object sender, RoutedEventArgs e)
{
    // 確認用メッセージダイアログの作成                                ①
    MessageDialog dlgMsg = new MessageDialog("描画エリアをクリアします。\n
よろしいですか？", "クリア確認");

    dlgMsg.Commands.Add(new UICommand("はい", null, true));         ②
    dlgMsg.Commands.Add(new UICommand("いいえ", null, false));

    dlgMsg.DefaultCommandIndex = 0;                                 ③
    dlgMsg.CancelCommandIndex = 1;

    // ユーザーがどちらのボタンを押したかを取得する
    var selectedCommand = await dlgMsg.ShowAsync();                 ④
    var result = (bool)selectedCommand.Id;

    // 【はい】ボタンが押された場合
    if ((bool)result == true )   ⑤
    {
        inkCanvas.InkPresenter.StrokeContainer.Clear();
    }
}
```

　ボタンが押された瞬間に全ての線を消してしまわないように、確認メッセージを表示してユーザーの同意を求めた上で消すようにします。①でメッセージダイアログを作成します。このダイアログには[はい]と[いいえ]の2つのボタンを持たせます。メッセージダイアログへのボタンの追加はCommand.Add()メソッドを使用し、引数にはUICommandのインスタンスを渡します。UICommandはユーザーインターフェース上でのコマンドを表し、コンストラクタの第1引数にボタンのテキストを、第2引

数にボタンが押されたときに実行されるイベントを、第3引数にボタンが押された場合の戻り値を返すものをしようしています（②）。「はい」や「いいえ」が押されたときにはイベントを使用しないのでnullとしています。

③のDefaultICommandIndexプロパティは、何番目のボタンをデフォルトボタン（Enterキーと連動するボタン）にするかを設定し、CancelCommandIndexプロパティは何番目のボタンをキャンセルボタン（Escキーと連動するボタン）にするのかを設定します。デフォルトボタンを「はい」とし、キャンセルボタンを「いいえ」に設定しています。

④の最初の行でメッセージダイアログを表示し、ユーザーが選択したボタンの結果をselectedCommand変数に受け取ります。②で設定したとおり［はい］ボタンが押された場合はtrueを、［いいえ］ボタンが押された場合はfalseを返します。これらの値はselectedCommand.Idで取得することができるのですが、Object型であるため一度bool型へとキャストしています。この値を⑤のif文で判断し、線を削除するかどうかを処理します。

13-3-7●保存機能

続いて描画した絵を保存する機能を実装しましょう。

［保存］ボタンのClickイベントを作成して、コードを**リスト13.18**のように編集します。

はじめに①の部分で「名前を付けて保存」ダイアログを作成します。描画した絵はPNGファイルとして保存できるようにします。また保存先は「ピクチャライブラリ」に設定します。

②で「名前を付けて保存」ダイアログを表示し、ユーザーが［保存］ボタンを押したら、実際に保存処理を行います。

③はストリーム（Stream）を取得する処理です。ストリームはデータを連続的に取り扱うためのものです。動画やネットワークのデータなど、全てのデータを転送しなければ使用できないようなアプリは効率が良くありません。ここでは、Windows.Storage.Streams 名前空間にあるIRandomAccessStreamを使用します。コード中のfile.OpenAsync(FileAccessMode.ReadWrite)はファイルを読み書きモードで開くことを意味しています。

ストリームを取得したらInkCanvasコントロールが持つinkPresenter.StrokeContainer.SaveAsync()メソッドで保存を行います（④）。引数には③で取得したストリームを指定します。

Part 2　ソフトウェア開発　**実践編**

　ストリームを使用する場合は例外が発生することも考えられるためtry～catchを
使用して例外を補足するようにします。

リスト13.18　[保存]ボタンの機能

```
using Windows.Storage;
using Windows.Storage.Streams;
using Windows.Storage.Pickers;

// ［保存］ボタンが押された場合の処理
private async void btnSave_Click(object sender, RoutedEventArgs e)
{
    // 「名前を付けて保存」ダイアログの作成                          ①
    var savePicker = new Windows.Storage.Pickers.FileSavePicker();
    savePicker.SuggestedStartLocation = PickerLocationId.PicturesLibrary;
    savePicker.FileTypeChoices.Add("Png", new List<string> { ".png" });

    StorageFile file = await savePicker.PickSaveFileAsync();    ②
    if (null != file)
    {
        try
        {
            using (IRandomAccessStream stream = await file.     ③
OpenAsync(FileAccessMode.ReadWrite))
            {
                await inkCanvas.InkPresenter.StrokeContainer.   ④
SaveAsync(stream);
            }
        }
        catch (Exception ex)
        {
            MessageDialog msgDialog = new MessageDialog(ex.Message, "エラー");
            await msgDialog.ShowAsync();
        }
    }
}
```

13-3-8●読み込み機能

最後に保存した絵を読み込む機能を実装しましょう。

［開く］ボタンのClickイベントを作成して、コードを**リスト13.19**のように編集します。

［保存］機能のコードとあまり変わらないため、詳細な説明は省略します。

①で「ファイルを開く」ダイアログを作成して表示した後、②で読み取り用のストリームを作成します。③でInkPresenter.StrokeContainer.LoadAsync()メソッドを使用してファイルを開きInkCanvasへ表示します。

リスト13.19 ［開く］ボタンの機能

```
// 〔開く〕ボタンが押された場合の処理
private async void btnOpen_Click(object sender, RoutedEventArgs e)
{
    var openPicker = new FileOpenPicker();                          ← ①
    openPicker.SuggestedStartLocation = PickerLocationId.
PicturesLibrary;
    openPicker.FileTypeFilter.Add(".png");

    StorageFile file = await openPicker.PickSingleFileAsync();

    if (null != file)
    {
        using (var stream = await file.OpenSequentialReadAsync())   ← ②
        {
            try
            {
                await inkCanvas.InkPresenter.StrokeContainer.        ← ③
LoadAsync(stream);
            }
            catch (Exception ex)
            {
```

（次ページに続く）

（前ページの続き）

```
            MessageDialog msgDialog = new MessageDialog(ex.Message,
"エラー");

            await msgDialog.ShowAsync();
        }
      }
    }
}
```

　以上でお絵かきアプリは完成です。実行して全ての機能が正しく動作するかを確認してみましょう。

確認テスト

Q1 色選択ComboBoxに任意の色を追加してください。

　ヒント：任意の色はコンストラクタ内のcolorNamesに追加します。

Q2 ハイライトペン用のボタンを作成して下さい。ハイライトするペンとは蛍光ペンのように描画できるペンを意味します。Q2ではメニューに「ハイライト」という文字を表示したToggleButtonコントロールを「ペンの太さ」ComboBoxの右側に配置してください。

Q3 Q2で作成したボタンが押されている状態のときはハイライトペンとして使用できるように機能を実装してください。

　ヒント：ハイライトペンを作成するには、ペンの属性（attributes変数）が持つDrawAsHighlighterプロパティにtrueを設定します。元のペンに戻す場合はfalseを設定します。

14時間目 天気予報アプリの作成

13時間目ではInkCanvasコントロールを使用してお絵かきアプリを作成しました。ここでは、Web APIと呼ばれる技術を使用してインターネット上の天気情報データを表示するアプリを作成しましょう。

今回のゴール

- JSONファイルの読み込み方法を理解する
- シリアライズ／デシリアライズ方法を理解する
- Web APIの使用方法を理解する
- DataTemplateの使用方法を理解する

14-1 作成するアプリケーションの概要

14時間目で作成する天気予報アプリの完成図を図14.1に示します。本アプリは表14.1に示す機能を実装します注1。

図14.1 天気予報アプリの完成図

注1) 本アプリで使用するWeb APIはlivedoor社が提供するものを使用します。免責事項（http://weather.livedoor.com/help/disclaimer）をご確認の上利用をお願いいたします。

表14.1 天気予報アプリで実装する機能一覧

機能	説明
「都道府県」選択	選択された都道府県に合わせて、天気予報が取得可能な地域を「地域」コンボボックスに表示する
「地域」選択	任意の「地域」を選択すると、インターネットから指定した地域の天気予報を取得して表示する

14-2 Web APIの事前知識

14-2-1 ● RSSとWeb API

14時間目ではインターネット上にあるデータを活用するアプリを作成します。はじめにRSSとWeb APIについて理解をしましょう。

インターネット上では様々なデータが公開されています。よく知られているデータとしてRSSフィードがあります。RSSとはニュースサイトやブログなどの見出しや要約をまとめてくれる技術のことで、RSSフィードとはRSS技術に沿ったデータのことです。RSSフィードはXML形式のデータで、このデータを読み込んで表示するのがRSSリーダーと呼ばれるアプリです。Webサイトをチェックするのに使用している方もいらっしゃるのではないでしょうか。RSSフィードを取得して加工する方法を理解できれば独自のRSSリーダーアプリを作成することができます。

RSSの他にWeb APIという技術を使用してデータを配信するサービス（サイト）があります。インターネットで「Web API」で検索をすると「天気予報API」や「郵便番号API」など、様々なものがヒットします。

APIとはApplication Programming Interfaceの略で、一般的にソフトウェア同士が情報をやりとりするための手順やデータ形式を定めた規約のことを意味します。インターネット上で利用可能なAPIは特にWeb APIと呼ばれます。

14時間目ではこのWeb APIを使用したアプリを作成します。

Web APIとは、インターネットを介して何らかの処理を行うための決めごと（API）のことです。C#がプログラム内のメソッドを呼び出して使用するのと同じように、Web APIではインターネット上にあるメソッドを呼び出して結果を取得することができます。

例えば宮城県仙台市の天気予報を取得したいとしましょう。アプリは、サーバーが提供しているWeb APIを使用して「宮城県仙台市の天気予報データをください」と要

求をします。この要求のことをリクエストと呼びます。リクエストを受け取ったサーバーは必要なデータを取得して加工しアプリ側へと返します。このデータをレスポンスと呼びます。

レスポンスは要求したアプリ側が加工しやすいようにXMLやJSONと呼ばれる形式で返されます。

Web APIによるデータの取得イメージを**図14.2**に示します。

Web APIはhttpプロトコルという技術でデータを取得します。プロトコルは通信の約束事のことです。Webブラウザを使用してサイトを閲覧する際「http://～」と入力をしますが、これはhttpプロトコルによってデータを取得しているためです。

図14.2 Web APIによるデータの取得

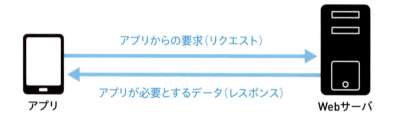

14-2-2 ● JSONデータ

Web APIによって返されるデータは大きく分けてXMLとJSONがあります。ここでは最近主流となっているJSONデータについて学んでいきましょう。

JSONはJavaScript Object Notationの略でテキスト形式のデータフォーマットです。JavaScriptとありますが、これはJavaScriptと呼ばれる言語の表記方法をベースとしているため、JavaScript専用のフォーマットということではありません。C#はもちろん他のプログラミング言語でも単純な処理で読み書きをすることができます。

XMLよりもより簡潔に記述ができ、人が理解しやすいフォーマットとなっています。

それではJSONの記法について詳しく見ていきましょう。

JSONはオブジェクト（データの集合体）を波括弧「{」～「}」で括ります。データはキーと値のペアをコロン記号「:」で連結して記述します。データはカンマで区切ることで複数持つこともできます。キーはダブルクォーテーション「"」で括る必要があります。

リスト14.1に最もシンプルなJSONデータを示します。このJSONには「name」「age」「gender」の3つのデータを持たせています。

リスト14.1 JSONデータの例

```
{ "name":"HIRO", "age":44, "gender":"Male" }
```

JSONでは配列データも持たせることができます。配列は全体を「[」～「]」で囲み、要素はカンマで区切ります。**リスト14.2**は「fruit」という名前の配列に「Apple」「Banana」「Orange」を持たせています。

リスト14.2 配列データ

```
{ "fruit":["Apple","Banana","Orange"] }
```

JSONで使用できるデータ型については**表14.2**に示すものがあります。

表14.2 JSONのデータ型

データ型	説明	例
Strings	文字列を表します	"Author":"HIRO"
Numbers	整数、小数、指数を表します	"num1":7, "num2":3.14, "num3":5e+3
Booleans	真偽値 (true/false) を表します	"isCheck":true
Null	Nullを表します	"myData":null

14-2-3◉お天気Webサービス

作成する天気予報アプリはlivedoor社が提供するお天気Webサービスを使用します。

使用方法は簡単で「http://weather.livedoor.com/forecast/webservice/json/v1?city=」というURLの最後に天気予報を取得したい地域のIDを指定すると、「今日」「明日」「明後日」の天気データをJSONデータで返します[注2]。

地域IDについてはhttp://weather.livedoor.com/forecast/rss/primary_area.xmlで確認することができます。

例として、宮城県仙台市の天気予報を取得してみましょう。

注2) JSONファイルの仕様についてはhttp://weather.livedoor.com/weather_hacks/webserviceを参照してください。

14 時間目　天気予報アプリの作成

　宮城県仙台市のIDは「040010」ですので、Webブラウザの URL 欄に「http://weather.livedoor.com/forecast/webservice/json/v1?city=040010」を入力してください。結果は JSON ファイルとして取得できることがわかります。

　作成する天気予報アプリでは、画面で選択された市町村に対する地域 ID で Web サービスにアクセスし、返された JSON ファイルを加工して天気予報を表示します。

14-3　画面のデザイン

14-3-1●画面デザインの作成

◆「都道府県」と「地域」入力欄の配置

　それでは画面をデザインしていきましょう（**リスト 14.3**）。

　はじめに画面の Grid を 3 行 2 列に分割します（①と②）。1 行目には「都道府県」タイトル表示用 TextBlock と項目選択用の ComboBox を配置し（③）、2 行目には「市町村」タイトル表示用 TextBlock と項目選択用の ComboBox を配置します（④）。

リスト 14.3　Grid の分割と ComboBox の配置

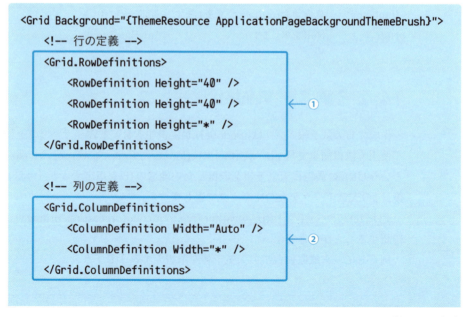

```
<Grid Background="{ThemeResource ApplicationPageBackgroundThemeBrush}">
    <!-- 行の定義 -->
    <Grid.RowDefinitions>
        <RowDefinition Height="40" />
        <RowDefinition Height="40" />
        <RowDefinition Height="*" />
    </Grid.RowDefinitions>            ← ①

    <!-- 列の定義 -->
    <Grid.ColumnDefinitions>
        <ColumnDefinition Width="Auto" />
        <ColumnDefinition Width="*" />
    </Grid.ColumnDefinitions>         ← ②
```

（次ページに続く）

（前ページの続き）

```
    <!-- 1行目 -->
    <TextBlock x:Name="txbPrefecture" Text="都道府県："
Margin="10,0,0,0"
                VerticalAlignment="Center"
                Grid.Row="0" Grid.Column="0"/>                    ←③
    <ComboBox x:Name="cmbPrefecture" VerticalAlignment="Stretch"
                Width="150" Height="30"
                Grid.Row="0" Grid.Column="1"/>

    <!-- 2行目 -->
    <TextBlock x:Name="txbCity" Text="地域：" Margin="10,0,0,0"
                VerticalAlignment="Center"
                Grid.Row="1" Grid.Column="0"/>                    ←④
    <ComboBox x:Name="cmbCity" VerticalAlignment="Stretch"
                Width="150" Height="30"
                Grid.Row="1" Grid.Column="1"/>

    <!-- リスト14.4挿入位置 -->
</Grid>
```

◆ 「天気予報」表示欄の配置

　続いて、天気予報の表示欄を作成します（**リスト14.4**）。

　天気予報表示欄はStackPanelの中にGridViewを配置**1**して作成します。天気予報の情報はインターネットから取得し、最大3日分を表示します。

　表示する情報は「今日」「明日」「明後日」の表示欄、日付表示欄、天気イメージ表示欄、予報表示欄を作成します。これらを表示するために3日分のコントロールを配置するのは大変です。そこで<DataTemplate>**3**を使用して1日分の表示項目をひな形として作成し、コードから必要数分を作成するようにします。<DataTemplate>はGridViewの表示項目のひな形部分となるため、<GridView.ItemTemplate>**2**の内側に作成します。

　<DatatTemplate>にはStackPanelコントロールを配置して、その中に1日分のデータを表示するコントロールを配置します。

14
時間目 天気予報アプリの作成

リスト14.4 天気予報表示エリアの配置

```
<!-- 天気予報表示エリア -->
<StackPanel Margin="10,10,0,0"
            Grid.Row="3" Grid.ColumnSpan="2">
1   <GridView>
2       <GridView.ItemTemplate>
3           <DataTemplate>
                <StackPanel>
                    <!-- 今日,明日,明後日表示欄-->
                    <TextBlock Text="今日"
                            TextAlignment="Center" Width="100"/>
                    <!-- 日付表示欄 -->
                    <TextBlock Text="2016-12-01"
                            TextAlignment="Center" Width="100"
                                            FontSize="10"/>
                    <!-- 天気イメージ表示欄 -->
                    <Image Source="http://www.XXXXX.com/image.png"
                            Width="50" Height="31"/>
                    <!-- 予報 (晴れ時々曇りなど) 表示欄 -->
                    <TextBlock Text="晴れ"
                            TextAlignment="Center" />
            </DataTemplate>
        </GridView.ItemTemplate>
    </GridView>
    <HyperlinkButton Content="(C) LINE Corporation"
                NavigateUri="http://weather.livedoor.com/" />
</StackPanel>
```

368

14-4 機能の実装

14-4-1 ◉「都道府県」と「地域」のJSONファイル作成

はじめにComboBoxに表示する都道府県や地域を納めたデータファイルを作成しましょう。ここではデータファイルをJSONで作成することとします（**書式14.1**）。

作成するJSONのデータは大きく2つのブロックに分かれています。②が都道府県名を表し、①の部分に都道府県に所属する地域を記述します。

①のIdには地域IDを、Nameには地域IDに対応する地域名（市町村名）を記述します。この組み合わせは必要数分記述することができます。

書式14.1 都道府県と市町村を持つJSONの書式

```
[
  {
    "Cities": [
      { "Id": "地域Id","Name": "地域名"}   ← ①
    ],
    "Name": "都道府県名"   ← ②
  }
]
```

JSONファイルはAssetsフォルダーに作成することとします。Visual Studioソリューションエクスプローラーで Assets フォルダーを右クリックして［追加］－［新しい項目］を選択します。「新しい項目の追加」ダイアログが表示されるので、左側のツリーで「全般」を選択し、一覧で「テキストファイル」を選択します。次に名前欄に「Prefecture.json」と入力して［追加］ボタンをクリックします（**図14.3**）。

図14.3 JSONファイルの追加

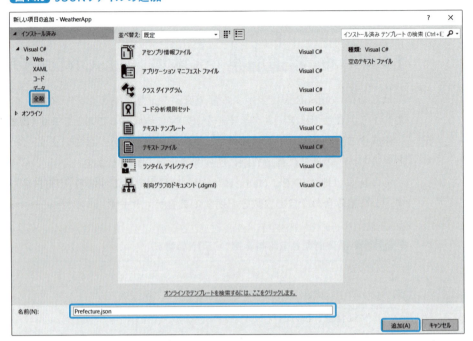

作成したPrefecture.jsonを**リスト14.5**のように編集します。必要に合わせて都道府県や地域を追加してください。

リスト14.5 Prefecture.jsonの例

```
[
  {
    "Cities": [
      {"Id": "040010","Name": "仙台"},
      {"Id": "040020","Name": "白石"}
    ],
    "Name": "宮城県"
  },
  {
    "Cities": [
```

(次ページに続く)

Part 2
ソフトウェア開発 実践編

（前ページの続き）

```
      {"Id": "130010","Name": "東京"},
      {"Id": "130020","Name": "大島"},
      {"Id": "130030","Name": "八丈島"},
      {"Id": "130040","Name": "父島"}
    ],
    "Name": "東京都"
  }
]
```

　作成したPrefecture.jsonファイルはプロジェクトの中に組み込まれますが、このままではコードの中から読み取りを行うことができません。

　そこでPrefecture.jsonファイルをプロジェクトの中で扱えるように設定を行います。ソリューションエクスプローラーでPrefecture.jsonファイルを選択し、プロパティウィンドウで「ビルドアクション」を「コンテンツ」に、「出力ディレクトリーにコピー」を「常にコピーする」を選択します（**図11.4**）。

　「ビルドアクション」はそのファイルをビルドするかどうかを示します。JSONファイルはビルド対象ではなく、データファイル（すなわちコンテンツ）です。このように取り扱うファイルによってビルドアクションをする必要があります。「出力ディレクトリーにコピー」はファイルを出力ディレクトリーに配置するかを示す値を設定します。JSONファイルはデータファイルとして出力ディレクトリーに置いておく必要があります。またすでに配置されているファイルが存在するかどうかに関係なく、プロジェクトに組み込まれたJSONファイルを使用したいので、ここでは「常にコピーする」を選択します。

図11.4 Prefecture.jsonの設定

14-4-2 ● JSONファイルのシリアライズとデシリアライズ

　JSONファイルが準備できましたので、アプリ内で使用できるようにしていきましょう。

　JSONファイルやXMLファイルをC#で読み取ったとしても、その情報は単なる文字列でしかありません。そこで、あらかじめ準備しておいたクラスのインスタンスに読み込んだデータをセットできるようにします。

　C#ではクラスの内容をJSONやXMLファイルとして保存したり、そのファイルから元のオブジェクトに復元したりすることができます。前者をシリアライズ（シリアル化）と呼び後者をデシリアライズ（逆シリアライズ）と呼びます。

　天気予報アプリは、**リスト14.5**で作成したPrefecture.jsonからクラスへデータを読み込むのでデシリアライズを行います。デシリアライズを行うためにPrefecture.jsonに合わせたクラスファイルPrefecture.csを作成します。

　Prefecture.csファイルは、Modelsというフォルダー内に作成することとします。ソリューションエクスプローラーでプロジェクト名を右クリックし、［追加］－［新しいフォルダー］を選択してModelsフォルダーを作成してください。続いて作成した

Modelsフォルダーを右クリックして、［追加］－［クラス］を選択してPrefectureクラス（Prefecture.cs）を作成します（**リスト14.6**）。作成したPrefecture.cs内にはCityクラスも作成します。

リスト14.6 PrefectureクラスとCityクラス（Prefecture.cs）

```csharp
using System.Collections.Generic;
using System.Runtime.Serialization;

namespace WeatherApp.Models          ← ①
{
    // 都道府県管理クラス
    [DataContract]                   ← ②
    class Prefecture
    {
        // 都道府県名
        [DataMember]                 ← ③
        public string Name { get; set; }

        // 都道府県に対応する市町村メンバー
        [DataMember]
        public List<City> Cities { get; set; }
    }

    // 市町村管理クラス
    [DataContract]
    class City
    {
        // <summary>
        // 市町村ID
        // </summary>
        [DataMember]
        public string Id { get; set; }
```

（次ページに続く）

（前ページの続き）

```
    // 市町村名
    [DataMember]
    public string Name { get; set; }
  }
}
```

特定のフォルダーの下にクラスを作成すると、名前空間が自動で作成されます（①）。

シリアライズ／デシリアライズ対象のクラスとそのメンバーには、DataMember Attributeという属性を指定する必要があります。属性はクラス名やメンバー名の上に［］を記述し、その中に属性名を記述します。クラスには［DataContract］属性（②）をメンバーには［DataMember］属性（③）を付けます。

クラス名とメンバー名はJSONファイルの項目名に合わせて作成します。この名前が一致していない場合、デシリアライズが正しく行われないので注意してください。

◆ デシリアライズ処理の作成

続いてデシリアライズ処理を作成します。MainPage.xaml.csを開いて**リスト14.7**のように編集します。

はじめにReadJsonメソッドを作成しましょう。このメソッドではJSONファイルをデシリアライズして、都道府県ComboBoxへのデータ表示と、市町村データの取得処理を行います。

リスト14.7 デシリアライズ処理と都道府県データの表示

```
// 追加
using Windows.Storage;
using System.Text;
using WeatherApp.Models;
using System.Runtime.Serialization.Json;

Dictionary<string, List<City>> _city =    ← ①
```

（次ページに続く）

Part 2

ソフトウェア開発 **実践編**

（前ページの続き）

```csharp
new Dictionary<string, List<City>>();

public MainPage()
{
    this.InitializeComponent();

    ReadJson();  ←─ ②
}

/// <summary>
/// AssetsフォルダーのJSONファイルを読み込む
/// </summary>
private async void ReadJson()
{
    // Assetsからのファイル取り出し                    ③
                                                        ↓
    var file = await StorageFile.GetFileFromApplicationUriAsync(
new Uri("ms-appx:///Assets/Prefecture.json"));
    // ファイルの読み込み
    string json = await FileIO.ReadTextAsync(file);


    // jsonデータからクラスへのデシリアライズ            ④
                                                        ↓
    List<Prefecture> pref;
    using (var stream = new MemoryStream(Encoding.UTF8.GetBytes(json)))
    {
        // List<Prefecture>に変換できるシリアライザーを作成
        var serializer =
 new DataContractJsonSerializer(typeof(List<Prefecture>));
        // クラスにデータを読み込む
        pref = serializer.ReadObject(stream) as List<Prefecture>;
    }
```

（次ページに続く）

14
時間目 | 天気予報アプリの作成

（前ページの続き）

```
    // 市町村データを取得する
    foreach (var item in pref)
    {
        // 県名と市の集まりをcityに追加
        _city.Add(item.Name, item.Cities);      ← ⑤
    }

    // 都道府県をcmbPrefectureにセット
    cmbPrefecture.ItemsSource = pref;
    cmbPrefecture.DisplayMemberPath = "Name";
    cmbPrefecture.SelectedValuePath = "Name";   ← ⑥
    cmbPrefecture.SelectedIndex = 0;
}
```

　JSONファイルの読み取りは③で行います。プロジェクト内に存在するファイルの読み取りは、StorageFileクラスのGetFileFromApplicationUriAsync（）メソッドを使用します。このメソッドの引数には取得するファイルのパスをUri型で指定します。AssetsフォルダーにあるJSONファイルのパスは「ms-appx:///Assets/Prefecture.json」で表すことができます。「ms-appx」はプロジェクトのルートディレクトリを表しています。変数fileにはStorageFile型のデータが代入されます。fileからデータを取得するにはFileIO.ReadTextAsyncメソッドを使用します。戻り値はファイルから読み取った内容（文字列）です。よって変数jsonにはPrefecture.jsonの内容が文字列として代入されます。

　④でデシリアライズを行います。デシリアライズは変数prefに対して行います。はじめにMemoryStreamを作成します。読み取ったJSONデータはUTF-8のファイルなので、Encoding.UTF8.GetBytesでエンコーディングをします。続いてDataContractJsonSerializerクラスを使用してシリアライザーを作成します。引数にはデシリアライズ先のクラスの型を指定します（typeof（オブジェクト）と記述することで指定したオブジェクトの型を取得できます）。最後に作成したシリアライザーのReadObjectメソッドでデシリアライズを行います。ReadObjectの引数には作成しておいたストリームを指定し、「as デシリアライズ先のデータ型」とすることで、変数prefへデシリアライズされます。

⑤はデシリアライズしたPrefから市町村データを取得してフィールド_cityに格納する処理です。_cityは地域ComboBoxへ表示するデータを格納するためのフィールドで①で定義しています。Dictionary型ですので格納するデータはKeyとValueの組み合わせとなります。Keyには県名(item.Name)を、ValueにはIdと市町村名を組み合わせたデータ(item.Cities)を格納しておきます。このようにしておくことで「_city(選択された都道府県名)」のような記述で、指定した都道府県に対する市町村のデータを取得することができるようになります。

最後に⑥で都道府県ComboBoxにデータをセットします。ItemSouceプロパティにはデシリアライズが完了したprefを、DisplayMemberPathプロパティとSelectedValueMemberPathには、prefが持つNameプロパティを設定します。Nameプロパティには都道府県名が格納されていますので、ComboBoxには都道府県名が表示され、項目の選択値として都道府県名が返されます。

14-4-3●都道府県選択時の処理

続いて都道府県が選択されたときの処理を作成します。都道府県が選択されたときは、選択された都道府県が持つ市町村を地域ComboBoxに表示します。市町村データはフィールド_cityに格納されているものを使用します。

MainPage.xamlを開き「都道府県」のComboBoxを選択してSelectionChangedイベントを作成し**リスト14.8**のように編集します。

リスト14.8 都道府県選択時の処理

```
// 都道府県選択時の処理
private void cmbPrefecture_SelectionChanged(object sender,
SelectionChangedEventArgs e)
{
    // 選択された都道府県名の取得
    var item = ((ComboBox)sender).SelectedValue.ToString();  ← ①

    // 地域ComboBoxへのデータ表示
    cmbCity.ItemsSource = _city[item];
    cmbCity.DisplayMemberPath = "Name";                       ← ②
    cmbCity.SelectedValuePath = "Id";
}
```

①は選択された都道府県名を取得する処理です。SelectionChanged イベントの引数 sender を ComboBox 型にキャストして SelectedValue の値を取得します。これにより、変数 item には「東京都」のような文字列が入ります。

②の部分は、①で取得した都道府県名に対する地域を表すコードです。cmbCity の ItemSource プロパティには選択された都道府県に対応する地域データを設定しています。cmbCity の DisplayMemberPath プロパティに "Name" を指定することで市町村名が表示されます。また SelectedValuePath プロパティに "Id" を設定することで、市町村に対応する Id が設定されます。

コードの編集が完了したら一度実行をして動作を確認してみましょう。都道府県の表示と、選択された都道府県に対する地域が表示されることを確認してください（**図14.5**）。

図14.5 リスト14.8までの実行画面

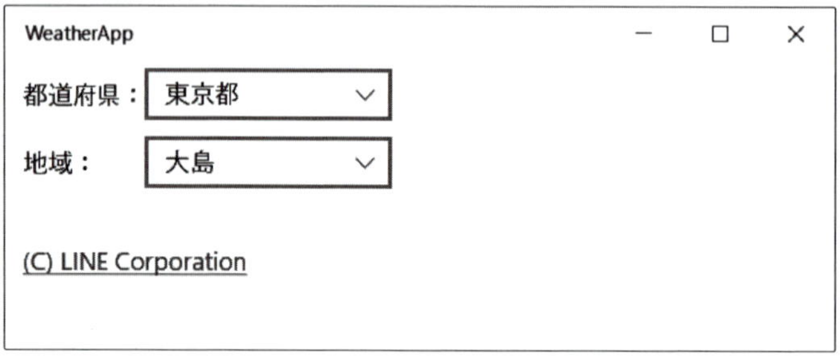

14-4-4●地域選択時の処理

続いて地域が選択されたときの処理を作成します。地域が選択されたときは、以下の手順で天気予報を表示します。

① その地域が持つ Id を取得する
② 取得した Id を Web API に渡して天気予報の JSON を取得する
③ 取得した JSON をデシリアライズし画面に表示する

はじめにデシリアライズ用のクラスを準備しましょう。

デシリアライズ用のクラスは、Web API が返してくる JSON データに合わせて作成する必要があります。返されるデータの使用については http://weather.livedoor.com/weather_hacks/webservice を確認してください。この仕様に合わせて Models フォルダーに WeatherData.cs というクラスファイルを作成してコードを**リスト14.9**のように編集してください。

Part 2
ソフトウェア開発 実践編

　取得するJSONファイルには非常に多くのデータが格納されていますが、全ての
データを格納できるクラスを作成する必要はありません。アプリ内で使用する部分の
みを取得して格納できるクラスを作成します。本アプリに必要なデータは、JSONの
中のforecastsの部分です。forecastsが持つ項目名に合わせて各プロパティを定義し
ます。

リスト14.9 WeatherData.cs

```csharp
using System.Collections.Generic;
using System.Runtime.Serialization;

namespace WeatherApp.Models
{
    // 天気予報管理クラス
    [DataContract]
    public class WeatherData
    {
        [DataMember]
        public List<Forecast> forecasts { get; set; } // 都道府県天気予報
    }

    // 予報日毎の府県天気予報管理クラス
    [DataContract]
    public class Forecast
    {
        // 予報日(今日、明日、明後日)
        [DataMember]
        public string dateLabel { get; set; }
        // 天気(晴れ、曇りなど)
        [DataMember]
        public string telop { get; set; }
        // 予報日
        [DataMember]
```

（次ページに続く）

379

14 時間目 天気予報アプリの作成

（前ページの続き）

```
        public string date { get; set; }
        // 天気予報とイメージ
        [DataMember]
        public FImage image { get; set; }
    }


    // 天気予報とイメージ管理クラス
    [DataContract]
    public class FImage
    {
        // 天気（晴れ、曇りなど）
        [DataMember]
        public string title { get; set; }
        // 天気アイコンのURL
        [DataMember]
        public string url { get; set; }
        // 天気アイコンの幅
        [DataMember]
        public int width { get; set; }
        // 天気アイコンの高さ
        [DataMember]
        public int height { get; set; }
    }
}
```

　Web APIを使用してJSONデータを受け取るクラスを作成しましたが、ここから
さらに必要なデータ「dateLabel」「Telop」「date」と、Fimageクラスに含まれる「Url」
のみを格納するWeatherSummaryというクラスを作成します（**リスト14.10**）。この
クラスはデシリアライズをしたForecastクラスに入っているデータをコピーして入
れるためのものでデシリアライズは行いません。よって[DataContract]や
[DataMember]といった属性は不要です。

380

Part 2
ソフトウェア開発 **実践編**

リスト14.10 WeatherSummary

```
namespace WeatherApp.Models
{
    public class WeatherSummary
    {
        public string DateLabel { get; set; } // 予報日（今日、明日、明後日）
        public string Telop { get; set; }     // 天気（晴れ、曇りなど）
        public string Date { get; set; }      // 予報日
        public string Url { get; set; }       // 天気アイコンのURL
    }
}
```

以上でクラスの準備は完了です。

◆天気予報データのバインド

続いてMainPage.xamlの天気予報表示部分のXAMLを修正して、Web APIで取得したデータをバインドできるようにします（**リスト14.11**）。

リスト14.11 天気予報表示部のXAML

```
<Page
    x:Class="WeatherApp.MainPage"
    xmlns="http://schemas.microsoft.com/winfx/2006/xaml/presentation"
    xmlns:x="http://schemas.microsoft.com/winfx/2006/xaml"
    xmlns:local="using:WeatherApp"
    xmlns:d="http://schemas.microsoft.com/expression/blend/2008"
    xmlns:mc="http://schemas.openxmlformats.org/markup-
compatibility/2006"
    xmlns:data="using:WeatherApp.Models"  ←①
    mc:Ignorable="d">
```

（次ページに続く）

381

14
時間目　天気予報アプリの作成

（前ページの続き）

```xml
<StackPanel Margin="10,10,0,0" Grid.Row="3" Grid.ColumnSpan="2">
    <GridView ItemsSource="{x:Bind Summary}">    ← ②
        <GridView.ItemTemplate>
            <DataTemplate x:DataType="data:WeatherSummary">    ← ③
                <StackPanel>
                    <!-- 今日,明日,明後日表示欄-->
                    <TextBlock Text="{Binding DateLabel}"
                               TextAlignment="Center" Width="100"/>
                    <!-- 日付表示欄 -->
                    <TextBlock Text="{Binding Date}"
                               TextAlignment="Center" Width="100"
                               FontSize="10"/>
                    <!-- 天気イメージ表示欄 -->
                    <Image Source="{Binding Url}" Width="50"
                           Height="31"/>
                    <!-- 予報（晴れ時々曇りなど）表示欄 -->
                    <TextBlock Text="{Binding Telop}"
                               TextAlignment="Center" />
                </StackPanel>
            </DataTemplate>
        </GridView.ItemTemplate>
    </GridView>
    <HyperlinkButton Content="(C) LINE Corporation"
                     NavigateUri="http://weather.livedoor.com/" />
</StackPanel>
```

②は、GridViewにバインド（結合）するデータがSummaryという名前であることを設定しています。Summaryの作成方法は**リスト14.12**で説明します。

③はSummaryのデータ型が**リスト14.10**で作成したWeatherSummaryであることを示しています。「data:」は①の部分で名前空間に付けた名前です。WeatherSummaryクラスはMainPage.xamlとは異なるWeatherApp.Models名前空間にあるので「data:」という別名で使用できるようにしています。

382

④はバインドしたSummaryが持っているデータの中にあるDateLabel、Date、Url、Telopをバインドしています。これにより、コード側でデータの入ったSummaryを作成すると自動で天気予報が表示されるようになります。Summaryには今日、明日、明後日のデータが含まれますので、実際に表示される際は<DataTemplate>の中にある<StackPanel>が3つ生成されます。

◆天気予報データの表示

続いて地域idを指定してJSONデータを取得し、天気予報を表示するReadWeatherDataメソッドを作成します（**リスト14.12**）。

リスト14.12 地域選択時の処理

```
// 追加
using System.Collections.ObjectModel;
                                                                    ①
                                                                    ↓
private WeatherData weatherData = new WeatherData();
private ObservableCollection<WeatherSummary> Summary = new ObservableCollection<
WeatherSummary>();
private const string WEATHER_URL = "http://weather.livedoor.com/forecast/
webservice/json/v1?city=";


// idに対するJSONデータの取得と天気予報の表示
private async void ReadWeatherData(string id)
{
    // Web Apiにidを渡してjsonデータを取得する
    var hc = new Windows.Web.Http.HttpClient();                    ← ②
    string json = await hc.GetStringAsync(new Uri(WEATHER_URL + id));
                                                                    ③
                                                                    ↓
    //jsonデータからクラスへのデシリアライズ
    WeatherData weather;
    using (var stream = new MemoryStream(Encoding.UTF8.GetBytes(json)))
    {
        // List<WeatherData>に変換できるシリアライザーを作成
```

（次ページに続く）

14
時間目 天気予報アプリの作成

（前ページの続き）

```
        var serializer = new DataContractJsonSerializer(typeof(WeatherData));
        // クラスにデータを読み込む
        weather = serializer.ReadObject(stream) as WeatherData;
    }
```

```
    // データの初期化
    Summary.Clear();  ←④
```

```
    // forecastから必要なデータのみを取得し表示する
    foreach (var forecast in weather.forecasts)
    {
        WeatherSummary temp = new WeatherSummary()
        {
            DateLabel = forecast.dateLabel,
            Telop = forecast.telop,                      ←⑥        ←⑤
            Date = forecast.date,
            Url = forecast.image.url
        };

        Summary.Add(temp);  ←⑦
    }
}
```

　①はReadWeatherDataメソッド内で使用するフィールドとコンストラクタの定義
です。weatherDataはWeb APIを使用して取得してJSONのデシリアライズデータ
を入れるフィールドです。SummaryはweatherDataから必要なデータのみを抜き出
して入れるためのフィールドで、XAMLへバインドされるデータです。
ObservableCollectionはMainPage.xamlに配置したコントロールへ、データが変更
されたことを通知する機能を持っているコレクションです。このコレクション内の
データが変更された場合はバインド先のコントロールへ通知が送られ、自動で表示内
容を更新することができます。定数WEATHER_URLはWeb APIのURLを入れて
います。

②の部分はWeb APIを使用して天気予報データを取得する部分です。

HttpClientというクラスのインスタンスを生成後、GetStringAsync()メソッドの引数にURLを渡してデータを受け取ります。このURLは引数で受け取った地域IDを連結していますので、指定した地域の天気予報JSONが取得できるというわけです。

③は②で取得したJSONをデシリアライズする処理です。デシリアライズについては説明済みですのでここでは割愛します。

④でXAMLに表示するSummaryデータの初期化を行い、⑤で取得したデータから必要な部分のデータを抜き出しています。⑥でtempというWeatherSummaryのインスタンスを生成して必要なデータを作成し、⑦でSummaryにデータをセットしています。

以上により、ReadWeatherDataメソッドが呼び出されると画面には天気予報が表示されます。

◆ 地域選択時の処理を作成する

最後に、地域が選択されたときのイベントを作成しましょう。cmbCity_SelectionChangedイベントを作成して**リスト14.13**のように編集をしてください。

リスト14.13 地域選択時の処理

```
// 地域選択時の処理
private void cmbCity_SelectionChanged(object sender,
SelectionChangedEventArgs e)
{
    // 選択された地域のIDを取得する
    var id = ((ComboBox)sender).SelectedValue?.ToString();  ←①

    // 地域IDがnullの場合は処理終了
    if (id == null) return;

    // 地域Idを渡してReadWeatherDataメソッドの呼び出し
    ReadWeatherData(id);
}
```

①はSelectionChangedイベントの引数senderをComboBox型にキャストして、選択されたIDを取得する処理です。SelectedValueがnullの場合はToStringメソッドで例外が発生してしまいます。これを回避するために「?.」と記述し、nullの場合はToString()を実行しないようにしています。

残りについては難しい部分はありません。コメントが示す通りです。

以上で天気予報アプリの完成です。冒頭でも示した通り世の中には様々なWeb APIがあります。Web APIをうまく利用することで、よりよいサービスを提供するアプリを作成することができるでしょう。本アプリを参考に様々なアプリ作成に是非挑戦してください。

Column　Web APIを使用するアプリケーション作成のヒント

14時間目で作成した天気予報アプリはWeb上にあるデータを活用したものです。Web APIを使用すると、自ら作成するロジック部分は少なく、最新データを活用した独自のアプリを作成することが可能です。

すでに説明した通り、Web APIはXMLかJSON形式のデータを返してきます。これらのデータを活用するためには、デシリアライズが不可欠です。

Web APIを提供しているサイトでは、どのようなリクエストを投げる必要があるのか、レスポンスとして返すデータフォーマットはどのようなものかが示されています。まずはこれらの仕様について理解することから始めましょう。

仕様を理解できたら、Webブラウザを使用してリクエストを投げてみてください。天気予報アプリの例ですと「http://weather.livedoor.com/forecast/webservice/json/v1?city=040010」のようなリクエストを投げると、レスポンスデータがブラウザに表示されます。表示されたデータと仕様を見比べてみてどのようなクラスにする必要があるのかを検討してみましょう。

多くのデータを返してくるような場合は、1つのデータだけを受け取るクラスを準備し、デシアライズする部分を作成してみてください。成功したら徐々に受け取れるデータの数を増やしていくことをおすすめします。

14時間目で作成したアプリには、JSONデータを受け取りデシアライズする部分のコードがあります。少し改造することで新しいアプリケーションに流用することが可能です。是非、他のWeb APIを使用したアプリ開発にチャレンジしてください。

Part 2

ソフトウェア開発　実践編

確認テスト

Q1 **14時間目**で使用したお天気Webサービスには、「天気概況文」というデータも取得することができます。このデータを表示できるようにするため、デシリアライズ可能なDescriptionクラスを作成し、WeatherDataクラスのプロパティとして実装してください。DescriptionクラスにはtextとpublicTimeのプロパティを実装してください。

Q2 「天気概況文」のデータ「text」を表示できるようにXAMLを編集してください。

Q3 Q1でクラスを変更したことによりDescriptionにはWeb APIから取得したデータ格納でされるようになりました。格納されたDescription内のtextをQ2で作成した場所へ表示されるように修正をしてください。

　　ヒント： リスト14.12の一番後ろにコードを追加します。参考部分は⑤の箇所です。難しいと感じられた場合には解答例を参考にコードを編集してください。

15時間目 プッシュ通知アプリの作成

14時間目ではWeb APIを使用してインターネットの情報を活用した天気予報アプリを作成しました。ここではMicrosoftのクラウドサービスであるAzureを使用して、プッシュ通知の送信と受信をするアプリを作成してみましょう。

今回のゴール

- Microsoft Azureアカウントを作成する
- Windows開発者アカウントを作成する
- Microsoft Azureの操作方法を理解する
- プッシュ通知受信アプリの作成方法を理解する
- プッシュ通知送信アプリの作成方法を理解する

15-1 作成するアプリケーションの概要とプッシュ通知

15時間目で作成するプッシュ通知アプリの完成図を**図15.1**に示します。

この図は、プッシュ通知を送信するアプリと受信した通知を表示するアプリの例です。この図が示す通り、**15時間目**では2本のアプリを作成します。本アプリは**表15.1**と**表15.2**に示す機能を実装します。

図15.1 プッシュ通知アプリの完成図

表15.1 メッセージ送信アプリ

機能	説明
メッセージ送信	[送信]ボタンをクリックすると、TextBoxに入力した内容をプッシュ送信する

表15.2 メッセージ受信アプリ

機能	説明
トースト通知	プッシュ通知されたメッセージを受信してトースト通知※する

※トースト通知はOSやWindowsストアアプリが通知するメッセージをタスクトレイの上に表示し、ユーザーに通知やアクションを促す機能です。

15-2 Microsoft Azureアカウントと開発者アカウントの作成

15-2-1 ● Microsoft Azureとは

　Microsoft Azure（マイクロソフト・アジュール。以下Azureとします）はMicrosoftのクラウドサービスです。クラウドサービスには、IaaS、PaaS、SaaSといった種類があります。

　IaaSはInfrastructure as a Serviceの略で、クラウドを通してインフラストラクチャを提供するサービスです。IaaSを使用すると、物理サーバーやその設置場所を独自に準備する必要はなく、管理コストを削減することができます。

　PaaSはPlatform as a Serviceの略で、クラウド内での開発およびデプロイメント環境を提供するサービスです。開発ツール、ビジネスインテリジェンスサービス、データベース管理サービスも提供されます。

　SaaSはSoftware as a Serviceの略で、インターネット経由でクラウド上のアプリ

ケーションを使用することができるサービスです。主な製品としてOffice 365があります。

AzureではIaaS, PaaS, SaaSの様々なサービス[注1]を提供しています。Virtual Machineを使用してクラウドにWindowsやLinux環境を構築したり、SQL Databaseでデータベース環境を構築したりと、これまでオンプレミスで行っていたことがクラウド上で行うことができるようになります。

15-2-2●Notification Hubs

ここではAzureが提供するNotification Hubsというサービスを使用して、クラウドを介したプッシュ通知アプリの作成を行います.

アプリの作成を行う前にプッシュ通知とは何かについて学んでおきましょう。通知のメッセージ受信方法には「プル型」と「プッシュ型」の大きく2種類あります。アプリが自らメッセージを取りに行く方法をプル型、サーバーがアプリに通知する方法をプッシュ型と呼びます。

UWPアプリやWindows Phoneアプリなどはプッシュ通知を受け取るとトースト通知が表示されるか、スタート画面のタイルの更新が表示されます。

プッシュ通知はプラットフォーム通知システム（PNS）と呼ばれる技術を使用して配信されるのですが、PNS自体はWindowsやiOSといったプラットフォーム固有のインターフェースは持っていません。そこでWindows向けのプッシュ通知アプリを開発したい場合は、Windows Notification Service（WNS）と呼ばれる通知システムを使用します（iOSの場合はAPNS、Googleの場合はGCMなど様々な通知システムがあります）。

Notification Hubsは、WNSやAPNS、GCMといったプラットフォーム固有の通知システムをまとめて管理することができます。これにより開発者はNotification Hubと接続するアプリを作成して様々なプラットフォームへプッシュ通知を送信することができます。

注1)　提供されているサービスの一覧はhttps://azure.microsoft.com/ja-jp/regions/services/で確認することができます。

15-2-3 ● Azureアカウントの作成

　Azureを使用するにはAzureアカウントの作成が必要です。またAzureのアカウントを作成する際にMicrosoftアカウントが必要になりますので事前に準備をしてください。Visual Studioのインストール時に使用したアカウントで構いません。

　はじめにhttps://azure.microsoft.com/ja-jp/free/にアクセスして、［無料で始める］のリンクをクリックします（図15.2）。

図15.2 Microsoft Azureのポータルサイト

　続いてサインインのページへ移動します（図15.3）。準備しておいたMicrosoftアカウントを入力してサインインをします。

図15.3 Azureへのサインイン

15時間目 プッシュ通知アプリの作成

　サインインをすると、Azureアカウントを作成するための情報入力ページへ移動しますので、必要事項を入力して「サインアップ」をクリックします（図15.4）。
　サインアップが完了し準備が整うと「Microsoft Azureへようこそ」のページが表示されますので、「サービスの管理を開始する」をクリックしてください（図15.5）。

図15.4 必要事項の入力とサインアップ

図15.5 「Microsoft Azureへようこそ」の表示

15-2-4 ● サービスの管理

　「サービスの管理を開始する」をクリック後はサブスクリプションの選択画面へ移動します（図15.6）。「サブスクリプション」とは契約しているサービスのことです（既存のMicrosoftアカウントで、他にも使用しているAzureサービスがある場合は一覧

392

に表示されます)。右上の「ポータル」をクリックしてダッシュボード(Azureのメインページ)へ移動しましょう(**図15.7**)。左側には現在使用可能なサービスの一覧が表示されています。アカウント登録から1ヶ月間はAzureが提供する様々なサービスを利用することが可能です。無料使用期間終了後は使用できなくなるサービスがありますので、この機会に触れておくことをおすすめします。

図15.6 サブスクリプション選択画面

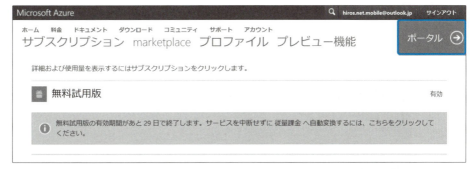

図15.7 ダッシュボード

15-2-5●開発者アカウントの作成

　Azureからのプッシュ通知を受け取るUWPアプリはWindowsストアに関連付ける必要がありますWindowsストアへの関連付けは開発者アカウントが必要で初回のみ登録料が発生します。2016年10月時点で個人用であれば1,847円、会社用であれば9,800円が必要です（価格は改定になる場合があります）。Windowsストアは作成したアプリを販売できる場所でもありますので、これを機会に登録しておきましょう。

　それでは開発者アカウントを作成する手順を確認していきましょう。

　はじめにWindowsデベロッパーセンター注2へアクセスし「サインアップ」をクリックします（**図15.8**）。

図15.8 Windowsデベロッパーセンター

　続いて「アプリ開発者として登録する」が表示されますので「サインアップ」をクリックして次へ進みます（**図15.9**）。ログイン画面が表示されますのでアプリ開発者用として登録するマイクロソフトアカウントでログインをし、必要事項を入力してサインアップを完了してください。

　サインアップ方法の詳細については以下のURLを参照ください。

　https://msdn.microsoft.com/windows/uwp/publish/opening-a-developer-account#the-account-signup-process

---

注2）　https://developer.microsoft.com/ja-jp/windows

Part 2
ソフトウェア開発　**実践編**

図15.9 「アプリ開発者として登録する」ページ

アプリ開発者として登録する

開発者アカウントがあると、アプリやアドインを Windows ストア、Office ストア、Azure Marketplace などの
Microsoft マーケットプレースに提出できます。

作業を始める準備

以下をクリックして個人/学生アカウントまたは企業アカウントで新規登録します。連絡先情報の入力、発行者の表示
名、1 回限りの登録料金の支払方法 (Visa/Mastercard、対応可能な場合は PayPal、プロモーション コードなど) の
指定が求められます (プリペイド式クレジット カードは使用できません)。

個人アカウントが約 19 米ドルで、企業アカウントが約 99 米ドルです (実際の金額は国または地域によって異なる場
合があります)。これは、1 回限りの登録料金であり、更新は必要ありません。

注: 開発者アカウントと関連付ける Microsoft アカウントでサインインしている必要があります。Microsoft アカウントを
まだ持っていない場合は、サインアップ手続きを始めて取得することができます。

[サインアップ]

ご質問がある場合はよく寄せられる質問をご覧ください。

15-3 プッシュ通知サービスの作成

15-3-1◉Windowsストアへのアプリ予約

　プッシュ通知サービスを受け取るアプリはWindowsストアへの登録が必要である
ことは既に説明した通りです。アプリが完成していない場合でも、Windowsストア
に予約登録をして、プッシュ通知サービスの動作確認をすることが可能です。これに
よりプッシュ通知サービスを使用しながらアプリの開発を進めることができます。

　それでは予約登録を行う方法について確認をしていきましょう。

　Windowsデベロッパーセンターを開き、サインインをします。ダッシュボードが
表示されますので「Windows」タブを選択し、「新しいアプリの作成」をクリックしま
す（**図15.10**）。

　「名前を予約してアプリを作成」のページへ移動しますので任意のアプリ名（配布時
の製品名がよいでしょう）を入力して「製品名の予約」をクリックします（**図15.11**）。

図15.10 「新しいアプリの作成」

図15.11 「名前の予約」

　名前の予約が完了すると、「アプリの概要」ページが表示されます。左側の「サービス」を展開して「プッシュ通知」を選択します（図15.12にある、「申請を開始する」は実際にアプリをストア配信する際に使用するリンクとなりますので覚えておきましょう）。
　「プッシュ通知」のページへと移動しますので、「Windowsプッシュ通知サービスとMicrosoft Azure Mobile Apps」の説明文の中にある「Liveサービスサイト」のリンクをクリックします（図15.13）。

図15.12 「申請を開始する」ページ

図15.13 「プッシュ通知」ページ

続いて「プッシュ通知サンプル 登録」ページへ移動します。このページにはAzureでプッシュサービスを作成する際に必要となる情報が記載されています。「アプリケーションシークレット」と「パッケージSID」の文字列が必要となりますのでメモをしておいてください。

図15.14 「プッシュ通知サンプル 登録」ページ

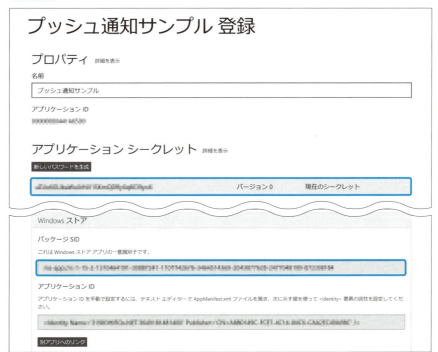

15-3-2●プロジェクトとストアの関連付け

ストアへのアプリ予約が完了したら、プロジェクトとストアへ予約したアプリの関連付けを行います。

はじめにプッシュ通知を受け取るUWPアプリケーションのプロジェクトを作成します。プロジェクト名は「PushReceiver」とすることとします。

プロジェクトの作成が完了したらソリューションエクスプローラーでプロジェクトを右クリックし、［ストア］－［アプリケーションをストアと関連付ける］をクリックします（図15.15）。

図15.15 ストアとの関連付け

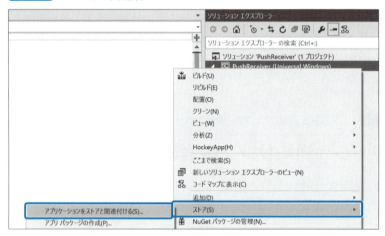

「アプリケーションをWindowsストアと関連付ける」ダイアログ（図15.16）が表示されますので［次へ］をクリックします。続いて「アプリケーション名を選択」（図15.17）が表示されます。

図15.16 「アプリケーションをWindowsストアと関連付ける」ダイアログ

図15.17 アプリケーション名の選択

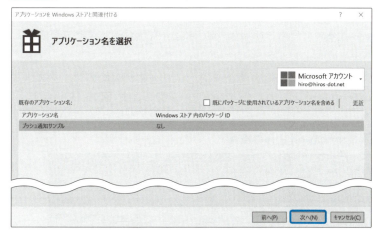

　Visual StudioがMicrosoftアカウントでサインインをしていない場合は、サインイン画面が表示されます。開発者アカウントを作成する際に使用したアカウントでサインインをしてください。しばらくすると画面には「15-3-1　Windowsストアへのアプリ予約」で登録したアプリケーション名が表示されますので、選択して［次へ］ボタンをクリックします。最後に「アプリケーションをWindowsストアと関連付ける」（図15.18）が表示されますので［関連付け］ボタンをクリックします。

　以上でプロジェクトとストアの関連付けは完了です。

図15.18 アプリケーションをWindowsストアと関連付ける

15-3-3 ● プッシュ通知サービスの作成

　Azureのポータルサイト（https://portal.azure.com）へアクセスして、プッシュ通知サービスを作成しましょう。
　ダッシュボードの左側にあるメニューから「新規」をクリックして、検索窓に「Notification Hub」と入力して Enter キーを押します（**図15.19**）。

図15.19 Notification Hubの検索

　検索結果の一覧に表示された「Notification Hub」を選択し、右側の画面で「作成」をクリックします（**図15.20**）。

図15.20 検索結果の表示

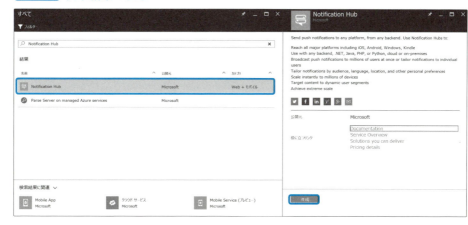

「Notification Hub」のデプロイが始まり、しばらくすると「New Notification Hub」（図15.21）が表示されます。「Notification Hub」欄には作成したサービスに付ける名前を入力します。この例では「PushNotifyService」としています。また「Create a new namespace」には作成されたサービスの名前空間名（任意の名前）を入力します。場所欄では「東日本」を選択します。「Resource Group」欄では「新規作成」を選択して任意の名前を入力します。最後に「ダッシュボードにピン留めする」にチェックを付けて「作成」をクリックします。

図15.21 「Notification Hub」の作成

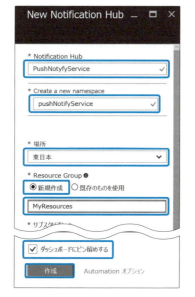

作成が完了するとは図15.22のようになります。

図15.22　「Package ID」と「Security ID」の登録

はじめに「Push notification」（①）をクリックすると、選択可能なPNSサービス一覧が表示されますので「Windows(WNS)」（②）を選択します。次に「Package ID」と「Security ID」の入力欄（③）が表示されます。「15-3-1　Windowsストアへのアプリ予約」でメモをしておいたパッケージSIDの文字列を「Package ID」欄に、アプリケーションシークレットの文字列を「Security ID」欄に入力し、最後に「Save」（④）をクリックします注3。

Saveができたらキーアイコンをクリックします（図15.23①）。

図15.23　CONNECTION STRING

注3）　「Package ID」には「ms-app://」で始まる文字列を入力します。保存に失敗する場合は、入力した文字列に余計な空白が含まれていないかを確認してください。

右側にDefaultListenSharedAccessSignature（②）とDefaultFullSharedAccess Signature（③）が表示されます。作成するアプリケーションはこれら2つの文字列（接続文字列（CONNECTION STRING）と呼びます）を使用してプッシュ通知サービスに接続します。DefaultListenSharedAccessSignatureの接続文字列はプッシュ通知受信専用のアプリを作成する場合に使用し、DefaultFullSharedAccessSignatureの接続文字列はプッシュ通知の送信と受信の両方を行うことができるアプリを作成する場合に使用します。両方とも使用しますので、コピーしてメモをしておきましょう。

15-4 プッシュ通知受信・送信アプリの実装

15-4-1◉プッシュ通知受信アプリの実装

　はじめにプッシュ通知を受信するアプリの実装をしましょう。「15-3-2　プロジェクトとストアの関連付け」で作成した「PushReceiver」プロジェクトを開きます。プッシュ通知を受信できるようにするためにはプロジェクトにWindowsAzure.Messaging.Managed.dllというファイルを組み込む必要があるのですが、標準のライブラリの中にはこのファイルは存在しません。Visual Studioに付属するNuGet（ニューゲットまたはヌゲットと発音）を使用して取得をします。NuGetは.NETプロジェクトにライブラリやツールの導入、更新、管理を行うことができるパッケージ管理システムです。
　それではNuGetを起動してみましょう。ソリューションエクスプローラー上でプロジェクトを右クリックし、[NuGetパッケージの管理]をクリックします（**図15.24**）

図15.24 [NuGetパッケージの管理]をクリック

Visual StudioにNuGetが表示されます（図15.25）ので、「参照」タブを選択後、検索欄に「WindowsAzure.Messaging.Management」と入力して検索をします（①）。続いて、検索結果一覧に表示された「WindowsAzure.Messaging.Management」を選択し（②）［インストール］ボタンをクリックします（③）。

図15.25　「WindowsAzure.Messaging.Management」のインストール

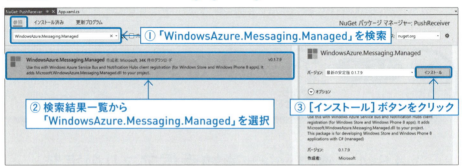

「変更の確認」が表示されますので［OK］ボタンをクリックし、「ライセンスへの同意」で［同意する］ボタンをクリックします（図15.26）。出力ウィンドウに「'WindowsAzure.Messaging.Managed 0.1.7.9' が PushReceiver に正常にインストールされました」が表示されたらインストールの完了です（図15.27）。ソリューションエクスプローラーの「参照」にはWindowsAzure.Messaging.Managedが追加されていることを確認してください（図15.28）。

図15.26　ライセンスへの同意

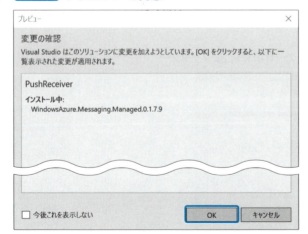

図15.27 インストールの確認

図15.28 ソリューションエクスプローラーの「参照」

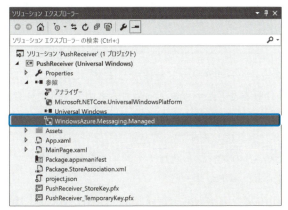

　以上でコードを記述する準備が完了しました。App.xaml.csを開き、**リスト15.1**のように編集をします。

15 **時間目** プッシュ通知アプリの作成

> **リスト15.1** プッシュ通知受信サンプル

```
// 追加
using Microsoft.WindowsAzure.Messaging;
using System.Threading.Tasks;
using Windows.Networking.PushNotifications;

protected override async void OnLaunched(LaunchActivatedEventArgs e)
{
    :省略
    await NotifyAsync();    ← ④
}


private async Task NotifyAsync()                                    1
{
    var notificationChannel = await PushNotificationChannelManager.
        CreatePushNotificationChannelForApplicationAsync();        ← ①

    var hub = new NotificationHub("PushNotyfyService",
        "メモしておいたCONNECTION STRING");                          ← ②

    var result = await hub.RegisterNativeAsync(notificationChannel.Uri);
}                                                                   ↑ ③
```

　はじめに**1**のNotifyAsyncというメソッドを作成します。このメソッドは、Azure からのプッシュ通知を受け取ることができるようにするものです。プッシュ通知は非 同期で受信できるようにする必要がありますのでNotifyAsyncメソッドの前に 「Task」を付けて非同期メソッドにします。

　①はAzureで作成したWNSのプッシュ通知チャンネルを取得してアプリに関連付 けるオブジェクトを作成するコードです。

　②ではNotification Hubのインスタンスを作成します。第1引数には「**15-3-3　プッ シュ通知サービスの作成**」で登録したサービスの名前を指定し、第2引数には、メモ をしておいたDefaultListenSharedAccessSignatureのCONNECTION STRINGを 指定します。

406

❸はプッシュ通知を取得できるようにするためにデバイスを登録するコードです。RegisterNativeAsync()メソッドの引数には、❶で作成したインスタンスが持つUriプロパティを指定します。

最後に作成した■のメソッドをOnLaunchedイベントのコードの最後に記述してください（❹）。OnLaunchedイベントはアプリが起動したときに発生するイベントです。

以上でプッシュ通知を受信するアプリの完成です。

◆プッシュ通知の確認

実際にプッシュ通知を受け取れるかどうかを確認してみましょう。

はじめに作成したPushReceiverを実行します。続いてWebブラウザでAzureのポータルへアクセスし、作成済みのPushNotyfyServiceにアクセスします（図15.29）。

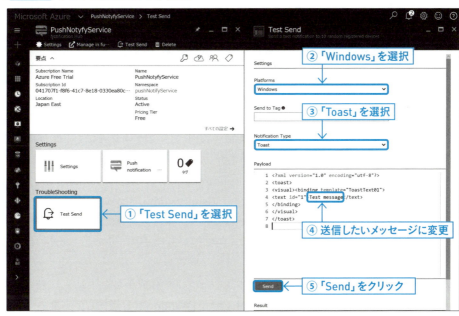

図15.29　プッシュ通知のテスト送信

「Test Send」を選択すると（❶）右側にテスト送信用の入力欄が表示されます。Platforms欄で「Windows」を選択し（❷）、Notification Typeで「Toast」を選択します（❸）注4。

注4）　送信先がWindows以外の場合はPlatforms欄で変更することができます。Notification Typeで「Toast」を選択するとトースト通知を送信できるようになります。

Payload欄にはプッシュ通知で送信するメッセージのひな形が表示されますので<text id="1">〜</text>の間の文字列を送信したいメッセージに変更して（④）、最後に「Send」をクリックします。

　正常にプッシュ通知が行われると、受信したメッセージがタスクトレイの上にトースト通知されます（図15.30）。

図15.30　受信したプッシュ通知

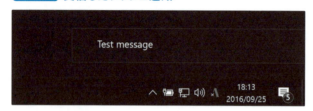

15-4-2●プッシュ通知送信アプリの実装

　作成したプッシュ通知受信アプリに対して毎回Azureからメッセージするのは現実的ではありません。ここではプッシュ通知の送信用アプリを作成しましょう。

　プッシュ通知を送信するアプリを作成するにはMicrosoft.Azure.NotificationHubsというライブラリが必要です。このライブラリは2016年10月時点ではUWPアプリでは使用することができないため、WPFアプリケーションとして作成することとします。

　WPF（Windows Presentation Foundation）は.NET Framework 3.0から搭載されているGUI開発ライブラリです。Visual StudioではWPFアプリケーションも作成することが可能です。UWPアプリケーションと同様に画面のデザインはXAMLによって行います。これまでに学んだ知識があれば違和感なくアプリの作成ができるでしょう[注5]。

　Visual Studioを起動し新規プロジェクトの作成をしましょう。「新しいプロジェクト」ダイアログの左側で［Visual C#］－［Windows］を選択し、右側の一覧で「WPFアプリケーション」を選択します。名前欄には「PushSender」と入力して［OK］ボタンをクリックします（図15.31）。

注5）　本書はUWPアプリの開発をターゲットとしているためWPFに関する詳細な説明は割愛させていただきます。あらかじめご了承ください

図15.31 WPFアプリケーションプロジェクトの作成

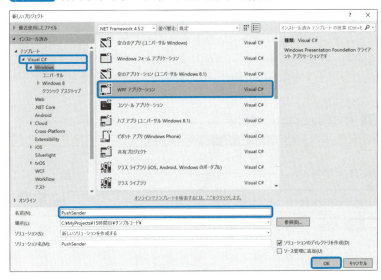

作成されたプロジェクトを見るとUWPアプリのプロジェクトと非常によく似ていることがわかります（**図15.32**）。ソリューションエクスプローラーにあるMainWindow.xamlというのがメイン画面のデザイン用ファイルで、MainWindow.xaml.csがイベントなどのコードを記述するファイルです。

はじめにNuGetを起動してMicrosoft.Azure.NotificationHubsをプロジェクトに組み込んでください。手順は既に紹介した通りですのでここでは割愛します。

図15.32 WPFアプリケーションプロジェクト

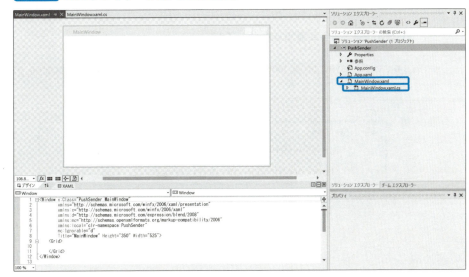

15時間目 プッシュ通知アプリの作成

続いてツールボックスからTextBoxとButtonを1つずつ配置し（**図15.33**）、TextBoxの名前をtxtMsgにButtonの名前をbtnMsgに変更します。名前の変更はUWPアプリの作成時と同様にプロパティウィンドウで行うことができます。また、txtMsgのTextプロパティにある「Text」という文字列を削除しは削除し、btnMsgのContentプロパティを「Button」という文字列から「送信」に変更をしてください。

図15.33 TextBoxとButtonの配置

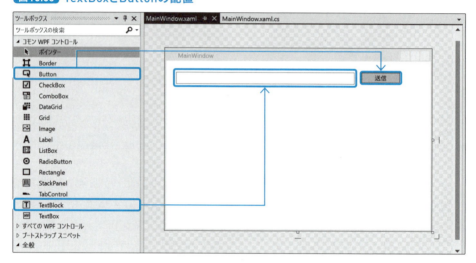

続いてメイン画面に配置しているbtnMsgをダブルクリックしてクリックイベントを作成します。クリックイベントが作成できたらコードを**リスト15.2**のように編集してください。

リスト15.2 プッシュ通知送信サンプル

```
private async void btnMsg_Click(object sender, RoutedEventArgs e)
{
    // プッシュ通知メッセージの作成
    string toast = @"<toast><visual><binding template=
        ""ToastText01""><text id=""1"">" + txtMsg.Text +
        "</text></binding></visual></toast>";
```
①

（次ページに続く）

Part 2
ソフトウェア開発 **実践編**

（前ページの続き）

```
var hub = NotificationHubClient.CreateClientFromConnectionString(
    "メモしておいたCONNECTION STRING","PushNotyfyService");
                                                        ↑
                                                        ②
// トースト通知の送信
await hub.SendWindowsNativeNotificationAsync(toast); ← ③
}
```

　①はプッシュ通知のメッセージを作成している部分です。Azureでテスト送信したときの文字列を流用し、txtMsgに入力された文字列を組み込むようにしています。

　②はAzureへの接続を作成する部分です。CreateClientFromConnectionString()メソッドの第1引数にはメモをしておいたDefaultFullSharedAccessSignatureのCONNECTION STRINGを第2引数にはAzure上に作成したサービス名「PushNotifyService」を渡します。

　最後にSendWindowsNativeNotificationAsync()メソッドの第1引数に作成しておいたプッシュ通知メッセージを渡すことでプッシュ通知が送信されます。

　コードの編集が完了したら起動してプッシュ通知を送信してみましょう。

確認テスト

Q1 送信メッセージに今日の日時を付加するように修正してください。

　　ヒント：変数toastに代入している文字列中のtxtMsg.Textの後ろに今日の日時を付加します。System.DateTime.Now.ToString()で今日の日時の文字列を取得します。

Q2 AzureのNotification Hubサービスの作成方法について復習をしてください。また、AzureのNotification Hubについてhttps://msdn.microsoft.com/ja-jp/library/azure/jj927170.aspxで学習をしてください。

索引

記号

!	90
!=	87
$	64
%	82
%=	95
&	90
&&	92
&=	95
*	82
*=	95
/	82
/*	➡ コメント
//	➡ コメント
/=	95
??	94
^	90
^=	95
||	92
|=	95
¥'	63
¥"	63
¥¥	63
¥0	63
¥a	63
¥b	63
¥f	63
¥n	63
¥r	63
¥t	63
+（符号）	82
+（加算）	82
+（文字連結）	89
-（符号）	82
-（減算）	82
--	➡ デクリメント
++	➡ インクリメント
+=	95
<	87
<<	85
<<=	95
<=	87
=	95
-=	95
==	87
>	87
>=	87
>>	85

>>=	95
1行コメント	➡ コメント
1次元配列	75

A

abstract	171
AcceptReturnプロパティ	261
API	363
App.xaml	34
AppBarButton	287
AppBarSeparator	287
AppBarToggleButton	287
as	88
Assets	34
async	260
Average	212
await	260

B

bool	60, 66
break	107
break（繰り返しの終了）	122
Button	238, 259
byte	60

C

C#	14, 15
case	107
char	60
CheckBox	263
Checkedイベント（CheckBox）	264, 265
Checkedイベント（RadioButton）	268
Clickイベント	259
Clipboardクラス	300
ComboBox	269, 342, 366
ComboBoxItem	342
Console.WriteLine	51
ContentDialog	307
continue	121

D

DataContract	374
DataMember	374
DataPackageView型	305
DataPackageクラス	300
DataTemplate	367
decimal	60
default	107
Dictionary	192

DisplayMemberPathプロパティ	336, 378
DisplayModeプロパティ	315
Distinct	211
double	60
do-while文	120

E

ElementAt	209
ElementAtOrDefault	209
else	103
else if	105
enum	60, 67

F

FileOpenPickerクラス	296
FileSavePickerクラス	291
FileTypeChoicesプロパティ	292
FileTypeFilterプロパティ	297
FillColorクラス	353
FirstOrDefault	209
FitToCurveプロパティ	344
float	60
ForEachメソッド	192
foreach文	116
for文	114
from	197

G

get	144
GetContentメソッド	305
GetFileFromApplicationUriAsyncメソッド	376
GetPageメソッド	322
GetStringAsyncメソッド	385
Glyphプロパティ	312
Grid	240, 278

H・I

HttpClientクラス	385
httpプロトコル	364
if文	101
Indeterminateイベント	265
IndexOutOfRangeException	222
InitializePenメソッド	346
InkCanvas	342
InkDrawAttributesクラス	343
InnerException	222
int	60
interface	173
internal	150

IOException	223
IRandomAccessStream	358
is	88
IsCheckedプロパティ	263
IsThreeStateプロパティ	265
ItemSourceプロパティ	377

J・L

JSON	364
LINQ	197
List	189
LoadFromFileAsyncメソッド	321

M・N

MainPage.xaml	34
Mainメソッド	50
Message	222
MessageDialog	260
Microsoft Azure	389
MostRecentlyUsedListプロパティ	335
namespace	178
Notification Hubs	390
NotSupportedException	223
Null合体演算子	81, 94

O

object型	187
ObservableCollection	384
orderby	201
Orientationプロパティ	274
override	165, 172

P・R

PageCountプロパティ	322, 328
PathTooLongException	223
PdfDocumentクラス	321
PdfPage型	322
PickOpenFileAsyncメソッド	296
PickSaveFileAsyncメソッド	291
PickSingleFileAsyncメソッド	296
PrimaryCommandsプロパティ	286
private	150, 162
protected	150, 162
public	150, 162
RadioButton	267
ReadAllTextメソッド	223
RSS	363

索引

S

sbyte	60
ScrollViewerコントロール	321
SecondaryCommandsプロパティ	286
select	197
SelectedItemプロパティ	273
SelectedValuePathプロパティ	378
SelectionChangedイベント	272
set	144
short	60
ShowPdfメソッド	331
ShowRecentlyFilesメソッド	335
Sizeプロパティ	345
Skip	211
SkipWhile	211
SortedList	195
SplitViewコントロール	314
StackPanel	274, 367
StackTrace	222
StorageApplicationPermissionsクラス	335
string	61
StrokeContainer.LoadAsyncメソッド	360
StrokeContainer.SaveAsyncメソッド	358
SuggestedFileNameプロパティ	293
SuggestedStartLocationプロパティ	291, 296
Sum	212
switch文	107

T

Take	211
TakeWhile	211
TextBlock	244, 366
TextBox	258, 289
Textプロパティ	258
this	135
throw	177, 226
ToListメソッド	203
try～catch～finally	217
TryParseメソッド	71, 216

U

UICommand	357
uint	60
Uncheckedイベント	264, 265
ushort	60
usingディレクティブ	179
UWPアプリ	14, 16, 234

V

virtual	165
Visual Studio	16
void	134

W

Web API	363, 378
where	199, 211
while文	118
Windows Notification Service	390
Windows.Data.Pdfクラス	321
Windowsストア	395
WrteTextAsyncメソッド	293

X

XAML	238
XAML名前空間	240
XML	364

あ行

アクセシビリティ	162
アクセス修飾子	150
値渡し	140
アプリバー	285
イベント	244
インクリメント	81, 97
インスタンス生成	128
インターフェース	173
インテリセンス	56
エスケープシーケンス	62
エラー一覧	38
演算子	80
エントリポイント	50
オーバーライド	165
オーバーロード	167
オブジェクト指向	126

か行

仮想メソッド	165
型検査演算子	81, 88
型推論	57, 62, 65
型パラメータ	187
型変換	68
関係演算子	81, 86
基本クラス	156
キャスト	➡ 型変換
クラス	127
繰り返し処理	113

INDEX

継承	156
構成マネージャー	44
構造体	153
コマンドウィンドウ	39
コメント	55
コレクション	116
コンストラクタ	127, 147
コンソールアプリケーション	48
コントロール	236

さ行

三項演算子	106
算術演算子	81
参照渡し	141
ジェネリッククラス	186
ジェネリックメソッド	186
実行	45, 247
自動プロパティ	145
シフト演算子	81, 85
出力ウィンドウ	36
出力エリア	36
条件演算子	92
条件分岐処理	100
シリアライズ	372
数値型	65
スコープ	153
ステートメント	51
ステップ・アウト	256
ステップ・イン	256
ステップ・オーバー	256
宣言	54
即時実行	203
ソリューション	34
ソリューションエクスプローラー	33, 236

た行

ターゲットバージョン	29, 235
代入演算子	80, 95
多次元配列	75
遅延実行	203
抽象クラス	170
ツールバー	32
データ型	53, 59
定数	57
デクリメント	81, 97
デシリアライズ	372, 378
デストラクタ	149
デバッグ	250
デバッグビルド	43

デバッグ実行	33, 256
デフォルト値	139
デリゲート	204
添付プロパティ	280
トースト通知	390
匿名メソッド	206

な・は行

名前空間	177
ネスト	123
バインディング	317
配列	74
派生クラス	156, 170
ハンバーガーボタン	311
引数	137
ビジュアルツリービュー	251
ビルド	37, 42, 246
フィールド	127, 132, 153
フォールスルー	110
プッシュ通知	390
ブレークポイント	255
プロジェクト構成	34
プロパティ	127, 143
プロパティウィンドウ	35, 240
編集領域	35
変数	53
変数オペランド	80

ま行

文字列	61
戻り値	134
メソッド	127, 133
メソッド構文	208
メニューバー	32

や・ら行

優先順位	84
要素	74, 78
ラムダ式	204, 206
リクエスト	364
リビルド	43
リリースビルド	43
例外	214
例外クラス	221, 225
レスポンス	364
列挙型	➡ enum
連結演算子	81, 89
論理演算子	81, 90

◆著者略歴

高橋広樹（たかはしひろき）

一番好きな言語はC#で、自身のブログで.NET関連の技術Tipsを発信中。
Microsoft MVPを8年連続受賞。ほかの著書に「15時間でわかるSwift
集中講座」「Visual Basicテクニックバイブル」「かんたんVisual Basic」

http://blog.hiros-dot.net/

◆装丁
小川 純（オガワデザイン）

◆本文デザイン・DTP
技術評論社　制作業務部

◆編集
原田崇靖

◆サポートホームページ
http://book.gihyo.jp

15時間でわかる
UWP（ユニバーサルWindowsプラットフォーム）
アプリ開発集中講座

2017年2月25日　初版　第1刷発行

著　者	高橋広樹（たかはしひろき）
発行者	片岡 巌
発行所	株式会社技術評論社
	東京都新宿区市谷左内町 21-13
	電話　03-3513-6150　販売促進部
	03-3513-6160　書籍編集部
製本／印刷	港北出版印刷株式会社

定価はカバーに印刷してあります。

造本には細心の注意を払っておりますが、万一、乱丁（ページの乱れ）や落丁
（ページの抜け）がございましたら、小社販売促進部までお送りください。送
料小社負担にてお取り替えいたします。

本書の一部または全部を著作権法の定める範囲を超え、無断で
複写、複製、転載、あるいはファイルに落とすことを禁じます。

© 2017　高橋広樹

ISBN978-4-7741-8695-5　C3055
Printed in Japan

本書の内容に関するご質問は、下記の宛先まで
FAXまたは書面にてお送りください。お電話による
ご質問、および本書に記載されている内容以外の
ご質問には、一切お答えできません。あらかじめご
了承ください。
万一、添付 DVD-ROM に破損などが発生した場合
には、その添付 DVD-ROM を下記までお送りくだ
さい。トラブルを確認した上で、新しいものと交換
させていただきます。

〒162-0846
東京都新宿区市谷左内町 21-13
株式会社技術評論社
『15時間でわかる　UWP（ユニバーサルWindows
プラットフォーム）アプリ開発』質問係
FAX：03-3513-6167

なお、ご質問の際に記載いただいた個人情報は質
問の返答以外の目的には使用いたしません。また、
質問の返答後は速やかに破棄させていただきます。